高等学校基础化学实验系列规划教材
"十三五"江苏省高等学校重点教材（2018-2-199）
江苏高校品牌专业建设工程资助项目（PPZY2015B113）

# 物理化学与仪器分析实验

**总主编** 费正皓 戴兢陶
**主 编** 戴兢陶 王新红
**副主编** 李娄刚 陈小勇
**编 委**（按姓氏笔画排序）
王京平 王彦卿
孙玉珍 孙玉凤
吴永会 吴秀红
陈 建 黄 兵
蔡欣欣

苏州大学出版社

**图书在版编目(CIP)数据**

物理化学与仪器分析实验/戴兢陶,王新红主编.—苏州:苏州大学出版社,2019.8(2022.12 重印)
高等学校基础化学实验系列规划教材 “十三五”江苏省高等学校重点教材
ISBN 978-7-5672-2813-9

Ⅰ.①物… Ⅱ.①戴… ②王… Ⅲ.①物理化学—化学实验—高等学校—教材②仪器分析—实验—高等学校—教材 Ⅳ.①O64-33②O657-33

中国版本图书馆 CIP 数据核字(2019)第 091643 号

**物理化学与仪器分析实验**
戴兢陶　王新红　主编
责任编辑　徐　来

苏州大学出版社出版发行
(地址:苏州市十梓街 1 号　邮编:215006)
镇江文苑制版印刷有限责任公司印装
(地址:镇江市黄山南路 18 号润州花园 6-1 号　邮编:212000)

开本 787 mm×1 092 mm　1/16　印张 15　字数 323 千
2019 年 8 月第 1 版　2022 年 12 月第 4 次印刷
ISBN 978-7-5672-2813-9　定价:38.00 元

苏州大学版图书若有印装错误,本社负责调换
苏州大学出版社营销部　电话:0512-67481020
苏州大学出版社网址　http://www.sudapress.com
苏州大学出版社邮箱　sdcbs@suda.edu.cn

# 前言

在本科实验教学方面，已经有众多优秀的实验教材，每套教材均由实验经验丰富和高水平的人员经过大量的时间累积而成，为各高校培养了大量的优秀人才。然而，随着科学技术的发展和实验教学实践中不断研究创新，实验的教学内容、实验方法和仪器设备均发生了较大的变化，部分实验逐渐满足不了现代化发展的需求，因此，在传统的实验基础上，需要引入新的实验项目，更新部分实验内容。

本实验教材基于“物理化学”和“仪器分析”课程的理论基础，面向四年制普通本科实验教学课程，由多位实验指导教师编写而成。一方面，本教材继承了传统实验教材的框架和优点；另一方面，本教材更侧重于校企合作，在一些实验项目中介绍了应用背景，同时引入了部分新的实验项目，将实验内容和实际应用结合，以利于学生面对以后的就业环境或科研工作。例如，部分制备方法和测试手段来源于企业生产的过程，以激发学生切实感受到所学知识的应用性。一些实验项目也能应用于学生大四时所参与的毕业设计，如样品的结构分析测试（红外、紫外分光光度法）、样品的浓度检测（电导法、原子吸收法、色谱法）等。

本教材共分为绪论、物理化学实验、仪器分析实验、综合实验、附录五个部分。物理化学实验部分包括热力学、电化学、动力学、胶体与表面化学、物质结构实验等；仪器分析实验部分包括色谱分析法、电化学分析法和光分析法实验等。每个实验对所需的基本理论、实验步骤、实验所用仪器、实验技术及拓展应用做了较为详尽的叙述，使学生在阅读实验内容后，在教师的指导下能够独立开展实验；此外，部分实验内容还可以通过登录网站（http：//10.255.39.224，盐城师范学院校内网，校外 VPN 登录）学习。

实验的主要目的是巩固理论知识、了解仪器设备的使用、促进思考能力、提高动手能力，而对实验结果准确性的要求并不很高，学生通过自行处理实验数据，可以了解自己掌握的情况。杜绝弄虚作假，数据若有偏差或有误，就记录实际结果，但要认真分析误差原因。尽量利用计算机来处理实验数据，获得实验结果。大多数实验都要求绘图，应采用计算机绘制并打印出来。

对于指导教师，建议在实验项目开展前，先安排一次讲座，介绍本教材的概况、每个实验项目开展所在的实验室、分组情况、实验要求、数据处理要求、如何填写实验报告、评分标准、卫生值日、安全事项等。建议 2 人一小组，以兼顾实验室空间和每人动手的机会，每小组相互搭配完成实验内容并处理实验数据。提醒学生每个实验项目有对应的实验室，要求提前进入实验室预习。

每次实验前，建议安排 0.5～1 h 的讲授时间，使学生了解实验目的、原理、仪器、方法和注意事项。实验过程中特别是初始阶段要巡查每小组学生的实验情况，及时纠正实验过程中的偏差，督策每位学生均要开展实验，培养学生掌握操作过程中的技巧，禁止实验过程中使用手机及做与实验无关的事。实验结束前，检查每位学生的数据记录并签字，及时批改实验报告，将出现的问题及时反馈给学生。

对于每位同学，实验前要做好预习，通过预习，了解实验目的、原理、仪器设备和实验方法。为在短时间内达到较好的预习效果，建议从实验标题(目的)入手，了解本实验项目要达到什么目的，然后采用反推法，一步步推导至实验中要测定哪些原始数据；多思考整体思路，注重公式的含义、意义和应用；少关注公式的推导和复杂的表达方式，少关注公式中的非变量参数。

每个实验项目完成后，要及时完成实验报告。实验报告内容包括：实验目的、实验原理、仪器与试剂、实验步骤(可选择重点)、数据处理(列出主要公式)、结果、结论、思考题(自选)、实验体会。其中数据处理是重点，要详细列出，根据处理结果得出合理的结论。报告中要附上原始实验记录纸。可将打印的数据处理结果(图表)裁下来，粘贴在实验报告上，列出每张报告的页码，装订左上角，再统一按学号次序排好交给指导教师。

本书由盐城师范学院物理化学与仪器分析教研室教师与盐城市海西环保科技有限公司、江苏吉华化工有限公司联合编写而成。

由于本教材系初次出版，加之编者水平有限，书中的疏漏和不足之处在所难免，欢迎各位专家和师生批评指正，以便在再版过程中得以纠正。

编　者

2018 年 12 月 1 日

# 目 录

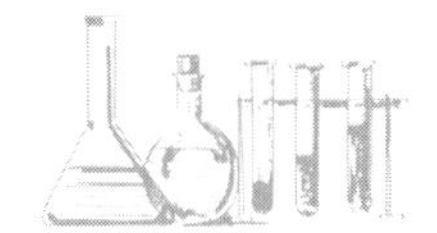


## 绪论 …… 001

## 物理化学实验 …… 007

实验 1 燃烧热的测定 …… 007

实验 2 纯液体饱和蒸气压的测定 …… 015

实验 3 气相色谱法测定非电解质溶液的热力学函数 …… 019

实验 4 双液系气液平衡相图的绘制 …… 025

实验 5 二组分固液金属相图的绘制 …… 031

实验 6 溶解热的测定 …… 037

实验 7 凝固点降低法测定摩尔质量 …… 042

实验 8 原电池电动势的测定及应用 …… 045

实验 9 电导法测定弱电解质的解离常数及难溶盐溶解度 …… 053

实验 10 电位-pH 曲线的测定 …… 058

实验 11 铁的极化曲线的测定 …… 063

实验 12 Li-$MnO_2$ 电池的阻抗特性研究 …… 067

实验 13 $Fe^{2+}/Fe^{3+}$ 的循环伏安特性研究 …… 071

实验 14 铁片表面电沉积镍工艺研究 …… 075

实验 15 旋光法测定蔗糖转化反应的速率常数 …… 077

实验 16 乙酸乙酯皂化反应速率常数的测定 …… 081

实验 17 丙酮碘化反应速率方程的建立 …… 085

实验 18 溶液表面张力的测定 …… 090

实验 19 胶体的制备与电泳 …… 095

实验 20 黏度法测定水溶性聚合物的相对分子质量 …… 098

实验 21　电导法测定表面活性剂的临界胶束浓度 …… 103
实验 22　偶极矩的测定 …… 106
实验 23　配合物磁化率的测定 …… 113

## 仪器分析实验 …… 121

实验 24　邻二氮菲分光光度法测铁 …… 121
实验 25　有机物紫外吸收光谱的测定 …… 124
实验 26　有机物红外光谱的测定 …… 127
实验 27　原子吸收光谱法测定水中钙含量 …… 129
实验 28　气相色谱柱效测定及定性分析 …… 133
实验 29　气相色谱法定量分析 …… 138
实验 30　高效液相色谱法定量分析 …… 143
实验 31　质谱法测定化合物的结构 …… 146
实验 32　核磁共振波谱分析 …… 149
实验 33　荧光分析 …… 152
实验 34　阳极溶出伏安法测定水中的微量铅和镉 …… 155
实验 35　离子选择性电极法测定水中的氟离子 …… 158
实验 36　硫磷混酸的电位滴定 …… 162
实验 37　恒电流库仑滴定法测定砷 …… 167

## 综合实验 …… 171

实验 38　离子液体的热力学性质 …… 171
实验 39　高分子膜材料通过扩散渗析分离含酸料液 …… 173
实验 40　聚苯胺的电化学合成与应用 …… 178
实验 41　石墨烯的电化学制备、表征及其储能特性研究 …… 183
实验 42　化学修饰树脂的制备、表征及对邻苯二甲酸吸附行为 …… 186
实验 43　$TiO_2$ 的制备、禁带宽度的测试及应用 …… 189
实验 44　废水中 $NH_3$-N 的测定 …… 192
实验 45　废水中挥发酚的测定——4-氨基安替比林分光光度法 …… 196
实验 46　废水浊度的测定 …… 201
实验 47　等离子发射光谱法测定人发中的微量铜、铅、锌 …… 206
实验 48　固相萃取水样中的多环芳烃并以内标法测定其含量 …… 209
实验 49　可乐、咖啡、茶叶中咖啡因的高效液相色谱分析 …… 212

实验 50　气相色谱-质谱联用法测定环境样品中的多环芳烃 …………… 215
实验 51　果汁(苹果汁)中有机酸的分析 …………… 219

附录 …………… 222

附表 1　国际相对原子质量表 …………… 222
附表 2　国际单位制中具有专用名称的导出单位 …………… 224
附表 3　力单位换算 …………… 224
附表 4　压力单位换算 …………… 224
附表 5　能量单位换算 …………… 225
附表 6　不同温度下水的饱和蒸气压 …………… 225
附表 7　不同温度下水的表面张力 $\gamma$ …………… 227
附表 8　一些液体物质的饱和蒸气压与温度的关系 …………… 227
附表 9　甘汞电极的电极电位与温度的关系 …………… 228
附表 10　KCl 溶液的电导率 …………… 228
附表 11　一些电解质水溶液的摩尔电导率(25 ℃) …………… 229
附表 12　醋酸的标准解离平衡常数 …………… 229

# 绪 论

## 一、物理化学实验的目的与要求

1. 目的

初步了解物理化学实验的研究思路，掌握物理化学的基本实验技术和技能，学会一些重要物理化学性能的测定方法，体验物理化学实验的完整过程——现象的观察和记录、条件的判断和选择、数据的测量和处理、结果的分析和归纳等，加深对物理化学基本理论的理解，增强应用物理化学实验技能解决实际问题的能力。

2. 要求

(1) 实验前学生应事先认真仔细阅读实验内容，了解实验的目的与要求，并写出预习报告。

(2) 学生进入实验室后应检查测量仪器和试剂是否符合实验要求，并做好实验的各种准备工作，记录当时的实验条件。

(3) 实验完成后学生要将原始记录交给实验教师签名，然后正确处理数据，写出实验报告。

## 二、物理化学实验的安全防护

1. 使用受压容器的安全防护

(1) 使用高压储气瓶的安全防护。

使用储气瓶必须按正确的操作规程进行，应注意以下几点：

① 气瓶放置要求：气瓶应放在阴凉、干燥、远离热源的地方，并将气瓶固定在稳定的支架、实验桌或墙壁上，防止外来撞击和意外跌倒。易燃气体瓶的放置房间原则上不应有明火或电火花产生。

② 使用时安装减压阀：气瓶使用时要通过减压阀使气体压力降至实验所需范围。

③ 气瓶操作要点：气瓶需要搬运或移动时，应拆除减压阀，旋上瓶帽，并使用专门的搬移车。启开或关闭气瓶时，实验者应站在减压阀接管的侧面。气瓶启开使用时，应首先检查接头处和管道是否漏气，确认无误后，方可继续使用。

(2) 使用受压玻璃仪器的安全防护。

物理化学实验室的受压玻璃仪器包括供高压或真空实验用的玻璃仪器，装水银的容器、压力计，以及各种保温容器等。使用这些容器时必须注意：

① 受压玻璃仪器壁应足够坚固。

② 供气流稳压用的玻璃稳压瓶，其外壳应裹有布套或细网套。

③ 物理化学实验中常用液氮作为获得低温的手段，在将液氮注入真空容器时，要注意真空容器可能发生爆裂，不要把脸靠近容器的正上方。

④ 装水银的U形压力计或容器下部应放置适当的容器。

⑤ 使用真空玻璃系统时，要注意任何一个活塞的开闭均会影响系统的其他部分，因此，操作时应特别小心，防止系统内形成高温爆鸣气混合物或让爆鸣气混合物进入高温区。

2. 使用辐射源的安全防护

物理化学实验室的辐射源主要指产生X射线、$\gamma$射线、中子流、带电粒子束的电离辐射和产生频率为10～100 000 MHz的电磁波辐射。

(1) 电离辐射的安全防护。

实验者应注意不要正对射出方向站立，而应站在侧边进行操作。对于暂时不用或多余的同位素放射源，应及时采取有效的屏蔽措施，储存在适当的地方。放射性物质要尽量在密闭容器内操作，操作时必须戴防护手套和口罩，操作结束后须全身淋浴，切实防止放射性物质从呼吸道或食道进入人体内。

(2) 电磁波辐射的安全防护。

防护电磁波辐射最根本的有效措施是减少辐射源的泄漏，使辐射局限在限定的范围内。

**三、实验人员人身安全防护要点**

(1) 实验者到实验室进行实验前，应首先熟悉仪器设备和各项急救设备的使用方法，了解实验楼的楼梯和出口，以及实验室内的电气总开关、灭火器具和急救药品的位置。

(2) 防止任何化学药品以任何方式进入人体。

(3) 实验时应尽量少与有致癌变性能的化学物质接触，需要时应戴好防护手套，并尽可能在通风橱中操作。

(4) 实验室应尽量避免能与空气形成爆鸣混合气的气体散失到室内空气中。

(5) 实验中实验者在接触和使用各类电器设备前，必须了解使用电器设备的安全防护知识。

**四、实验测量误差**

1. 量的测量

(1) 直接测量：将被测量的量直接与同一类量进行比较的方法。

(2) 间接测量：许多被测的量不能直接与标准的单位尺度进行比较，而要根据别的量的测量结果，通过一些公式计算出来的测量方法。

2. 测量中的误差

(1) 系统误差。

系统误差是指在重复性测量条件下，无限多次测量同一量时，所得结果的平均值与被测量的真值之差。系统误差的产生与下列因素有关：

① 仪器装置本身的精密度有限。

② 仪器使用时的环境因素。

③ 测量方法的限制。

④ 所用化学试剂的纯度不符合要求。

⑤ 测量者个人习惯误差。

(2) 随机误差。

随机误差是指测量结果减去在实验相同条件下无限多次测量同一物理量所得结果的平均值之差。它在实验中总是存在，无法完全避免，但它服从概率分布。数据的分布符合一般统计规律，这种规律可以用正态分布曲线表示。以$\bar{x}$为中心的正态分布曲线具有以下特性：

① 绝对值相等的正偏差和负偏差出现的概率几乎相等，正态分布曲线以 $y$ 轴对称。

② 绝对值小的偏差出现的机会多，而绝对值大的偏差出现的机会少。

③ 在一定测量条件下的有限次测量中，偏差的绝对值不会超过某一界限。

3. 误差的表示方法

(1) 绝对误差和相对误差。

$$\text{绝对误差}(\delta_i)=\text{测量值}(x_i)-\text{真值}(x_{\text{真}})$$

$$\text{绝对偏差}(d_i)=\text{测量值}(x_i)-\text{平均值}(\bar{x})$$

$$\bar{x}=\frac{1}{n}\sum_{i=1}^{n}x_i$$

式中，$x_i$ 为第 $i$ 次测量值，$n$ 为测量次数。一般 $x_{\text{真}}$ 用$\bar{x}$代替，而误差和偏差也不加以区分，统一称为“误差”。

$$\text{相对误差}=\frac{\delta_i}{\bar{x}}\times 100\%$$

绝对误差的单位与被测量的物理量单位相同。相对误差无因次，故不同物理量的相对误差可以互相比较。在比较各种被测物理量的精密度或评定测量结果的品质时，采用相对误差更合理。

(2) 平均误差和标准误差。

平均误差：
$$\bar{\delta}=\frac{1}{n}\sum_{i=1}^{n}|x_i-\bar{x}|=\frac{1}{n}\sum_{i=1}^{n}|\delta_i|$$

$$平均相对误差=\frac{\bar{\delta}}{\bar{x}}\times 100\%$$

标准误差(或均方根误差)$\sigma$的定义为

$$\sigma=\sqrt{\frac{1}{n-1}\sum_{i=1}^{n}(x_i-\bar{x})^2}=\sqrt{\frac{1}{n-1}\sum_{i=1}^{n}\delta_i^2}$$

用标准误差表示精密度比用平均误差或平均相对误差更为优越。用平均误差评定测量精度的优点是计算简单，缺点是可能把质量不高的测量给掩盖了。而用标准误差表示时，测量误差平方后，较大的误差能更显著地反映出来，更能说明数据的分散程度。因此，要精确地计算测量误差时，大多采用标准误差。

在对原始数据的处理中，对可疑测量数据进行取舍的一种简便判断方法为：根据概率论，大于 $3\sigma$ 的误差出现的概率只有 0.3%，通常把 $3\sigma$ 的数值称为极限误差。当测量次数很多时，若有个别测量数据误差超过 $3\sigma$，则可舍弃。此判断方法不适用于测量次数不多的实验。对于测量次数不多的实验，先略去可疑的测量值，计算测量数据的平均值和平均误差 $\bar{\delta}$，再算出可疑值与平均值的偏差 $d$，若 $d\geqslant 4\bar{\delta}$（出现这种测量值的概率约 0.1%），此可疑值可舍去。

注意：舍弃测量值的数目不能超出测量数据总数的 1/5。在相同条件下测量的数据中，有几个数据相同时，这种数据不能舍去。

## 五、实验报告及数据处理

### 1. 实验报告

写实验报告是本课程的基本训练，它将使学生在实验数据处理、作图、误差分析、问题归纳等方面得到训练和提高，为今后写科学研究论文打下基础。实验报告的书写要求字迹清楚，作图和数据处理规范。

物理化学实验报告一般包括：实验目的、实验原理、实验步骤、数据处理、结果与讨论等。

(1) 实验目的：要求简要地说明实验方法及研究对象。

(2) 实验原理：应简要地用文字、公式和图概述。

(3) 实验步骤：应简要地用文字分点概述，注明仪器装置名称。

(4) 数据处理：要求写出计算公式，并注明公式中所需的已知常数值，同时举一个计算例子，注意各种数值的单位。实验数据尽可能以表格形式表达。作图应按实验数据表达方法中的作图方法进行，图要有标题，并将图端正地粘贴在实验报告上。

(5) 结果与讨论：可包括对实验现象的分析和解释，以及对原理、操作、仪器设计和实验误差等问题的讨论与建议。

2. 实验数据的表达方法

实验数据的表达方法主要有三种：列表法、图解法和数学方程式法。

(1) 列表法。

在物理化学实验中至少包括两个变量，即自变量和因变量。列表法就是将这一组实验数据的自变量和因变量的各个数值按一定的形式和顺序一一对应列出来。列表时应注意：表格要有表序和名称；在表格的每行写出数据的名称及量纲，数据的名称用符号表示，如 $p/\mathrm{Pa}$；表中的数值用最简单的形式表示，公共的乘方因子应放在首栏注明；每行数字要排列整齐，小数点对齐，并注意有效数字的位数。

(2) 图解法。

在物理化学实验中，用图解法表达物理化学实验数据，能清楚地显示研究变量的变化规律，如极大值、极小值、转折点、周期性以及变量的变化速率等重要性质。根据表格数据作出的图形可以将数据做进一步处理，以获得更多的信息。

作图有多种方法，常用的作图方法有以下五种：

① 外推法。一些无法由实验测量直接得到的数据可用外推法获得。外推法是根据图中曲线的发展趋势，外推至测量范围之外来获得所求的数据(极限值)的方法。如在液体饱和蒸气压的测定实验中，须用外推法来获得环己烷的正常沸点。

② 求极值或转折点。函数的极大值、极小值或转折点在图形上表现得很直观。例如，作环己烷-乙醇双液系相图可确定体系的最低恒沸点及恒沸物组成。

③ 求经验方程。若因变量 $y$ 与自变量 $x$ 之间有线性关系，则有 $y=mx+b$。用实验数据$(x_i, y_i)$作图，得到一条直线，从直线的斜率和截距可求得 $m$ 和 $b$ 的具体数据，从而得到经验方程。若自变量和因变量有指数函数的关系，进行对数转化后可得到线性关系。例如，化学动力学中的阿仑尼乌斯方程：$k=A\exp\left(-\frac{E_a}{RT}\right)$，两边取对数，得 $\ln k=\ln A-\frac{E_a}{RT}$，以 $\ln k$ 对$\frac{1}{T}$作图，从斜率可以求出活化能 $E_a$，从截距可求出碰撞频率 $A$。

④ 作切线求函数的微商。实验数据经处理后作图，从图中的曲线可求出曲线上各点表示的函数的微商。方法是在选定点上作切线，切线的斜率即为该点函数的微商。

⑤ 图解积分法。若图中的因变量是自变量的导数函数，当无法知道该导数函数解析表达式时，通过求图中曲线所包围的面积，可得到因变量的积分值。

（3）数学方程式法。

将一组实验数据用数学方程式表达出来是最为精练的一种方法。它不但方式简单而且便于进一步求解，如积分、微分、内插等。此法首先要找出变量之间的函数关系，然后将其线性化，进一步求出直线方程式的系数——斜率 $m$ 和截距 $b$，即可写出方程式。也可将变量之间的关系直接写成多项式，通过计算机曲线拟合求出方程式系数。

3. 数据处理软件 Origin

化学实验中常见的数据处理方法有：① 公式计算；② 相图绘制；③ 线性拟合；④ 非线性拟合；⑤ 求斜率或截距。

使用 Origin 可绘制散点图、点线图、柱形图、条形三角图以及双 Y 轴图形等，在物理化学实验中通常用散点图、点线图及双 Y 轴图形。

当用散点图或点线图作出曲线后，用菜单栏“Analysis”中的“Fit Linear”或“Tools”菜单中的“Linear Fit”可对曲线进行线性拟合，结果记录中显示曲线的公式、斜率、截距和相对误差等。在数据处理时，可对散点图或点线图的形状选择合适的函数进行拟合。

# 物理化学实验

## 实验1 燃烧热的测定

### 一、实验目的

(1) 明确燃烧热的定义，了解恒压燃烧热与恒容燃烧热的差别及相互关系。

(2) 了解氧弹式量热计的原理及主要部分的作用，用氧弹式量热计测定萘的燃烧热，掌握有关热化学实验的一般知识和测量技术。

(3) 熟悉温差仪的使用，学会用雷诺图解法校正温差值。

### 二、实验原理

1 mol 物质完全氧化时的反应热称为燃烧热。所谓完全氧化，是指 $C \rightarrow CO_2(g)$、$H_2 \rightarrow H_2O\ (l)$、$S \rightarrow SO_2(g)$，而 N、Ag、卤素等元素变为游离状态；同时还必须指出，反应物和生成物在指定的温度下都属于标准态。燃烧热在热化学中的定义：在指定温度和压力下，1 mol 物质完全燃烧成指定产物的焓变，称为该物质在此温度下的摩尔燃烧焓，记作 $\Delta_c H_m$，也就是该物质燃烧反应的摩尔恒压热效应 $Q_{p,m}$。燃烧热可在恒容或恒压情况下测定。在实际测量中，燃烧反应常在恒容条件下进行(如在氧弹式量热计中进行)，这样直接测得的是反应的摩尔恒容热效应 $Q_{V,m}$，即燃烧反应的摩尔燃烧内能变 $\Delta_c U_m$。根据热力学推导，$\Delta_c H_m$ 和 $\Delta_c U_m$ 之间的关系为

$$\Delta_c H_m = \Delta_c U_m + RT \sum \nu_B(g) \tag{1}$$

式中，$\nu_B(g)$ 为燃烧反应方程中各气体物质的化学计量数，产物取正值，反应物取负值。

在氧弹式量热计中测得的燃烧热为 $Q_{V,m}$，根据热化学知识可以计算 $Q_{p,m}$，这两者之间的关系如下：

$$Q_{p,m} = Q_{V,m} + RT \sum \nu_B(g) \tag{2}$$

也可写作式(3)：

$$Q_p = Q_V + RT \Delta n(g) \tag{3}$$

式中，$Q_{p,m}$、$Q_{V,m}$的单位为 $kJ \cdot mol^{-1}$ 或 $J \cdot mol^{-1}$，$Q_p$、$Q_V$ 的单位为 kJ 或 J，$\Delta n$ 为反前后气态物质的物质的量之差，$R$ 为摩尔气体常数，$T$ 为反应的绝对温度。通常情况下，式(2)在计算中比较常用。

例如，对于萘的燃烧反应：

$$C_{10}H_8(s)+12O_2(g) \longrightarrow 10CO_2(g)+4H_2O(l)$$

则有

$$Q_{p,m}=Q_{V,m}-2RT$$

本实验通过测定萘完全燃烧时的恒容燃烧热，计算出萘的恒压燃烧热。在计算萘的恒压燃烧热时，应注意其数值的大小与实验的温度有关。一般说来，在较小的温度范围内，反应的热效应随温度的变化不是很大，可以认为它是一常数。

热是一个很难测定的物理量，热量的传递往往表现为温度的改变，而温度却很容易测量。如果有一种仪器，已知它每升高 1 ℃所需的热量，那么，在这种仪器中进行燃烧反应，只要观察到所升高的温度就可知燃烧放出的热量。根据这一热量便可求出物质的燃烧热。

恒温氧弹式量热计就是这样一种仪器。为了测定恒容燃烧热，可将反应置于一个恒容的氧弹中，为了燃烧完全，在氧弹内需充入 20 个左右大气压的纯氧。

为了确定量热计每升高 1 ℃所需要的热量，即量热计的热容，可采用通电加热法或标准物质法。本实验用标准物质法来测量量热计的热容，即确定仪器的水当量。所用标准物质为苯甲酸，其恒容燃烧时放出的热量为 26 460 $J \cdot g^{-1}$。铁丝燃烧时放出的热量及实验所用氧气中带有的氮气燃烧生成氮氧化物溶于水所放出的热量的总和一并传给量热计使其温度升高。根据能量守恒原理，物质燃烧放出的热量全部被氧弹及周围的介质所吸收，得到温度的变化为 $\Delta T$，其关系式如下：

$$-\frac{m_{样}}{M_{样}} \cdot Q_{V,m} - m_{铁丝} \cdot Q_{铁丝}=(cW+W') \cdot \Delta T \tag{4}$$

式中，$m_{样}$ 为待测样品的质量，$M_{样}$ 为待测样品的摩尔质量，$Q_{V,m}$为待测样品的恒容燃烧热（$kJ \cdot mol^{-1}$），$m_{铁丝}$ 为燃烧掉的铁丝的质量，$Q_{铁丝}$ 为铁丝的单位质量燃烧热（$kJ \cdot g^{-1}$），$W'$称为量热计的水当量，$c$ 为水的比热容，$W$ 为水的质量。实验中通过测定一定量已知燃烧热的标准物质苯甲酸燃烧后体系温度升高值 $\Delta T$，代入式(4)求出($cW+W'$)的值，再测定待测样品萘的 $\Delta T$，即可求得其恒容燃烧热 $Q_{V,m}$，根据式(2)求出萘的恒压燃烧热 $Q_{p,m}$。

尽管在仪器上进行了各种改进，但在实验过程中仍不可避免环境与体系间的热量传递。这种传递使得由温差仪上读出的温升 $\Delta T$ 带入误差。用雷诺图解法可进行温度校正，能较好地解决这一问题。将燃烧前后所观察到的水温对时间作图，可连成曲线 $abcd$，如图 1 和图 2 所示。图 1 中的 $b$ 相当于开始燃烧的点，$c$ 为观察到的最高温度。在温度为室温 $T$ 处作平行于时间轴的 $OT$ 线，交曲线 $abcd$ 于 $O$ 点。过 $O$ 点作垂直于时间轴的 $AB$ 线，然后将 $ab$ 线外延，交 $AB$ 线于 $E$ 点，将 $cd$ 线外延，交 $AB$ 线于 $F$ 点，则 $EF$ 两点间的距离即为 $\Delta T$。图中 $EE'$ 为开始燃烧到温度升至室温这一段时间内，由环境辐射进来以及搅拌所引进的能量而造成量热计温度的升高值，应予以扣除。$FF'$ 为温度由室温升高到最高点 $c$ 这一段时间内，量热计向环境辐射而造成本身温度的降低值，应予以补偿。因此，$EF$ 可较客观地反映由于燃烧反应所引起量热计的温升。在某些情况下，量热计的绝热性能良好，热漏很小，而搅拌器的功率较大，不断引进能量使得曲线不出现极高温度点，如图 2 所示，其校正方法相似。

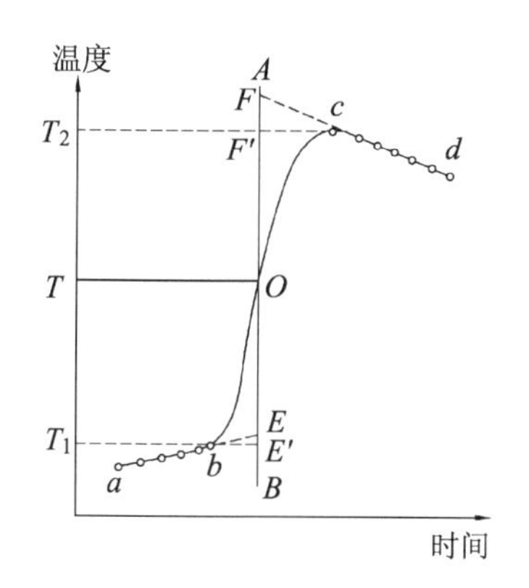


图 1　绝热较差时的雷诺校正图

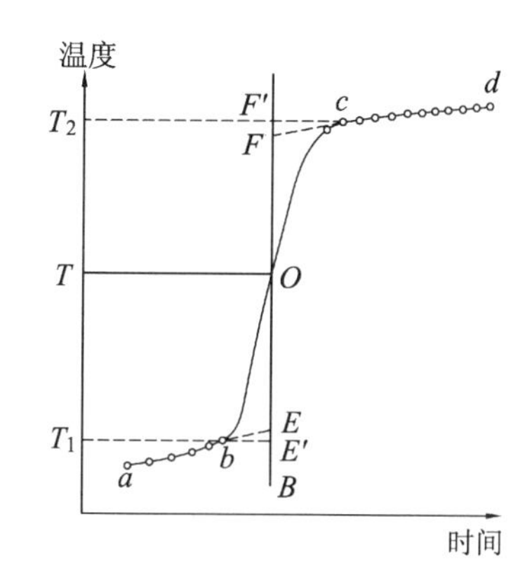


图 2　绝热良好时的雷诺校正图

必须注意，应用这种作图法进行校正时，量热计的温度与外界环境的温度不宜相差太大（最好不超过 3 ℃），否则会引入较大的误差。

## 三、仪器与试剂

(1) 仪器：SHR-15 氧弹式量热计（南京桑力电子设备厂）、压片机、SWC-ⅡD 精密数字温度温差仪、氧气钢瓶、氧气减压阀、充气装置、多用表、充氧导管、铁丝（若干）、扳手。

(2) 试剂：冰水（适量）、苯甲酸（分析纯）、萘（分析纯）。

## 四、实验步骤

1. 量热计水当量的测定

(1) 称重和压片。量取 10～15 cm 长的铁丝，将其中段绕成螺旋状，精确称取其质量。在压片机的钢模内倒入约 1.0 g 苯甲酸，慢慢旋紧压片机的螺杆，直至样品压成片状。抽去模底的托板，再继续向下旋紧螺杆，使模底和样品一起脱落。将压好的样品表面的碎屑除去，用分析天平准确称量后即可供燃烧热测定使用。

(2) 装置氧弹。拧开氧弹盖，小心将压好的样片放在燃烧皿内(接触燃烧杯底部)，将铁丝的两端分别紧绕在电极上，铁丝的螺旋状部分紧贴样品上表面(两电极与燃烧杯不能相碰或短路，即铁丝不应与燃烧杯相接触)。旋紧氧弹盖，用多用表检查两电极是否通路。若通路，则旋紧氧弹盖后即可以充氧气。

(3) 充气。充气时，首先确保高压钢瓶导气管与充气装置相连，密封良好。打开钢瓶总开关，然后顺时针转动低压表压力调节螺杆，使低压表显示值为 1.5～2.0 MPa。然后将氧弹的充气口与充气装置相连，充气大约 20 s 后放气(借以赶出弹中空气)，继续充气 2～3 min，再次用多用表检查氧弹中两电极间的电阻。

(4) 加水调温。先将温差仪的测温探头插入量热计的外桶中，待稳定后，采零，锁定(以外桶为0 ℃处理)。然后把氧弹放入量热计的内桶中，温差仪的测温探头随即插入内桶，打开搅拌，并用自来水与冰水混合物倒入内桶中调温，使内桶水位淹没氧弹的盖子，记录水位(也可具体称量水的质量)，并同时调整水温约为 −1 ℃。

(5) 燃烧和测量温度。用导线将氧弹两电极和点火器相连接，待温度稳定上升后，每隔 15 s 读取温差仪上的温差(精确至±0.002 ℃)。读取至少 10 个数据后，迅速进行点火(数据记录不间断)。若点火指示器上的灯亮后熄灭，温度迅速上升，则表明氧弹内样品已经燃烧(数据一直记录)。若温度变化不大，则表示点火没有成功，可再次点火直到成功(此时数据一直记录)，否则需打开氧弹检查原因。数据一直记录到温度升到最高点后出现下降趋势时，仍需继续记录至少 10 个数据，方可结束。拿出氧弹，放气，检查样品燃烧情况，若燃烧皿内有剩余黑色残渣，表示实验失败，应该重做。取出燃烧剩下的铁丝称重，从铁丝的原有质量中减去，即为燃烧消耗的铁丝质量。

2. 萘的燃烧热测定

称取约 0.6 g 的萘，按上述方法进行实验，需使用同一套仪器，保持水位相同(也可具体称量水的质量)。实验完毕后，洗净氧弹，倒出水桶中的自来水并擦干，以备下次使用。

**五、数据记录与处理**

1. 数据记录

将实验数据记录在表 1 中。

**表 1　数据记录表**

室温：________℃　实验温度：________℃　大气压：________ kPa

| 苯甲酸 | | 萘 | |
| --- | --- | --- | --- |
| $m_{样}$ = ________ g；$m_{铁丝}$ = ________ g；$m_{剩余铁丝}$ = ________ g | | $m_{样}$ = ________ g；$m_{铁丝}$ = ________ g；$m_{剩余铁丝}$ = ________ g | |
| 时间(15 s 一次) | 温差/℃ | 时间(15 s 一次) | 温差/℃ |
| | | | |
| | | | |
| | | | |
| | | | |
| | | | |

2. 数据处理

(1) 苯甲酸的恒容燃烧热为 $-26\ 460\ \mathrm{J\cdot g^{-1}}$；铁丝的单位质量燃烧热为 $-6.694\ \mathrm{kJ\cdot g^{-1}}$。

(2) 按雷诺图解法求出苯甲酸燃烧所引起的温度的变化值，计算量热计的水当量或($cW+W'$)的值。

(3) 按雷诺图解法求出萘燃烧所引起的温度的变化值，并计算萘的恒容燃烧热。

(4) 计算萘的恒压燃烧热。

(5) 由数据手册查出萘的恒压燃烧热，计算本次实验的误差。

3. 文献值

苯甲酸和萘的恒压燃烧热如表 2 所示。

**表 2　苯甲酸和萘的恒压燃烧热**

| 物质 | 恒压燃烧热 | | | |
| --- | --- | --- | --- | --- |
| | $\mathrm{kcal\cdot mol^{-1}}$ | $\mathrm{kJ\cdot mol^{-1}}$ | $\mathrm{J\cdot g^{-1}}$ | 测定条件 |
| 苯甲酸 | −771.24 | −3 226.9 | −26 410 | $p^{\ominus}$，25 ℃ |
| 萘 | −1 231.8 | −5 153.8 | −40 205 | $p^{\ominus}$，25 ℃ |

## 六、注意事项

(1) 注意压片的紧实程度，太紧不易燃烧。铁丝需紧贴样品表面，如浮在上面会引起样品熔化而脱落，不发生燃烧。

(2) 将铁丝的两端缠绕在两电极的下端时，铁丝不应与燃烧杯相接触，以防止短路。

(3) 加冰水调温时，不可加入冰块，否则测量不准确。

(4) 整个实验做完后，不仅要擦干氧弹内部的水，氧弹外部的水也要擦干，以防生锈。

## 七、思考题

(1) 固体样品为什么要压成片状？

(2) 在量热学测定中，还有哪些情况可能需要用到雷诺温度校正法？

(3) 如何用萘的燃烧热数据来计算萘的标准生成热？

(4) 在本实验中，哪些是系统，哪些是环境？系统和环境间有无热交换？这些热交换对实验结果有何影响？如何校正？

(5) 使用氧气钢瓶和减压阀时要注意哪些事项？

## 八、仪器介绍

1. 量热计的安装及内部结构

氧弹式量热计安装图及氧弹内部结构分别如图 3、图 4 所示。

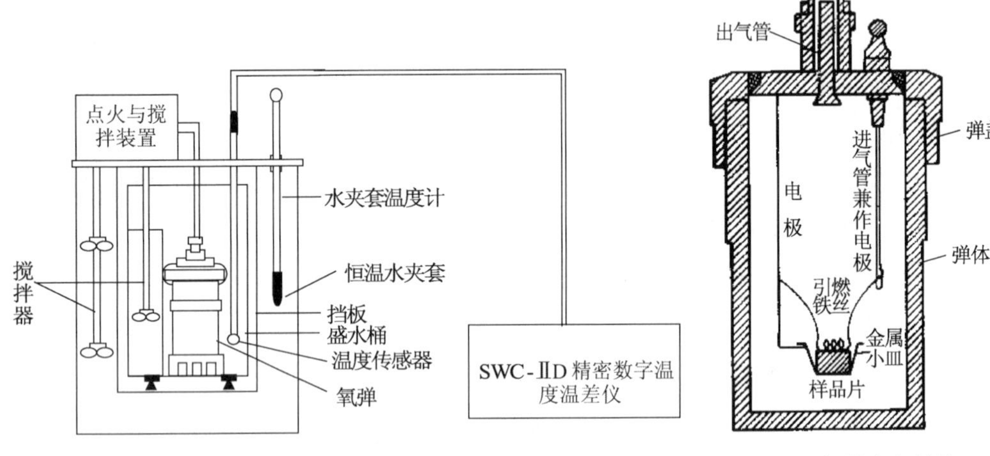


图 3　氧弹式量热计安装图　　图 4　氧弹内部结构

2. SWC-ⅡD 精密数字温度温差仪的操作方法

(1) 正确连接温差仪，按下电源开关，此时显示屏显示仪表初始状态（实时温度），如图 5 所示。

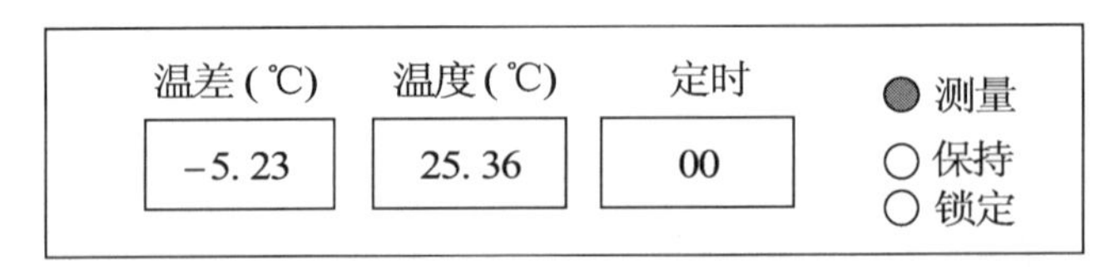


图 5　温差仪显示面板

当温度显示值稳定后，按“采零”键，温差显示窗口显示“0.000”。稍后的变化值为采零后温差的相对变化量。在实验过程中，仪器采零后，当介质温度变化过大时，仪器会自动更换适当的基温，这样，温差的显示值将不能正确反映温度的变化量，故在实验中按下“采零”键后，应再按一下“锁定”键，这样仪器将不会改变基温，“采零”键也不起作用，直至重新开机。

(2) 定时读数。按下“△”或“▽”键，设定所需的报时间隔(应大于5 s，此时定时读数才会起作用)。设定完后，定时显示将进行倒计时，当一个计数周期完毕时，蜂鸣器鸣叫且读数保持约5 s，“保持”指示灯亮，此时可观察和记录数据。

3. 气体钢瓶减压阀

在物理化学实验中，经常要用到氧气、氮气、氢气、氩气等气体。这些气体一般储存在专用高压气体钢瓶中，使用时通过减压阀使气体压力降至实验所需范围，再经过其他控制阀门细调，使气体输入使用系统。按气瓶颜色标记规定：氧气瓶颜色为蓝色，字为黑色；氩气瓶颜色为银灰色，字为深绿色；氮气瓶颜色为黑色，字为淡黄色；二氧化碳瓶颜色为铝白色，字为黑色；氢气瓶颜色为淡绿色，字为大红色；甲烷瓶颜色为棕色，字为白色。

最常用的减压阀为氧气减压阀，简称氧压表，其外观及工作原理见图6。

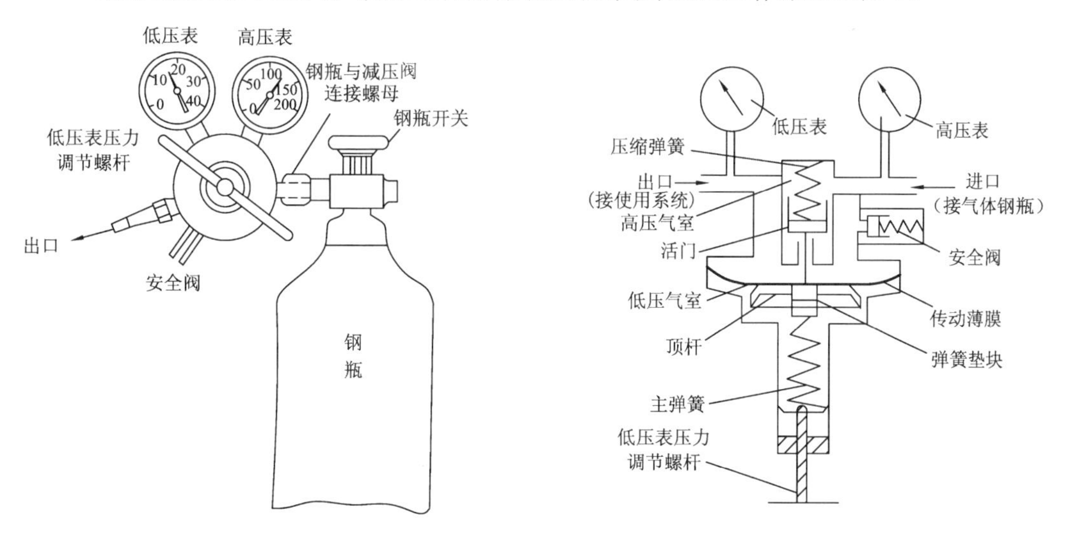


**图6 氧气减压阀及其工作原理**

(1) 工作原理。

氧气减压阀的高压腔与钢瓶连接，低压腔为气体出口，通往使用系统。高压表的示值为钢瓶内贮存气体压力。低压表的出口压力可由调节螺杆控制。

使用时先打开钢瓶总开关，然后顺时针转动低压表压力调节螺杆，使其压缩主弹簧并传动薄膜、弹簧垫块和顶杆而将活门打开。这样进口的高压气体由高压室经节流减压后进入低压室，并经出口通往工作系统。转动调节螺杆，改变活门开启的高度，从而调节高压气体的通过量，并达到所需的减压压力。

减压阀都装有安全阀，它是保护减压阀安全使用的装置，也是减压阀出现故障的信号装置。如果由于活门垫、活门损坏或其他原因，导致出口压力自行上升并越过一定许可值，则安全阀会自动打开排气。

(2) 使用方法。

按使用要求的不同，氧气减压阀有多种规格。最高进口压力大多为 $150\times10^5$ Pa，最低进口压力不低于出口压力的 2.5 倍。出口压力规格较多，一般为 $1\times10^5$ Pa，最高出口压力为 $40\times10^5$ Pa。

安装减压阀时应确定其连接规格是否与钢瓶和使用系统的接头相一致。减压阀与钢瓶采用半球面连接，靠连接螺母来使其完全吻合。因此，在使用时应保持两个半球面的光洁，以确保良好的气密效果。安装前可用高压气体吹除灰尘。必要时也可用聚四氟乙烯等材料制作垫圈。

氧气减压阀严禁接触油脂，以免发生火警事故。

停止工作时，应将减压阀中的余气放尽，然后拧松调节螺杆，以免弹性元件长久受压变形。

减压阀应避免撞击和振动，不可与腐蚀性物质相接触。

**九、拓展应用**

(1) 氧弹式量热计是一种较为精确的经典实验仪器，在实际生产中仍广泛用于测定可燃固体物的热值。在有些较精密的测定中，需对氧弹中所含氮气的燃烧值做校正。为此，可预先在氧弹中加入 5 mL 蒸馏水，燃烧以后，将所生成的稀 $HNO_3$ 溶液倒出，再用少量蒸馏水洗涤氧弹内壁，一并收集到 150 mL 锥形瓶中，煮沸片刻，用酚酞作指示剂，以 0.100 $mol\cdot L^{-1}$ 的 NaOH 溶液标定。每毫升碱液相当于 5.98 J 的热值，这部分热值应从总的燃烧热中扣除。

(2) 本实验装置也可用来测定可燃液体样品的燃烧热。以药用胶囊作为样品管并用内径比胶囊外径大 0.5～1.0 mm 的薄壁软玻璃管套住。胶囊的平均燃烧热应预先标定以便扣除。或者选用合适的可燃烧的固体吸附物质（滤纸、活性炭等）预先吸附待测液体，然后测定总的燃烧热，扣除固体吸附物质的燃烧热即可。

**十、参考文献**

[1] 王新红，戴竸陶，吴秀红. 燃烧热测定实验的改进措施[J]. 实验室研究与探索，2012，31(7)：236-237，261.

[2] 何萍，张京京. 燃烧热的测定实验改进[J]. 化工时刊，2017，31(9)：18-19，25.

[3] 任冬梅，高鸽，刘鑫，等."燃烧热测定"实验的改进[J]. 科技创新与应用，2017(35)：25-27.

# 实验2 纯液体饱和蒸气压的测定

## 一、实验目的

(1) 进一步理解液体饱和蒸气压的定义及气-液两相平衡的概念。了解纯液体饱和蒸气压与温度的关系,学会运用克劳修斯-克拉贝龙方程。

(2) 学会用等压计测定在不同温度下纯液体的饱和蒸气压。

(3) 学会由图解法求纯液体的平均摩尔汽化热和正常沸点。

## 二、实验原理

在一定温度下,纯液体与气相达成平衡时的压力,称为该温度下液体的饱和蒸气压。若蒸气遵守理想气体状态方程定律,且纯液体的体积忽略不计,则饱和蒸气压与温度的关系可用克劳修斯-克拉贝龙方程来表示:

$$\frac{\mathrm{d}\ln p}{\mathrm{d}T}=\frac{\Delta_{\mathrm{vap}}H_{\mathrm{m}}}{RT^2} \tag{1}$$

式中,$\Delta_{\mathrm{vap}}H_{\mathrm{m}}$ 为在温度 $T$ 时纯液体的摩尔蒸发焓,$T$ 为绝对温度。

在一定的温度变化范围内,可将 $\Delta_{\mathrm{vap}}H_{\mathrm{m}}$ 视为常数,当作平均摩尔蒸发焓。将式(1)积分可得

$$\ln p=-\frac{\Delta_{\mathrm{vap}}H_{\mathrm{m}}}{RT}+C \tag{2}$$

或写成

$$\ln p=\frac{A}{T}+C \tag{3}$$

可见,$\ln p$ 与 $1/T$ 成线性关系,根据直线斜率 $A=-\Delta_{\mathrm{vap}}H_{\mathrm{m}}/R$ 可求出液体的摩尔汽化热 $\Delta_{\mathrm{vap}}H_{\mathrm{m}}$,外推到压力为常压时的温度,即为液体的正常沸点。

## 三、仪器与试剂

(1) 仪器:DP-AF数字压力计、不锈钢缓冲储气罐、恒温水浴、真空泵、饱和蒸气压玻璃仪器(U形等位计、冷凝管)、橡胶管、电吹风。

(2) 试剂:无水乙醇等。

## 四、实验步骤

1. 连接仪器

按图1用橡胶管将各仪器连接成测定饱和蒸气压的实验装置。

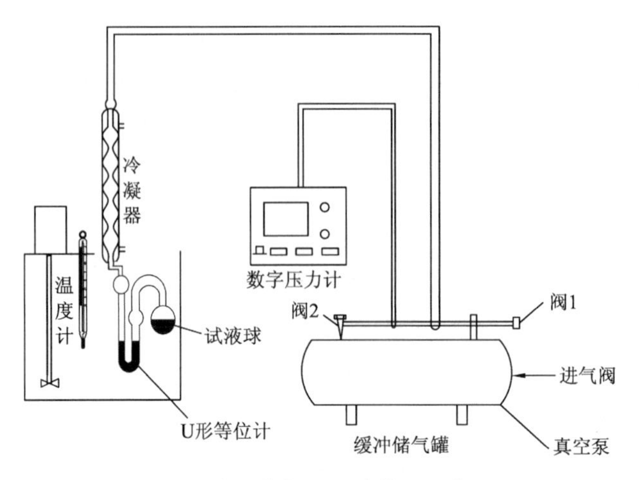


图 1　饱和蒸气压系统装置示意图

2. 系统气密性检查

(1) 缓冲储气罐整体气密性检查。

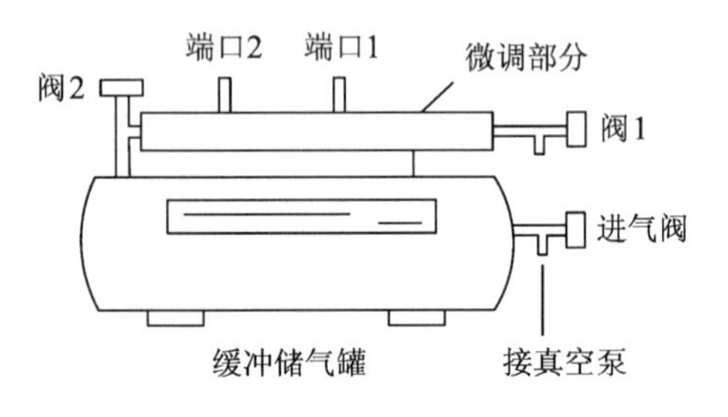


图 2　缓冲储气罐示意图

将图 2 中端口 2 处的橡胶管夹紧，再将进气阀及阀 2 打开，阀 1 关闭(三阀均为顺时针关闭，逆时针开启)。

启动真空泵至数字压力计示数为 100～200 kPa，关闭进气阀，停止真空泵的工作。观察数字压力计的数值下降情况。若小于 0.01 $kPa \cdot s^{-1}$，说明整体气密性良好；否则需查找漏气原因并排除故障，直至合格(若实验时间不够，此步工作可由实验教师先做好)。

(2) 微调部分的气密性检查。

关闭真空泵、进气阀及阀 2，用阀 1 调整微调部分的压力，使之低于压力罐中压力的 1/2。观察数字压力计，若其变化值在标准范围内(小于 0.01 $kPa \cdot s^{-1}$)，说明气密性良好。若压力值上升超过标准，说明阀 2 泄漏；若压力值下降超过标准，说明阀 1 泄漏。

(3) 与被测系统连接进行测试。

松开端口 2 处橡胶管，使之与系统连接。关闭阀 1，开启阀 2，使微调部分与罐内压力相等。然后，关闭阀 2，开启阀 1，泄压至低于罐压力。观察数字压力计，显示值变化≤0.01 $kPa \cdot s^{-1}$ 即为合格。检漏完毕，开启阀 1 使微调部分泄压至零。

3. 装样品

拔下 U 形等位计磨口连接管，从 U 形等位计加料口装入无水乙醇，使之充满试液球体积的2/3和U形管的大部分；然后，装回到原磨口连接管处，并注意密封性。

4. 测定

(1) 测定大气压下乙醇的沸点。

关闭阀2，开启阀1，使测定系统与大气相通。然后，通过恒温水浴缓缓升温加热，使U形等位计内的液体沸腾，3～4 min后停止加热，观察并测出U形等位计中双臂液面等高时的温度，同时读取室内大气压值（为防止空气倒灌，此时应立即加热使液体再次沸腾）。重复测定一次，若结果基本一致，进行下一步。

(2) 测定不同外压下纯液体的沸点。

关闭阀1，停止加热。通过阀2每次对测定系统减压5～10 kPa，然后依次测定U形等位计中双臂液面等高时的温度，同时记录压力计数值及即时室内大气压。实验结束时，开启阀1，使系统恢复原状。

**五、数据记录与处理**

1. 数据记录

将实验数据记录在表1中。

**表1 数据记录表**

| $p_0$/kPa | | | | | | |
|---|---|---|---|---|---|---|
| $p$/kPa | | | | | | |
| $\Delta p$/kPa | | | | | | |
| $T$/K | | | | | | |
| $\ln p$ | | | | | | |
| $1/T$ | | | | | | |

注：$p_0$为室内大气压，$p$为饱和蒸气压，$\Delta p$为数字压力计读数，$T$为纯液体沸点。纯液体饱和蒸气压$p=p_0-\Delta p$。

2. 数据处理

以$\ln p$对$1/T$作图，根据图求出乙醇在实验室温度范围内的平均摩尔汽化热及其正常沸点。

**六、注意事项**

(1) 抽气速度应适中，避免U形等位计内液体沸腾过剧致使U形管内的液体被抽尽。

(2) 测定中，打开进空气活塞时切不可太快，以免空气倒灌入弯管的空间。如果发生倒灌，则必须重新排除空气。

(3) U形等位计试液球液面上的空气必须排尽，因为若混有空气，则测定结果为乙醇与空气混合气体的总压力，而不是乙醇的饱和蒸气压。

(4) 防止被测液体过热，以免给测定饱和蒸气压带来影响，因此不要加热太快。

(5) 本实验方法不能用于测定溶液的蒸气压，因为静态法要求体系内无杂质气体。

**七、思考题**

(1) 测定沸点的过程中若出现空气倒灌，会导致什么后果？

(2) 测量过程中，如何判断 U 形等位计内的空气已赶尽？

(3) 能否在加热情况下检查装置是否漏气？

(4) 本实验的主要系统误差有哪些？

**八、拓展应用**

测空饱和蒸气压的方法主要有三种：

1. 动态法

当液体的蒸气压与外界压力相等时，液体就会沸腾，沸腾时的温度就是液体的沸点，与沸点对应的外界压力就是液体的饱和蒸气压。若在不同的外压下测定液体的沸点，则可得到液体在不同温度下的饱和蒸气压，这种方法叫作动态法。该法装置较简单，只需将一个带冷凝管的烧瓶与压力计及抽气系统连接起来即可。实验时，先将体系抽气至一定的真空度，测定此压力下液体的沸点，然后逐次往系统里通入空气，增加外界压力，并测定其相应的沸点。只要仪器能承受一定的正压而不冲出，动态法也可用于 101.325 kPa 以上压力下的实验。动态法较适用于高沸点液体饱和蒸气压的测定。

2. 饱和气流法

在一定的温度和压力下，让一定体积的空气或惰性气体以缓慢的速率通过一种易挥发的待测液体，使气体被待测液体的蒸气所饱和。然后分析混合气体中各组分的量以及总压，再按道尔顿分压定律求算混合气体中蒸气的分压，即为该液体在此温度下的饱和蒸气压。此法一般适用于蒸气压较小的液体。该法的缺点是不易获得真正的饱和状态，导致实验值偏低。

3. 静态法

把待测物质放在一个封闭体系中，在不同的温度下直接测量饱和蒸气压，要求体系内无杂质气体。此法适用于固体加热分解平衡压力的测量和易挥发液体饱和蒸气压的测量，准确性较高。

使用该方法时通常用 U 形等位计（又称平衡管）进行测定。U 形等位计由一个试液球与一个 U 形管连接而成，待测物质置于试液球内，U 形管中放置被测液体。将 U 形等位计和抽气系统、压力计连接，在一定温度下，当 U 形管中的液面在同一水平时，表明 U 形管两臂液面上方的压力相等，记下此时的温度和压力，则压力计的示值就是该温度下液体的饱和蒸气压，或者说，所测温度就是该压力下的沸点。可见，利用 U 形等位计可以获得并保持体系中为纯试样的饱和蒸气，U 形管中的液体起液封和平衡指示作用。本实验采用的就是静态法。

**九、参考文献**

[1] 朱平辽，刘华卿，徐景士，等. 纯液体饱和蒸气压测量的实验方法[J]. 实验室研究与探索，2006，25(7)：776-777，790.

[2] 龚楚清，邓媛，邓立志，等. 纯液体饱和蒸气压测定实验中新型平衡管的应用[J]. 化学通报，2015，78(10)：956-959.

# 实验 3　气相色谱法测定非电解质溶液的热力学函数

**一、实验目的**

(1) 熟悉以热导池为监测器的气相色谱仪的工作原理和基本构造，掌握脉冲进样气相色谱操作技术。

(2) 用气-液色谱法测定二元溶液体系无限稀释活度系数、偏摩尔溶解焓和偏摩尔超额溶解焓。

**二、实验原理**

1. 分配系数

在色谱柱中填充固体多孔性填料，在填料上涂有固定液(本实验中用邻苯二甲酸二壬酯)，填料之间的缝隙可以让流体流过。在柱子中流过的一种不和固定液起作用的气体称为载气。当载气携带着溶质分子流过固定液表面时，将产生溶解-挥发过程，在一定条件下可达到气液平衡。

由于向载气中加入的溶质量很少，其溶解于固定液中的浓度可看成无限稀。溶质在气液两相中达到平衡时，在固定液中的浓度和在载气中的浓度之间的比值称为分配系数，即

$$K=\frac{\text{固定液中溶质质量}/\text{固定液质量}}{\text{流动相中溶质质量}/\text{流动相体积}}=\frac{W_2^s/W_1}{W_2^g/V_d} \tag{1}$$

式(1)中下标 1、2 分别表示溶剂和溶质，上标 s、g 分别表示为固定相和载气。其中，溶质在固定液中的浓度采用质量浓度，而在流动相中的浓度采用体积浓度。$V_d$ 表示色谱柱中气相的体积。

2. 保留值

流动相流动过程中，携带溶质流经柱子，并且在流动过程中不断实现分配平衡。

最后，溶质流出柱子，在检测器上产生一个峰状的信号，以此来确定溶质在柱子中的停留时间，所得检测器信号与时间的关系称为色谱图，如图1所示。

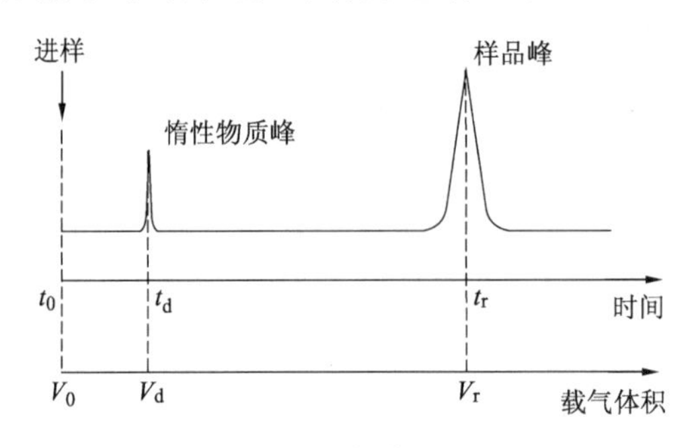


图1　色谱图

在图1中，从进样到出峰最高处的时间称为保留时间 $t_r$。在这一段时间里，流过柱子的载气体积称为保留体积 $V_r$，它代表溶质在与固定相分配平衡过程中花费了多少流动相体积。

另外，由于柱中有一定的空隙，如进样口、检测器、连接管道等，总有一部分流动相在流动过程中并未与固定相交换溶质，这一部分体积要从溶质与固定相分配平衡所占的流动相体积中减去。用一种不与固定相作用的物质（如空气）同样从柱头进样，其出峰时间称为死时间 $t_d$，所流过的流动相体积称为死体积 $V_d$。保留时间与死时间的差值称为校准保留时间，保留体积与死体积的差值称为校准保留体积。

流动相的流速不同，柱中分配平衡状态也不同，应考虑流速对分配平衡的影响。在柱后用皂沫流量计可以测定柱中的实际流速，但必须对皂沫流量计中水的饱和蒸气压和柱内压力进行校正。

分配平衡还与固定液用量有关。以单位质量固定液上溶质的校准保留体积来衡量溶质与固定液之间的相互作用，可消除固定液用量的影响，所得的保留体积称为比保留体积，用 $V_g^0$ 表示。

$$V_g^0=(t_r-t_d)\cdot j\cdot\frac{(p_0-p_w)}{p_0}\cdot\frac{273}{T_r}\cdot\frac{F}{W_1}\tag{2}$$

其中

$$j=\frac{3}{2}\cdot\frac{(p_i/p_0)^2-1}{(p_i/p_0)^3-1}\tag{3}$$

式中，$j$ 称为压力校正因子，$p_i$、$p_0$ 分别为柱前和柱后压力，$p_w$ 为水的饱和蒸气压，$T_r$ 为皂沫流量计所处的温度（一般为室温），$F$ 为用皂沫流量计测得的流量，$W_1$ 为固定液质量。

在理想条件下，色谱峰是对称的。在 $t_r$ 时刻，有一半溶质流出色谱柱，而另一半

留在色谱柱内，且两部分质量相等，而留在色谱柱中的溶质又可分为液相和气相两部分，可得

$$V_r \frac{W_2^g}{V_d} = V_d \frac{W_2^g}{V_d} + W_1 \frac{W_2^s}{W_1} \tag{4}$$

移项并做温度和体积校正，可得

$$(t_r - t_d) \cdot j \cdot \frac{(p_0 - p_w)}{p_0} \cdot \frac{273}{T_r} \cdot F \cdot \frac{W_2^g}{V_d} = W_1 \frac{W_2^s}{W_1} \tag{5}$$

进一步整理并将式(1)、式(2)代入，可得

$$V_g^0 = \frac{W_2^s / W_1}{W_2^g / V_d} = K \tag{6}$$

即溶质的比保留体积，等于它在两相中的分配系数。

3. 活度系数的测量

气相色谱法的进样方法称为脉冲进样法，进样量一般为微升级，非常少。因此，溶质在气液两相间的行为可以用理想气体方程和拉乌尔定律做近似处理。

根据理想气体方程：

$$p_2 V_d = nRT_c \tag{7}$$

有

$$p_2 = \frac{W_2^g R T_c}{V_d M_2} \tag{8}$$

根据拉乌尔定律：

$$p_2^* = \frac{p_2}{x_2} = p_2 \left( \frac{n_1 + n_2}{n_2} \right) \approx p_2 \cdot \frac{n_1}{n_2} = p_2 \frac{M_2}{M_1} \cdot \frac{W_1}{W_2^s} \tag{9}$$

将式(1)代入，再将蒸气压 $p_2$ 由柱温校正到 273 K，则

$$p_2^* = p_2 \cdot \frac{273}{T_c} \cdot \frac{M_2}{M_1} \cdot \frac{V_d}{K \cdot W_2^g} = \frac{273R}{K \cdot M_1} \tag{10}$$

将式(6)代入，可得

$$V_g^0 = \frac{273R}{p_2^* \cdot M_1} \tag{11}$$

由于溶质和作为溶剂的固定相的蒸气压相差非常大，因此，溶液性质会偏离拉乌尔定律。但由于在溶液中，溶质分子的实际蒸气压主要取决于溶质与溶剂分子之间的相互作用力，因此可以用亨利定律来进行校正：

$$V_g^0 = \frac{273R}{\gamma_2^{\infty} \ p_2^* \cdot M_1} \tag{12}$$

由式(12)可求得溶质在无限稀释时的活度系数：

$$\gamma_2^{\infty}=\frac{273R}{V_g^0\ p_2^* \cdot M_1} \tag{13}$$

4. 偏摩尔溶解焓和偏摩尔超额溶解焓的求算

溶液体系中，溶质在溶解-汽化过程中的焓变，可以利用克劳修斯-克拉贝龙方程来处理：

$$d(\ln p_2^*)=\frac{\Delta_{vap}H_m}{RT^2}dT \tag{14}$$

对于溶液体系，结合亨利定律，有

$$d[\ln(p_2^* \cdot \gamma_2^{\infty})]=\frac{\Delta_{vap}H_{2,m}}{RT^2}dT \tag{15}$$

式(15)中的 $\Delta_{vap}H_{2,m}$表示溶质从溶液中汽化的偏摩尔汽化焓。对于理想溶液，活度系数为1，溶质的分压可用 $p_2^* x_2$ 表示，它的偏摩尔汽化焓与纯溶质的摩尔汽化焓 $\Delta_{vap}H_m$ 相等，且理想溶液的偏摩尔溶解焓 $\Delta_{sol}H_{2,m}$ 等于液化焓 $\Delta_{sol}H_m$，即

$$\Delta_{vap}H_{2,m}=\Delta_{vap}H_m=-\Delta_{sol}H_{2,m}=-\Delta_{sol}H_m \tag{16}$$

对于非理想溶液，偏摩尔溶解焓在数值上虽然等于偏摩尔汽化焓，但它们与活度系数有关。将式(12)取对数后对 $1/T$ 求微分，并代入式(15)，得

$$\frac{d(\ln V_g^0)}{d(1/T)}=-\frac{d[\ln(p_2^* \cdot \gamma_2^{\infty})]}{d(1/T)}=\frac{\Delta_{vap}H_{2,m}}{R} \tag{17}$$

$\Delta_{vap}H_{2,m}$在一定温度条件下可视为常数，积分可得

$$\ln V_g^0=\frac{\Delta_{vap}H_{2,m}}{RT}+C \tag{18}$$

以 $\ln V_g^0$ 对 $1/T$ 作图，根据斜率可求得偏摩尔汽化焓，而偏摩尔溶解焓即为其相反数。

将式(15)与式(14)相减，并将偏摩尔汽化焓代为偏摩尔溶解焓，得

$$d(\ln\gamma_2^{\infty})=\frac{(\Delta_{vap}H_{2,m}-\Delta_{vap}H_m)}{RT^2}dT=-\frac{(\Delta_{sol}H_{2,m}-\Delta_{sol}H_m)}{RT^2}dT \tag{19}$$

同样，视一定温度范围内焓变为常数，积分可得

$$\ln\gamma_2^{\infty}=\frac{(\Delta_{sol}H_{2,m}-\Delta_{sol}H_m)}{RT}+D=\frac{\Delta_{sol}H^E}{RT}+D \tag{20}$$

式(20)中，$\Delta_{sol}H^E$ 为非理想溶液与理想溶液中溶质的溶解焓之差，称为偏摩尔超额溶解焓。以 $\ln\gamma_2{}^{\infty}$ 对 $1/T$ 作图，由所得直线的斜率可求得偏摩尔超额溶解焓。当活度系数大于1时，溶液对拉乌尔定律产生正偏差，溶质与溶剂分子之间的作用力小于溶质分子之间的作用力，偏摩尔超额溶解焓为正；反之为负。

## 三、仪器与试剂

(1) 仪器：气相色谱仪(热导池检测器)、色谱工作站、氢气发生器、皂沫流量计、

红外灯、微量进样器、计时器。

(2) 试剂：邻苯二甲酸二壬酯(色谱试剂)、正己烷(分析纯)、环己烷(分析纯)等。

**四、实验步骤**

1. 色谱柱的准备

根据色谱柱容积，取一定体积的白色硅烷化101担体，称量后以其质量的10%计算固定液用量。称取固定液后用氯仿溶解，再加入担体，搅拌均匀后置于红外灯下干燥，称重。

将空色谱柱洗净烘干，一端堵上玻璃棉后接真空系统，另一端接一小漏斗，在轻轻敲击色谱柱的同时，将处理好的填充物慢慢由漏斗倒入色谱柱，称量多余的填充物，计算柱中填充物所含固定液的质量。

将色谱柱装配到色谱仪上，在低载气流速下，于110 ℃柱温下老化10 h以上。

2. 设置色谱仪工作状态

打开色谱仪电源，在仪器显示屏上设置升温参数。按“柱箱”按钮，当光标移到“Maxim”后按数字键，再按“输入”按钮，则输入Maxim值。预设各点的温度值如表1所示。

**表1　色谱仪温度设置值**

单位：℃

| 设置值 | 柱箱 | 热导 | 注样器 | 检测器 |
| --- | --- | --- | --- | --- |
| Temp | 60 | 120 | 120 | 120 |
| Maxim | 110 | 140 | 200 | 200 |

打开加热电源开关，按“柱箱/热导/注样器/检测器”→“显示”→“输入”按钮，启动各控制点的升温程序。

按“热导”→“参数”→“120”→“输入”按钮，将热导池电流设置为120 mA。按热导控制器上的“复位”按钮，打开热导电源开关。

接通色谱工作站电源，启动计算机上的工作站程序，进入测量界面。调节色谱仪热导控制器上的调零旋钮，使工作站软件测定窗口下方的信号电位值在±5 mV范围内。

3. 进样测定

用皂沫流量计和秒表测定气体流过10 mL所需时间，读取柱前压(表压)。

用微量进样器吸取0.5 μL正己烷、环己烷混合样，再吸入2 μL空气，从1号柱进样口进样，进样的同时按下遥控启动开关或软件界面上的启动按钮。在色谱图上分别读取死时间和正己烷、环己烷的保留时间。待三个峰出完后按“停止”按钮。重复进样测量三次。

将柱箱温度分别调节到 70 ℃、80 ℃、90 ℃、100 ℃，当温度升到设置温度后保持 5 min，读取流量和柱前压，再进样测定该柱温下的死时间和正己烷、环己烷的保留时间。读取当前室温和大气压。

4. 关闭仪器

关闭热导控制器上的电源开关，在色谱仪面板上设置热导电流为零。按“柱箱/热导/注样器/检测器”→“显示”→“取消”按钮，将各加热开关关闭。打开柱箱门，待柱箱温度降到 35 ℃以下时，关闭电源开关；待热导池温度适当降低时，关闭气源。

**五、数据记录与处理**

本实验的数据包括柱中的固定液质量、当前大气压、室温，以及在各温度点所测得的柱温、柱前压（表压）、皂沫流量计中流过 10 mL 载气所需时间，正己烷、环己烷、空气的出峰时间。

纯物质的饱和蒸气压（单位均为 Pa），参考以下公式计算（$t$ 的单位为℃）：

正己烷：$p_2^* = 133.3 \times \exp[15.834 - 2\,693.8/(224.11 + t)]$。

环己烷：$p_2^* = 133.3 \times \exp[15.957 - 2\,879.9/(228.20 + t)]$。

水：$p_w = 6.110\,0 \times 10^2 + 4.422\,7 \times 10t + 1.481\,6 \times t^2 + 2.159\,3 \times 10^{-2} \times t^3$。

(1) 根据实验数据，将各柱温下的柱前压、载气流速、死时间、正己烷和环己烷的保留时间输入计算机，根据式(2)计算正己烷和环己烷在各柱温下的比保留体积。

(2) 根据式(13)计算正己烷和环己烷在邻苯二甲酸二壬酯溶剂中不同柱温下的无限稀释活度系数。

(3) 以 $\ln V_g^0$ 对 $1/T$ 作图，根据斜率计算偏摩尔溶解焓。

(4) 以 $\ln\gamma_2^\infty$ 对 $1/T$ 作图，根据斜率计算偏摩尔超额溶解焓。

**六、注意事项**

(1) 色谱柱填充过程比较费时，因此本实验不要求同学自行制作色谱柱，但对填充柱制作过程要有所了解。

(2) 操作色谱仪时，必须严格按照色谱仪操作规程进行。

(3) 采用微量进样器进行取样、进样，切勿将针芯的不锈钢丝拉出针筒外，还应保持清洁。

(4) 实验结束时要严格按照操作步骤关闭仪器，特别要注意气路不可先关，一定要待热导池冷却后方可关闭气路。

**七、思考题**

(1) 采用氢气作为载气，实验中应注意哪些问题？

(2) 什么样的溶液体系才适合用气相色谱法测定其热力学函数？

(3) 气相色谱法较常用的检测器是氢焰离子化检测器,本实验为什么要采用热导池检测器?

**八、拓展应用**

在以硝酸乙酸酐对氯苯进行的硝化反应中,介质的极性明显影响反应速率及产物异构体的生成比例。可利用气相色谱从动力学角度研究氯苯硝化反应中的溶剂效应(如溶剂的极性等)。溶剂的极性明显影响反应的表观活化能,并且对生成不同产物异构体的微分活化能也存在着不同程度的影响。

**九、参考文献**

[1] 范荫恒,侯瑞,任庆云."气-液色谱法测定非电解质溶液的热力学函数"的数据处理方法[J].实验科学与技术,2007,5(1):3-5.

[2] 蔡春,吕春绪.氯苯硝化反应中溶剂效应的动力学研究[J].华东工学院学报,1992(2):26-32.

[3] 白同春,卢锦梭,周西顺.气相色谱法测定非极性(弱极性)溶质在盐十环丁砜溶液中的无限稀释活度系数[J].色谱,1990,8(2):108-110.

# 实验 4 双液系气液平衡相图的绘制

**一、实验目的**

(1) 绘制异丙醇-环己烷双液系的沸点-组成图,确定其恒沸物组成及恒沸温度。

(2) 进一步理解分馏原理。

(3) 掌握阿贝折射仪的原理及使用方法。

**二、实验原理**

在常温下,任意两种液体混合组成的体系称为双液体系。若两种液体能按任意比例相互溶解,则称完全互溶双液体系;若只能部分互溶,则称部分互溶双液体系。

液体的沸点是指液体的饱和蒸气压和外压相等时的温度。在一定外压下,纯液体的沸点有确定的值。但对于完全互溶的双液系,沸点不仅与外压有关,而且还与双液系的组成有关。完全互溶双液系的沸点-组成图有三种类型:如果液体与拉乌尔定律的偏差不大,在 $T$-$x$ 图上溶液的沸点介于 A、B 纯液体的沸点之间,如图 1(a)所示;而实际溶液由于 A、B 二组分的相互影响,常与拉乌尔定律有较大偏差,在 $T$-$x$ 图上就会有最高或最低点出现,这些点称为恒沸点,其相应的溶液称为恒沸点混合物,如图 1(b)、图 1(c)所示。

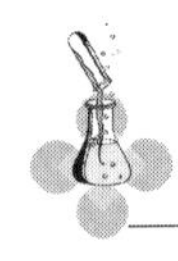

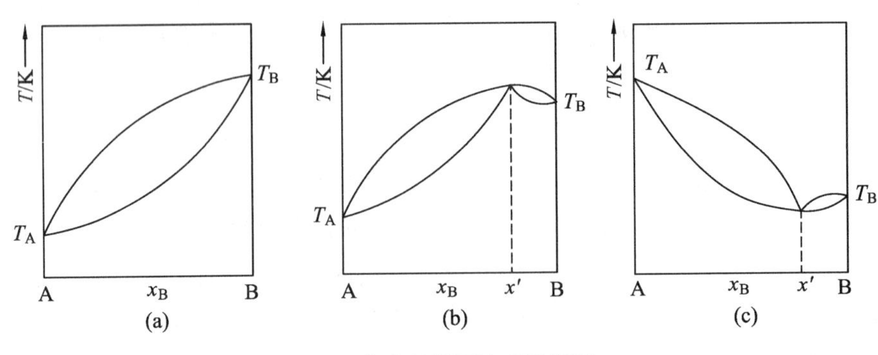


**图 1　完全互溶双液系的相图**

第一类双液系可用简单的蒸馏方法使二组分分离，第二、三类双液系通过蒸馏只能得到一种纯组分和恒沸混合物。外界压力不同，恒沸点温度和恒沸物组成也不相同。

测定沸点-组成图时要求同时测定溶液的沸点及气液两相的组成。本实验用回流冷凝法测定得到异丙醇-环己烷体系的沸点-组成图。其方法是用阿贝折射仪测定不同组成的体系在沸点温度时气、液相的折射率，再从折射率-组成工作曲线上查得相应的组成，然后绘制沸点-组成图。实验所用沸点仪如图 2 所示。沸点仪的主体是一个带有回流冷凝管的长颈圆底烧瓶，冷凝管底部有一个球形小室，用以收集冷凝的气相分馏液。从分馏液取样口吸取气相样品，从加样口吸取液相样品。电加热丝直接浸在溶液中加热溶液，可减少过热和防止暴沸。温度计的水银球要求一半浸在液面下，一半露在空气中。

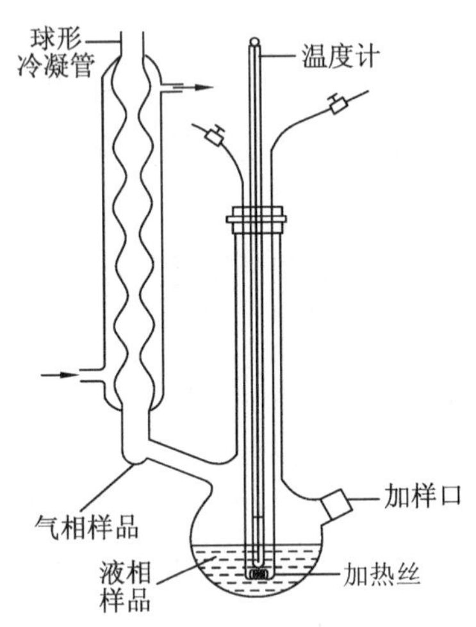


**图 2　沸点仪**

溶液的组成用折射率法分析。溶液的折射率($n$)与组成有关。先测定一系列已知浓度溶液的折射率，作出一定温度下该溶液的工作曲线（折射率-组成曲线），实验中测定平衡液相和气相冷凝液的折射率，根据工作曲线可求得液相和气相的组成。物质的折射率与温度有关，因此测定时应将温度控制在±0.2 ℃范围内。

**三、仪器与试剂**

(1) 仪器：沸点测定仪 1 套，阿贝折射仪 1 套，移液管(1 mL)1 支，移液管(10 mL)1 支，移液管(25 mL)1 支，吸液管 2 支，直流稳压电源 1 台，温度计(50 ℃～100 ℃) 1 支。

(2) 试剂：异丙醇(分析纯)、环己烷(分析纯)。

## 四、实验步骤

1. 已知浓度溶液折射率的测定

取异丙醇和环己烷，配制环己烷摩尔分数分别为 0.1、0.2、0.3、0.4、0.5、0.6、0.7、0.8、0.9、1.0 的溶液，在 25 ℃下，逐次用阿贝折射仪测定其折射率，绘制折射率-组成的关系曲线。

2. 溶液沸点及气、液相组成的测定

(1) 取 25 mL 异丙醇置于沸点测定仪的蒸馏瓶内。按图 2 连接好装置，打开回流冷却水，通电并调节直流稳压电源使液体加热至沸腾，回流并观察温度计的变化，待温度恒定，记下沸腾温度。然后，关闭直流稳压电源，停止加热。充分冷却后，用吸液管分别从冷凝管上端的分馏液取样口及加样口取样，用阿贝折射仪分别测定气相冷凝液和液相的折射率。按上述操作步骤分别测定加入环己烷为 1 mL、2 mL、3 mL、4 mL、5 mL、10 mL 时各液体的沸点及气相冷凝液和液相的折射率。

(2) 将蒸馏瓶内的溶液倒入回收瓶中，并用环己烷清洗蒸馏瓶。然后取 25 mL 环己烷注入蒸馏瓶内，按(1)的操作步骤进行测定。之后分别加入异丙醇 0.2 mL、0.3 mL、0.5 mL、1 mL、4 mL、5 mL，测定其沸点及气相冷凝液和液相的折射率。

## 五、数据记录与处理

1. 数据记录

室温：________℃；大气压：________ kPa。

(1) 将制作工作曲线对应的组成和测得的折射率结果列于表 1。

**表 1　工作曲线的折射率-组成数据表**

| 环己烷组成 | 0.1 | 0.2 | 0.3 | 0.4 | 0.5 | 0.6 | 0.7 | 0.8 | 0.9 | 1.0 |
|---|---|---|---|---|---|---|---|---|---|---|
| 折射率 | | | | | | | | | | |

(2) 将实验中测得的沸点-折射率数据列于表 2，并从工作曲线上查得相应的组成，从而获得沸点与组成的关系。

**表 2　未知组成的沸点-折射率数据表**

| 编号 | 沸腾温度/℃ | 气相冷凝液组成分析 | | 液相冷凝液组成分析 | |
|---|---|---|---|---|---|
| | | 折射率 | $y$(环己烷) | 折射率 | $x$(环己烷) |
| 1 | | | | | |
| 2 | | | | | |
| 3 | | | | | |
| 4 | | | | | |

续表

| 编号 | 沸腾温度/℃ | 气相冷凝液组成分析 | | 液相冷凝液组成分析 | |
|---|---|---|---|---|---|
| | | 折射率 | $y$(环己烷) | 折射率 | $x$(环己烷) |
| 5 | | | | | |
| 6 | | | | | |
| 7 | | | | | |
| 8 | | | | | |
| 9 | | | | | |

2. 数据处理

(1) 根据表1数据作出异丙醇-环己烷标准溶液的折射率-组成关系曲线,得到工作曲线。

(2) 根据工作曲线插值求出各待测溶液的气相和液相平衡组成,填入表2。以组成为横轴、沸点为纵轴,绘出气相与液相的沸点-组成($T$-$x$)平衡相图。

(3) 在图中找出其恒沸点及恒沸组成。

**六、注意事项**

(1) 气、液相试样折射率的测定要迅速、准确,动作迟缓容易造成试样中低沸点成分的挥发,从而造成折射率数值测定的误差;折射率的测定要在恒温下进行。

(2) 加热电阻丝一定要被所测液体浸没,否则通电加热可能会引起有机液体燃烧;所加电压不能太大,加热丝上有小气泡逸出即可。

(3) 取样时,先停止通电,再取样。

(4) 在每一份样品的蒸馏过程中,由于整个体系的成分不可能保持恒定,因此平衡温度会略有变化,特别是当溶液中两种组成的量相差较大时,变化更为明显。为此,每加入一次样品,只要待溶液沸腾,正常回流 1～2 min 后即可取样测定,等待时间不宜过长。

(5) 每次取样量不宜过多。取样时毛细滴管一定要干燥,不能留有上次的残液,气相取样口的残液也要擦干净。

(6) 整个实验过程中,通过折射仪的水温要恒定。使用折射仪时,棱镜不能触及硬物(如滴管),擦拭棱镜应用擦镜纸。

**七、思考题**

(1) 折射率的测定为什么要在恒定温度下进行?如何使用折射仪?

(2) 影响实验精度的因素之一是回流的好坏,如何使回流较好地进行?它的标志是什么?

(3) 过热现象对实验会产生什么影响?如何在实验中尽可能避免?

(4) 操作过程中,在加入不同数量的各组分样品时,如发现了微小的偏差,对相图的绘制有无影响?为什么?

(5) 对应某一组成测定沸点及气相和液相的折射率,如因某种原因缺少其中某一个数据,应如何处理?它对相图的绘制是否有影响?

(6) 蒸馏器中收集气相冷凝液的球形小室的大小对结果有何影响?

## 八、仪器介绍

阿贝折射仪可直接用来测定液体的折射率,定量地分析溶液的组成,鉴定液体的纯度。同时,物质的摩尔折射度、摩尔质量、密度、极性分子的偶极矩等也都可与折射率数据相关,因此阿贝折射仪也是物质结构研究的重要工具。由于折射率的测量所需样品量少,测量精度高(折射率可精确到 0.000 1),重现性好,所以阿贝折射仪是教学实验和科研工作中常用的光学仪器。

折射率以符号 $n$ 表示,由于 $n$ 与波长有关,因此在其右下角注以字母表示测定时所用单色光的波长,D,F,G,C,…分别表示钠的 D(黄)线、氢的 F(蓝)线、G(紫)线、C(红)线。另外,折射率又与介质温度有关,因而在 $n$ 的右上角注以测定时的介质温度(摄氏温标)。例如,$n_D^{20}$ 表示在 20 ℃时该介质对钠光 D 线的折射率。

### 1. 仪器结构

阿贝折射仪如图 3 所示。刻度盘上的示值有两行,一行是在以日光为光源的条件下换算成相当于钠光 D 线的折射率(1.300 0~1.700 0);另一行为 0~95%,它是工业上用折射仪测量固体物质在水溶液中浓度的标度,通常用于测量蔗糖的浓度。

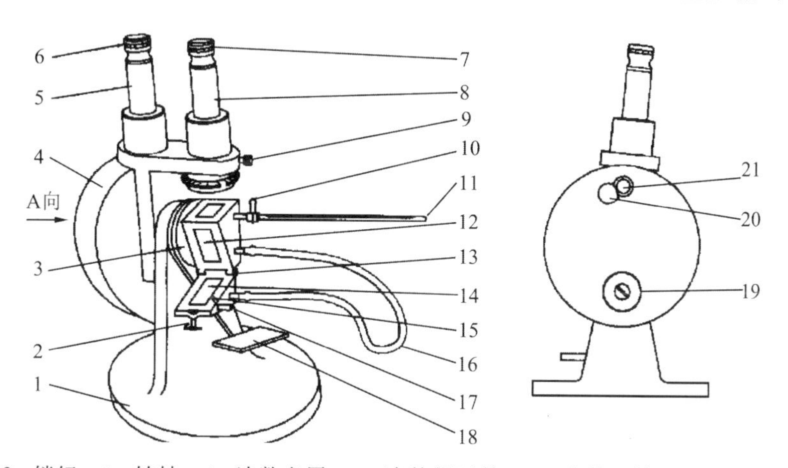


1. 底座 2. 锁钮 3. 转轴 4. 读数盘罩 5. 读数望远镜 6. 读数目镜 7. 测量目镜 8. 测量望远镜 9. 消色散手柄 10. 恒温水入口 11. 温度计 12. 测量棱镜 13. 铰链 14. 辅助棱镜 15. 加液槽 16. 橡皮管 17. 恒温水出口 18. 反光镜 19. 读数旋钮 20. 视孔盖板 21. 读数盘进光孔

图 3 阿贝折射仪的外形图

2. 测定方法

(1) 仪器的安装。将折射仪置于靠窗的桌子上或普通白炽灯前，但勿使仪器置于直照的日光中，以避免液体试样迅速蒸发。用橡皮管将测量棱镜和辅助棱镜上保温夹套的进出水口与超级恒温槽串接起来，恒温温度以折射仪上的温度计读数为准，一般选用 20 ℃±0.1 ℃或 25 ℃±0.1 ℃。

(2) 加样。松开锁钮，开启辅助棱镜，使其磨砂的斜面处于水平位置，用滴管滴加少量丙酮清洗镜面，促使难挥发的沾污物溢走(用滴管时注意勿使管尖碰触镜面)。必要时可用擦镜纸轻轻吸干镜面，但切勿用滤纸。待镜面干燥后，滴加数滴试样于辅助棱镜的毛镜面上，闭合辅助棱镜，旋紧锁钮。若试样易挥发，则可在两棱镜接近闭合时从加液小槽中加入试样，然后闭合两棱镜，锁紧锁钮。

(3) 对光。转动手柄，使刻度盘标尺上的示值最小；再调节反射镜，使入射光进入棱镜组，同时从测量望远镜中观察，使视场最亮；调节目镜，使视场准丝最清晰。

(4) 粗调。转动手柄，使刻度盘标尺上的示值逐渐增大，直至观察到视场中出现彩色光带或黑白临界线。

(5) 消色散。转动消色散手柄，使视场内呈现一个清晰的明暗临界线。

(6) 精调。转动手柄，使临界线正好处在"×"形准丝交点上。若此时又呈现微色散，必须重调消色散手柄，使临界线明暗清晰。

(7) 读数。打开罩壳上方的小窗，然后从读数望远镜中读出标尺上相应的示值。为减少偶然误差，重复测定 3 次，3 个读数的差值不能大于 0.000 2，然后取其平均值。

(8) 仪器校正。折射仪刻度盘上标尺的零点有时会发生移动，须加以校正。校正方法是用一种已知折射率的标准液体(一般用纯水)，按上述方法进行测定，将平均值与标准值比较，其差值即为校正值。纯水的 $n_D^{25}=1.332\ 5$，在 15 ℃～30 ℃之间的温度系数为－0.000 1/℃。在精密的测定工作中，须在所测范围内用几种不同折射率的标准液体进行校正，并画出校正曲线，以供测试时对照校核。

3. 仪器维护

(1) 使用时必须注意保护棱镜，切勿用除擦镜纸外的其他纸擦拭棱镜，擦拭时注意指甲不要碰到镜面；滴加液体时，滴管切勿触及镜面。保持仪器清洁，严禁用手触及光学零件。

(2) 使用完毕后要把仪器全部擦拭干净(小心爱护)，使金属套中的恒温水流尽，拆下温度计，并将仪器放入箱内(箱内放有干燥剂硅胶)。

(3) 不能用阿贝折射仪测量酸性、碱性物质和氟化物的折射率。若样品的折射率不在 1.3～1.7 范围内，也不能用阿贝折射仪测定。

## 九、拓展应用

(1) 目前实验教学中最常用的沸点仪(图 2)结构简单,容易操作,但达到平衡时间较长。另一类测定气液平衡数据的装置叫平衡釜,有陆志虞平衡釜、爱立斯平衡釜、罗斯平衡釜等,其结构比较复杂。还有一种多功能沸点测定仪,具有沸点测定仪和平衡釜的双重功能,测定范围较广,除可用于常规的气液平衡数据的测定外,还可用于含盐体系和部分互溶体系气液平衡的测定。

(2) 气液平衡相图的实际意义在于,只有掌握了气液平衡相图,才有可能利用蒸馏方法使液态混合物有效分离。在石油工业和溶剂、试剂的生产过程中,常利用气液平衡相图来指导并控制分馏、精馏的操作条件。在一定压力下,恒沸混合物的组成恒定,利用恒沸点盐酸溶液可以配制定量分析用的标准盐酸溶液。

(3) 精馏是最常用的一种分离方法。工业生产中,要有效分离混合物,需设计精馏装置,而精馏塔所需的理论塔板数的求算需要相关的气液平衡数据。这些气液平衡数据可以由本实验装置直接测定得到。

## 十、参考文献

[1] 谭志安,施翔. 双液系气液平衡相图实验中环己烷和异丙醇的回收[J]. 泰州职业技术学院学报,2001,1(3):19-20.

[2] 李晓飞,仝艳,吴志启. 二组分体系水-正丙醇的气液平衡相图绘制[J]. 实验室研究与探索,2012,31(8):20-22.

[3] 向明礼,曾小平,滕奇志,等."二元液系相图"实验的综合改革研究[J]. 实验科学与技术,2007,5(6):98-100.

[4] 裴锋,杨万生. 完全互溶双液系平衡相图的计算机绘制[J]. 实验室研究与探索. 2004,23(5):26-28.

# 实验5　二组分固液金属相图的绘制

## 一、实验目的

(1) 学会用热分析法测绘 Pb-Sn 二组分金属相图。

(2) 掌握热分析法的测量技术。

(3) 熟悉数字控温仪及可控升降温电炉的使用。

## 二、实验原理

1. 二组分固液相图

人们常用图形来表示体系的存在状态与组成、温度、压力等因素的关系。以体系所含物质的组成为自变量、温度为应变量所得到的 $T$-$x$ 图是常见的一种相图。二组分相图已经得到广泛的研究和应用。固液相图多应用于冶金、化工等部门。

二组分体系的自由度与相数有以下关系：

$$自由度=组分数-相数+2$$

由于一般的相变均在常压下进行，所以压力 $p$ 一定，即有以下关系：

$$自由度=组分数-相数+1$$

又因为一般物质其固、液两相的摩尔体积相差不大，所以固液相图受外界压力的影响颇小。这是它与气液平衡体系的最大差别。

2. 热分析法和步冷曲线

热分析法是相图绘制工作中常用的一种实验方法。这种方法是通过观察按一定比例配成均匀的体系高温熔化后冷却时温度随时间的变化关系来判断有无相变发生的方法。以体系温度对时间作图，称为步冷曲线。曲线的转折点表征了某一温度下发生相变的信息，即体系内不发生相变，则温度-时间曲线均匀改变；体系内发生相变，则温度-时间曲线上会出现转折点或水平段。以体系的组成和相变点的温度作为 $T$-$x$ 图上的一个点，将各点连接就成了相图上的一些相线，并构成若干相区，也就绘制成了固液相图（图 1）。

用热分析法测绘相图时，被测体系必须时时处于或接近相平衡状态。因此，体系的冷却速度必须足够慢，才能得到较好的结果。对于体系温度的测量，可根据体系温度变化范围来选择适当的测量工具。

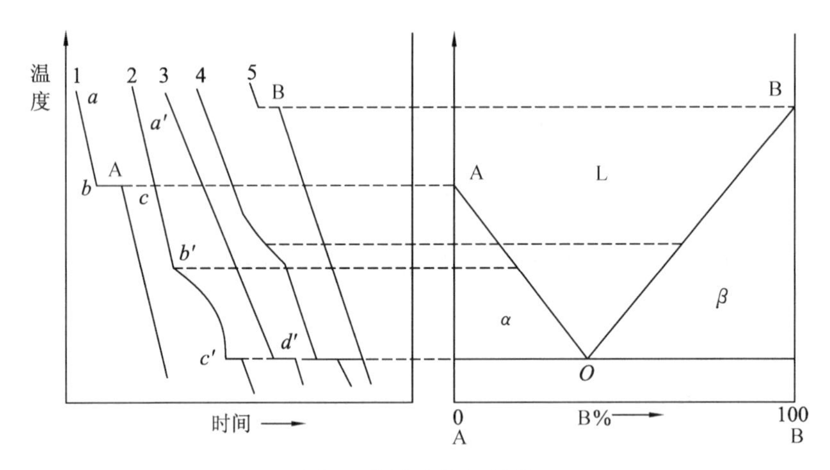


图 1　步冷曲线和相图

## 三、仪器与试剂

（1）仪器：SWKY-Ⅰ数字控温仪、KWL-09 可控升降温电炉、Pt-100 热电阻温度传感器、配套软件、样品管。

（2）试剂：锡（化学纯）、铅（化学纯）、石墨粉。

## 四、实验步骤

(1) 打开 SWKY-Ⅰ数字控温仪、KWL-09 可控升降温电炉的电源开关。启动数据采集计算机系统“金属相图数据处理系统 V3.00”,单击“设置”→“通讯口”设置通讯端口,单击“设置”→“设置坐标系”设置采样时间长短(约 60 min)和采样温度区间(50 ℃～350 ℃)。

(2) 称取 10 份铅、锡混合样品,每份质量约 100 g,锡的质量分数分别为 0、10%、15%、20%、35%、50%、62%、80%、95%、100%,精确到 0.1 g。将样品依次放入编号为 1～10 的样品管中,摇匀。在样品表面覆盖一薄层石墨粉,加盖,在 350.0 ℃下加热熔融并加以搅拌,使两组分完全混合均匀后,冷却至室温备用。

(3) 打开 SWKY-Ⅰ数字控温仪电源开关,仪表显示初始状态。例如(图 2):

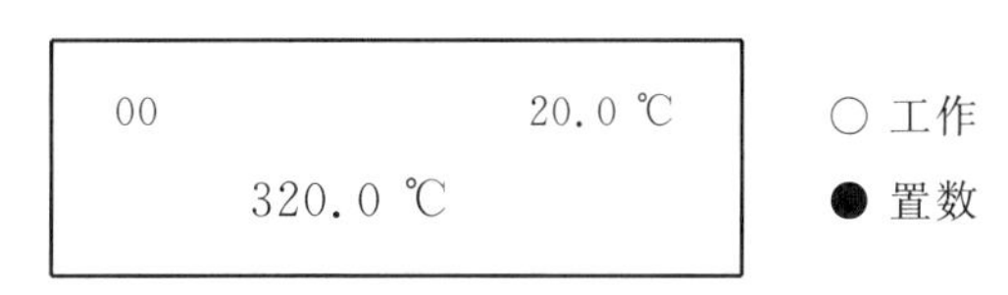


图 2　初始状态显示

其中,温度显示Ⅰ显示的 320.0 ℃为设定温度,温度显示Ⅱ显示的 20.0 ℃为实时温度,“置数”指示灯亮。

(4) 设置控制温度:按“工作/置数”按钮,使置数灯亮。依次按“×100”“×10”“×1”“×0.1”按钮设置温度显示Ⅰ的百位、十位、个位和小数点位的数字,每按动一次,显示数码按 0～9 依次递增。将控制温度设定为 320.0 ℃。

(5) 设置完成后,将温度传感器Ⅰ插入熔融炉管旁的温度计插孔中(注意:实验中温度传感器Ⅰ必须始终与熔融炉管接触,不得拔出,否则将导致炉温失控,后果严重)。

(6) 选取一根预熔融过的样品管插入 KWL-09 可控升降温电炉的实验样品熔融炉管(左边)中,再按“工作/置数”按钮,控温仪转换到工作状态,工作指示灯亮,温度显示Ⅰ显示为温度传感器Ⅰ测定的实时温度。

(7) 待温度显示Ⅰ显示的温度达到设定值 320.0 ℃后,再恒温放置 10 min。同时,将温度传感器Ⅱ插入 KWL-09 可控升降温电炉的降温炉管(右边)的花瓣形空隙中,用降温炉管加热补偿功率控制旋钮调节输出电压至合适的值,使得降温炉管的温度稳定在比熔融炉管温度低约 50.0 ℃。

(8) 将温度传感器Ⅱ从降温炉管中拔出,插入样品管的温度计套管中。待温度显示Ⅱ的温度显示值达到 350.0 ℃以上后,用样品管钳将样品管(连同温度传感器Ⅱ)移入降温炉管中。

(9) 将降温炉管加热补偿功率控制旋钮调节至"0"输出，调节降温风扇功率控制旋钮至 3 V(注意观察电炉后面板上的风扇是否转动)，单击"金属相图数据处理系统 V3.00"软件界面上的"数据通讯"→"清屏"→"开始通讯"，系统开始采集样品步冷曲线。将样品信息填写在软件界面相应的方框内。

(10) 测量完成后，单击"数据通讯"→"停止通讯"，将文件以"*.BLX"和"*.TXT"形式保存。测量完成的样品管取出后放置在样品架上，将降温风扇功率控制旋钮调节至"0"。

(11) 换一个样品，重复实验步骤(6)～(10)，直至测完全部样品。

(12) 实验完成后，关闭所有仪器电源，清理实验台面及清扫实验室。

**五、数据记录与处理**

用"金属相图数据处理系统 V3.00"软件处理实验数据并绘制 Sn-Pb 二元合金相图，具体方法如下：

(1) 单击"窗口"，切换到数据处理窗口。

(2) 打开已绘制好的步冷曲线，用鼠标在该曲线上找到平台温度(或拐点温度，或最低共熔点)，然后把该数据输入"步冷曲线属性"表格对应的位置。

(3) 执行"数据处理"→"数据映射"命令，软件自动把曲线拐点、最低共熔点和百分比填到二组分合金相图数据表格中。

(4) 执行"数据处理"→"绘制相图"命令，弹出"绘制相图方式"窗口，按窗口的标示设置绘制相图的相关参数，单击"确定"。

(5) 执行"设置"→"衬托线"命令，软件绘制衬托线。

(6) 执行"设置"→"显示标注"命令，软件标出步冷曲线的属性值。

(7) 执行"设置"→"保存""打印"命令，对相图进行保存和打印。

铅锡混合物熔点的文献值如表 1 所示。

**表 1　铅锡混合物的熔点**

| 质量分数/% | | | | | | | | | | | | |
|---|---|---|---|---|---|---|---|---|---|---|---|---|
| | Pb | 100 | 90 | 80 | 70 | 60 | 50 | 40 | 30 | 20 | 10 | 0 |
| | Sn | 0 | 10 | 20 | 30 | 40 | 50 | 60 | 70 | 80 | 90 | 100 |
| 熔点/℃ | | 326 | 295 | 276 | 262 | 240 | 220 | 190 | 185 | 200 | 216 | 232 |

**六、注意事项**

(1) 用电炉加热样品时，注意温度要适当。温度过高时样品易氧化变质；温度过低或加热时间不够则样品没有全部熔化，步冷曲线转折点测不出。

(2) 在测定一样品时，可将另一待测样品放入加热炉内预热，以便节约时间。合金有两个转折点，必须待第二个转折点测完后方可停止实验，否则须重新测定。

(3) 在测绘金属相图实验中，降温时，降温速度一般应保持在(5 ～8)℃ · $min^{-1}$，以便找到曲线的拐点。

(4) 操作人员离开时，必须将电炉和控温仪断电。

## 七、思考题

(1) 步冷曲线各段的斜率以及水平段的长短与哪些因素有关？

(2) 根据实验结果讨论各步冷曲线降温速率控制是否得当。

(3) 试从实验方法比较测绘气液相图和固液相图的异同点。

## 八、仪器介绍

本实验装置由三部分组成：SWKY-Ⅰ数字控温仪、KWL-09可控升降温电炉和数据采集计算机系统(图3)。

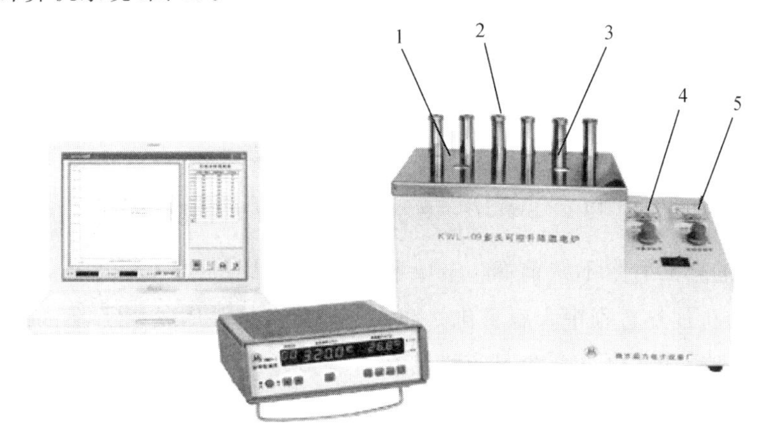


1. 实验样品熔融炉管　2. 样品管　3. 降温炉管
4. 降温风扇功率控制旋钮　5. 降温炉管加热补偿功率控制旋钮

**图3　二组分金属相图测绘实验装置**

图4是SWKY-Ⅰ数字控温仪的前面板示意图，各按钮的功能如下：

1—电源开关。

2—定时设置增、减按钮：从0～99 s之间按增、减按钮设置。

3—“工作/置数”转换按钮：在加热控温和设定温度两种状态之间进行切换。在置数状态，控温仪不对加热器进行控制。

4,5,6,7—设定温度调节按钮：分别设定百位、十位、个位及小数点位的温度，从0～9依次递增设置。

8—工作状态指示灯：灯亮，表示仪器处于对加热系统进行控制的工作状态，控制对象是可控升降温电炉上的样品熔融炉管。

9—置数状态指示灯：灯亮，表示系统处于设定温度状态，其设定的温度是可控升降温电炉上的样品熔融炉管的温度。

10—温度显示Ⅱ：显示被测物体的实际温度，与温度传感器Ⅱ连接。

11—温度显示Ⅰ：在置数状态时，显示被控温对象的设定温度；在工作状态时，显示可控升降温电炉上的样品熔融炉管内样品的实际温度，与温度传感器Ⅰ连接。

12—定时显示窗口：显示所设定的时间间隔。

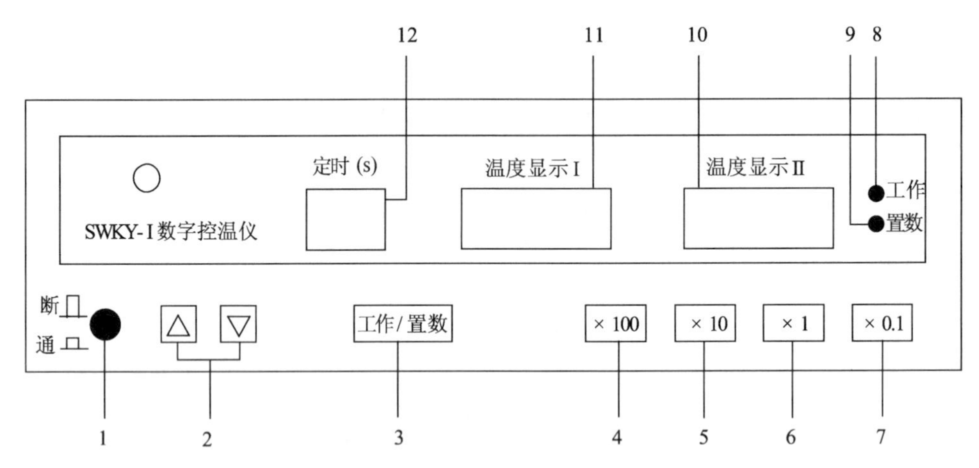


图4　SWKY-Ⅰ数字控温仪的前面板示意图

本实验的样品管是不锈钢管。金属颗粒置于样品管底部，摇匀，上面覆盖一薄层石墨粉，以防止加热过程中金属氧化。插入温度计套管并盖紧盖子，记录样品管编号及内装样品的组成比例。新配制的样品必须经预先熔融混合均匀后，方能进行实验测定。

**九、拓展应用**

二元合金相图表明合金组成、所处温度、合金状态间的关系，通过相图可以知道任何成分的合金在任何温度下的状态，为选用不同合金的材料提供了理论依据。例如，通过铁碳二元合金相图就可以知道不同含碳量的铁碳合金的熔点是多少，在什么温度下发生什么相变，包含哪些相，也可以推知合金的大概性能。例如，含碳量低，则硬而脆的渗碳体量就少，软而韧的铁素体就多，材料容易进行塑性变形，适合做容易变形的零件；含碳量高，则硬而脆的渗碳体量就多，软而韧的铁素体就少，材料的耐磨性就好，适合做工具、刀具等零件。

**十、参考文献**

[1] 蔡定建，杨忠，郁德清，等. 二元合金相图的绘制与应用实验装置的改进[J]. 江西理工大学学报，2001，22(1)：55-57.

[2] 尹波，黄桂萍，林悦欣，等. Bi～Sn 二组分体系相图的绘制实验条件的探讨[J]. 江西化工，2008(1)：78-79.

# 实验6 溶解热的测定

## 一、实验目的

(1) 掌握采用电热补偿法测定热效应的基本原理。

(2) 用电热补偿法测定硝酸钾在水中的积分溶解热,并用作图法求出硝酸钾在水中的微分溶解热、积分稀释热和微分稀释热。

(3) 掌握溶解热测定仪器的使用方法。

## 二、实验原理

物质溶解过程所产生的热效应称为溶解热,可分为积分溶解热和微分溶解热两种。积分溶解热是指恒温恒压下把 1 mol 物质溶解在 $n_0$ mol 溶剂中时所产生的热效应,由于在溶解过程中溶液浓度不断改变,所以又称为变浓溶解热,以 $Q_s$ 表示。微分溶解热是指在恒温恒压下把 1 mol 物质溶解在无限量某一定浓度溶液中所产生的热效应,由于在溶解过程中浓度可视为不变,所以又称为定浓溶解热,以 $\left(\frac{\partial Q_s}{\partial n}\right)_{T,p,n_0}$ 表示,即恒温、恒压、恒溶剂状态下,由微小的溶质增量所引起的热量变化。

稀释热是指将溶剂添加到溶液中,溶液在稀释过程中产生的热效应,又称为冲淡热。它也有积分(或变浓)稀释热和微分(或定浓)稀释热两种。积分稀释热是指在恒温恒压下把原为含 1 mol 溶质和 $n_{01}$ mol 溶剂的溶液冲淡到含 $n_{02}$ mol 溶剂时的热效应,它为两浓度的积分溶解热之差,以 $Q_d$ 表示。微分稀释热是指将 1 mol 溶剂加到某一浓度的无限量溶液中所产生的热效应,以 $\left(\frac{\partial Q_s}{\partial n_0}\right)_{T,p,n}$ 表示,即恒温、恒压、恒溶质状态下,由微小的溶剂增量所引起的热量变化。

积分溶解热的大小与浓度有关,但不具有线性关系。通过实验测定,可绘制出一条积分溶解热 $Q_s$ 与相对于 1 mol 溶质的溶剂量 $n_0$ 之间的关系曲线(图 1),其他三种热效应由 $Q_s$-$n_0$ 曲线求得。

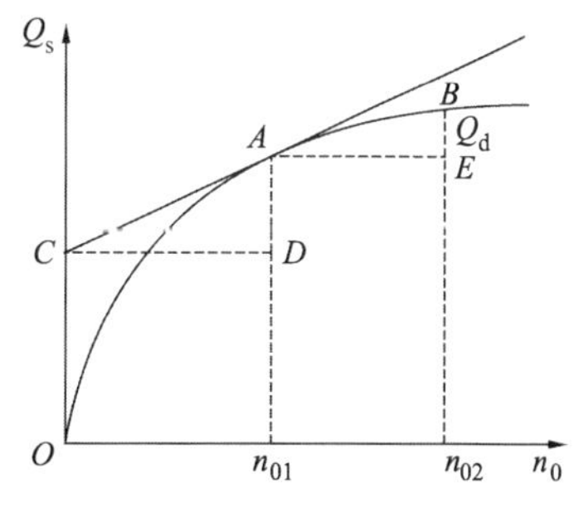


图 1 $Q_s$-$n_0$ 曲线

设纯溶剂、纯溶质的摩尔焓分别为 $H_1$ 和 $H_2$,溶液中溶剂和溶质的偏摩尔焓分别为 $H_{1,m}$ 和 $H_{2,m}$,对于由 $n_1$ mol 溶剂和 $n_2$ mol 溶质所组成的体系,在溶剂和溶质未混合前,体系的总焓为

$$H = n_1 H_1 + n_2 H_2 \tag{1}$$

将溶剂和溶质混合后,体系的总焓为

$$H' = n_1 H_{1,m} + n_2 H_{2,m} \tag{2}$$

因此，溶解过程的热效应为

$$\Delta H = H' - H = n_1(H_{1,m} - H_1) + n_2(H_{2,m} - H_2) = n_1 \Delta H_1 + n_2 \Delta H_2 \tag{3}$$

在无限量溶液中加入 1 mol 溶质，式(3)中的第一项可认为不变，在此条件下所产生的热效应为式(3)第二项中的 $\Delta H_2$，即微分溶解热。同理，在无限量溶液中加入 1 mol 溶剂，所产生的热效应为式(3)中第一项中的 $\Delta H_1$，即微分稀释热。

根据积分溶解热的定义，有

$$Q_s = \frac{\Delta H}{n_2} \tag{4}$$

将式(3)代入，可得

$$Q_s = \frac{n_1}{n_2}\Delta H_1 + \Delta H_2 = n_{01}\Delta H_1 + \Delta H_2 \tag{5}$$

式(5)表明，在 $Q_s$-$n_0$ 曲线上，对一个指定的 $n_{01}$，其微分稀释热为曲线在该点的切线斜率，即图 1 中的 $AD/CD$；$n_{01}$ 处的微分溶解热为该切线在纵坐标上的截距，即图 1 中的 $OC$。

在含有 1 mol 溶质的溶液中加入溶剂，使溶剂量由 $n_{01}$ mol 增加到 $n_{02}$ mol，所产生的积分稀释热即为 $Q_s$-$n_0$ 曲线上 $n_{01}$ 和 $n_{02}$ 两点处 $Q_s$ 的差值。

本实验测定硝酸钾在水中的溶解热。由于该溶解过程是吸热过程，故可采用电热补偿法进行测定。实验时先测定体系的起始温度，在溶解过程中体系温度下降，采用电加热法使体系温度回到起始温度，根据所消耗的电能即可求出溶解过程的热效应 $Q$。

$$Q = I^2 RT = IUt \tag{6}$$

式中，$I$ 为在加热器电阻丝中流过的电流(A)，$U$ 为电阻丝两端所加的电压(V)，$t$ 为通电时间(s)。

## 三、仪器与试剂

(1) 仪器：SWC-RJ 溶解热测量装置（量热计、WLS-2 数字恒流电源、SWC-ⅡD 精密数字温度温差仪）、电子分析天平、电子台秤、称量瓶、干燥器、毛刷。

(2) 试剂：硝酸钾（固体，已经磨细并烘干）。

## 四、实验步骤

### 1. 称样

取 8 个称量瓶，在电子台秤上先称空瓶，再依次加入约 0.5 g、1.5 g、2.5 g、3.0 g、3.5 g、4.0 g 和 4.5 g 硝酸钾（也可先去皮后直接称取样品）。粗称后至电子分析天平上准确称量，称完后置于干燥器中。在杜瓦瓶中称取 216.2 g 蒸馏水。

2. 连接装置

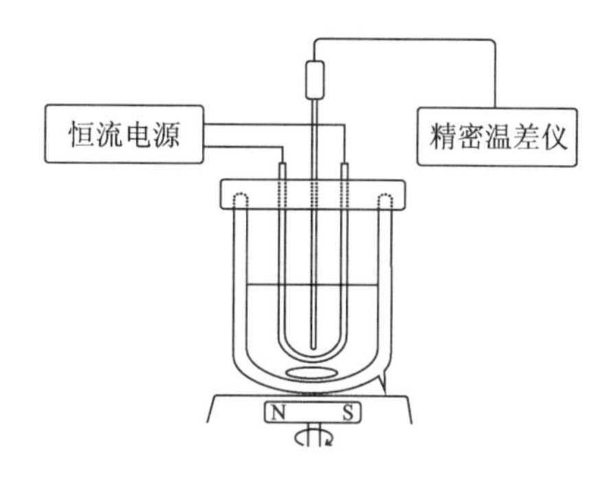

图 2　溶解热测量装置示意图

如图 2 所示，连接各电源线，打开温差仪，记下当前室温。将杜瓦瓶置于测量装置中，插入测温探头，打开搅拌器，注意防止搅拌子与测温探头相碰，以免影响搅拌。

将加热器与恒流电源相连，打开恒流电源，调节电流使加热功率约为 2.5 W，记下电压、电流值。同时观察温差仪测温值，当超过室温约 0.5 ℃时按下温差仪上的“采零”按钮和“锁定”按钮，并同时按下“计时”按钮开始计时。

3. 测量

将第一份样品从杜瓦瓶盖上的加料口倒入杜瓦瓶中，倒在外面的用毛刷刷进杜瓦瓶内。此时，温差仪上显示的温差为负值。监视温差仪，当数据过零时记下时间读数。接着将第二份试样倒入杜瓦瓶中，同样在温差过零时读取时间值。如此反复，直到所有样品全部测完。

4. 称空瓶质量

在分析天平上称取 8 个空称量瓶的质量，根据两次质量之差计算加入的硝酸钾的质量。

实验结束后，打开杜瓦瓶盖，检查硝酸钾是否完全溶解。如未完全溶解，则要重做实验。倒去杜瓦瓶中的溶液(注意别丢了搅拌子)，洗净烘干，用蒸馏水洗涤加热器和测温探头。关闭仪器电源，整理实验桌面，罩上仪器罩。

**五、数据记录与处理**

本实验记录的数据包括水的质量、8 份样品的质量、恒流电源的电流和电压，以及加入每份样品后温差归零时的累计时间。

将数据输入计算机，计算 $n_{H_2O}$、各次加入的 $KNO_3$ 的物质的量、各次累计加入的硝酸钾的物质的量。根据电流、电压和时间值计算向杜瓦瓶中累计加入的电能 $Q$，用下式计算各点的 $Q_s$ 和 $n_0$：

$$Q_s = \frac{Q}{n_{KNO_3}} \tag{7}$$

$$n_0 = \frac{n_{H_2O}}{n_{KNO_3}} \tag{8}$$

用数据处理软件绘制 $Q_s$-$n_0$ 关系曲线，并对曲线进行拟合，得到曲线方程。将 $n_0$ 为 80、100、200、300、400 代入曲线方程，求出溶液在这几点处的积分溶解热。

将所得曲线方程对 $n_0$ 求导，将上述几个 $n_0$ 值代入所得的导函数，求出 $Q_s$-$n_0$ 关系曲线在这几点上的切线斜率，即为溶液 $n_0$ 在这几点处的微分稀释热。

利用一元函数的点斜式公式求截距，可得溶液在这几点处的微分溶解热。

最后，计算溶液 $n_0$ 为 80→100、100→200、200→300、300→400 时的积分稀释热。

**六、注意事项**

(1) 本实验应确保样品充分溶解，因此实验前应加以研磨，实验时应注意保持合适的搅拌速度。加入样品不宜过快，以免使转子陷住而不能正常搅拌。但样品加入也不能太慢，否则一方面会造成体系与环境有过多的热量交换，另一方面可能会因为加热速度较快而无法读到温差过零点的时刻。

(2) 实验是连续进行的，一旦开始加热就必须把所有测量步骤做完，测量过程中不能关闭温差仪的电源，以免温差零点变动及计时错误。如采用温差仪上的计时器计时，应注意及时记录 100 s 的转换次数；如采用秒表计时，则在测量过程中秒表应一直处于计时状态，不能中途将秒表卡停。

(3) 实验过程中各称量瓶应在干燥器中按顺序放置，测量前后称量瓶的编号不能弄乱，否则实验结果会出现错误。

**七、思考题**

(1) 本实验温差零点为何设置在室温以上约 0.5 ℃？

(2) 为什么本实验一旦开始测量，中途就不能停顿？为什么实验中秒表不能被卡停？

(3) 如果采用手绘的方法处理实验数据，应如何确定积分溶解热、积分稀释热、微分稀释热、微分溶解热？

**八、仪器介绍**

SWC-RJ 溶解热测量装置（量热计、WLS-2 数字恒流电源、SWC-ⅡD 精密数字温度温差仪）如图 3 所示，它采用电热补偿法测定物质溶解于溶剂过程的热效应。物质溶解于溶液中，一般伴随有热效应发生，热效应的大小取决于溶剂、溶质的质量和它们的相对量。

SWC-RJ 溶解热测量装置使用注意事项：

(1) 因加热器开始加热时有一定的滞后性，故应先让加热器加热正常，使温度高于环境温度 0.5 ℃左右，然后加入第一份样品并计时。

(2) 实验过程中，要求 $P=I_1U_1$ 稳定。因加热时加热器阻值会少量变化，故若发现 $P$ 不为初始值，应适当调节数字恒流电源的细调电位器，使 $P=I_1U_1$ 为初始值。

(3) 本实验应确保样品的充分溶解，因此实验前要加以研磨。

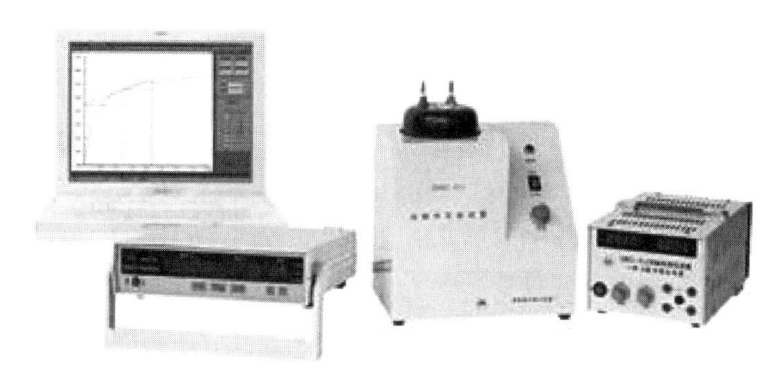

图 3 SWC-RJ 溶解热测量装置

(4) 实验过程中加热时间与样品量是累计的，故秒表的读数也是累计的，切不可在实验中途将秒表卡停。

(5) 实验结束后，量热计中不应有硝酸钾固体，否则需重做实验。

(6) 本实验装置还可与计算机相接，配置相应软件，即由计算机完成数据采集和定时，并计算出溶解热。

(7) 样品量及 $P=I_1U_1$ 初始值仅供参考。

## 九、拓展应用

(1) 有些物质溶解时要明显放热，如 NaOH、浓 $H_2SO_4$；有些物质要明显吸热，如 $NH_4NO_3$、$NH_4Cl$。物质的溶解热可用各种不同类型的量热计直接测量，测得的结果实际上是积分溶解热。根据不同浓度下的积分溶解热数值，可利用作图法求得微分溶解热。具体方法是以积分溶解热作纵坐标、溶质的物质的量作横坐标，绘出热效应曲线，曲线上任一点的正切便是该浓度下溶质的微分溶解热。

(2) 有关晶型热力学参数如溶解热、熔化热、熵及自由能等的测定，往往有助于选择适当的药物晶型，并且对晶型稳定性的判别、晶型转型条件的控制以及生物利用度的提高等有实际应用价值。药物晶型不同会引起热能、自由能、熔点等热力学参数的不同。

(3) 十二水合磷酸氢二钠的熔点为 35 ℃，溶解热为 205 $J \cdot g^{-1}$。它的过冷温差较大，开始凝固的温度通常为 21 ℃。一般可利用粉末无定形碳或石墨、分散的细铜粉、硼砂以及 $CaSO_4$、$CaCO_3$ 等无机钙盐作为防过冷剂。这类储热剂较适合用于人体，在太阳能储热、热泵及空调等系统中也经常得到应用。

## 十、参考文献

[1] 王曦，曾馨，韩翔，等."溶解热测定"实验数据处理的双倒数模型[J]. 长江大学学报，2013，10(19)：20-23.

# 实验7　凝固点降低法测定摩尔质量

## 一、实验目的

（1）加深对稀溶液依数性的理解。

（2）掌握溶液凝固点的测量技术。

（3）用凝固点降低法测定萘的摩尔质量。

## 二、实验原理

1．凝固点降低法测定摩尔质量的原理

理想稀溶液具有依数性，凝固点降低就是依数性的一种表现，即理想稀溶液凝固点下降的数值只与所含溶质的粒子数目有关，而与溶质的特性无关。

假设溶质在溶液中不发生缔合和分解，也不与固态纯溶剂生成固溶体，则由热力学理论出发，可以导出理想稀溶液的凝固点降低值 $\Delta T_f$ 与溶质的质量摩尔浓度 $m_B$ 之间的关系：

$$\Delta T_f = T_f^* - T_f = K_f m_B \tag{1}$$

式中，$T_f^*$ 为纯溶剂的凝固点，$T_f$ 为溶液的凝固点，$K_f$ 为溶剂凝固点降低常数，它的数值仅与溶剂的性质有关。

若称取一定量的溶质 $W_B$(g)和溶剂 $W_A$(g)配成稀溶液，则此溶液的质量摩尔浓度为

$$m_B = \frac{W_B}{M_B W_A} \times 10^{-3} \tag{2}$$

式中，$M_B$ 为溶质的摩尔质量。

将式(2)代入式(1)，可导出计算溶质摩尔质量 $M_B$ 的公式：

$$M_B = K_f \frac{W_B}{\Delta T_f W_A} \times 10^{-3} \tag{3}$$

若已知某溶剂的凝固点降低常数 $K_f$ 值，通过实验测定此溶液的凝固点降低值 $\Delta T_f$，即可计算溶质的摩尔质量 $M_B$。

2．凝固点测量原理

纯溶剂的凝固点是它的液相和固相共存时的平衡温度。若将纯溶剂缓慢冷却，理论上得到它的步冷曲线，如图1中的曲线 $a$；但实际的过程往往会发生过冷现象，液体的温度会下降到凝固点以下，待固体析出后会慢慢放出凝固热使体系的温度回到平衡温度，待液体全部凝固之后，温度逐渐下降，如图1中的曲线 $b$。

溶液的凝固点是该溶液的液相与纯溶剂的固相平衡共存的温度。溶液的凝固点

很难精确测量，当溶液逐渐冷却时，其步冷曲线与纯溶剂不同。由于有部分溶剂凝固析出，使剩余溶液的浓度增大，因而剩余溶液与溶剂固相的平衡温度也在下降，就会出现图 1 中的曲线 $c$，通常也会有稍过冷的曲线 $d$ 出现。此时可以将温度回升的最高值近似地作为溶液的凝固点。

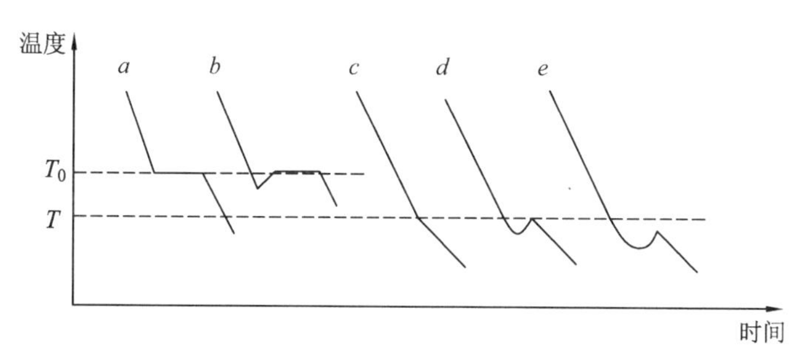


图 1　步冷曲线

3. 测量过程中过冷的影响

在测量过程中，析出的固体越少越好，以减少溶液浓度的变化，才能准确测定溶液的凝固点。若过冷太甚，溶剂凝固太多，溶液的浓度变化太大，就会出现图 1 中的曲线 $e$，使测量值偏低。在测量过程中可通过加速搅拌、控制过冷温度、加入晶种等方法控制过冷。

## 三、仪器与试剂

(1) 仪器：凝固点测定仪、烧杯(1 000 mL)、温差控制仪、压片机、普通温度计、移液管(25 mL)、分析天平。

(2) 试剂：环己烷(分析纯)、萘(分析纯)、碎冰。

## 四、实验步骤

1. 仪器安装

按图 2 将凝固点测定装置安装好。

2. 调节冰浴的温度

将冰浴温度调节为 3.5 ℃左右(冰浴温度以不低于所测溶液凝固点 3 ℃为宜)，随时加减冰和水保持冰浴温度基本不变。

3. 溶剂凝固点的测定

用移液管移取 25 mL 环己烷加入凝固点管(注意不要将环己烷溅在管壁上)中，用木塞塞好管口。

将盛环己烷的凝固点管直接插入冰浴

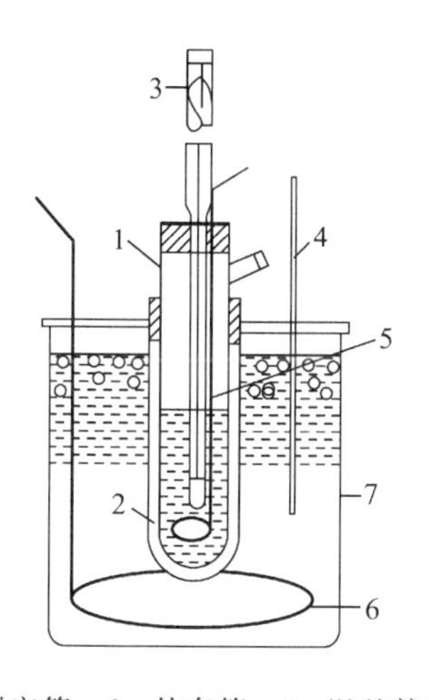


1. 测定管　2. 外套管　3. 温差控制仪
4. 温度计　5,6. 搅拌器　7. 恒温槽

图 2　凝固点测定装置

中，上下移动搅拌（勿拉过液面，约每秒一次），使环己烷的温度逐渐降低，当过冷到6 ℃以后，要快速搅拌，直至温度回升稳定，此温度即为环己烷的近似凝固点。

取出凝固点管，用手捂住管壁片刻，使管中固体全部熔化，再将凝固点管直接浸入冰浴中搅拌，当温度降至高于近似凝固点0.5 ℃时，取出，擦干，插入空气套管中，搅拌，当温度回升至最高时，读出环己烷的凝固点温度，重复进行三次。如果在测量过程中过冷现象比较严重，可加入少量环己烷的晶种，促使其晶体析出，温度回升。

4. 溶液凝固点的测定

用分析天平准确称取萘丸一片（约 0.1 g），从支管投入凝固点管内，使其溶解，用上述方法测溶液的凝固点，重复测定三次。

## 五、数据记录与处理

(1) 记录室温 $t$。

(2) 用 $\rho_t(\mathrm{g \cdot cm^{-3}})=0.7971-0.8879\times10^{-3}\,t(℃)$ 计算室温 $t$ 时环己烷的密度，然后计算所取的环己烷的质量 $W_A$。

(3) 由测定的纯溶剂、溶液凝固点 $T_f^*$、$T_f$ 计算萘的摩尔质量，并判断萘在环己烷中的存在形式。

(4) 将实验数据记录在表 1 中。

**表 1　凝固点降低实验数据及数据处理**

<table>
<tr><td rowspan="8">实验数据</td><td rowspan="2">物质</td><td rowspan="2">质量/g</td><td colspan="3">凝固点/℃</td></tr>
<tr><td colspan="2">测量值</td><td>平均值</td></tr>
<tr><td rowspan="3">环己烷</td><td rowspan="3">$W_A=$</td><td>1</td><td></td><td rowspan="3"></td></tr>
<tr><td>2</td><td></td></tr>
<tr><td>3</td><td></td></tr>
<tr><td rowspan="3">萘</td><td rowspan="3">$W_B=$</td><td>1</td><td></td><td rowspan="3"></td></tr>
<tr><td>2</td><td></td></tr>
<tr><td>3</td><td></td></tr>
<tr><td colspan="2" rowspan="2">数据处理</td><td>$\Delta T_f$/℃</td><td colspan="3"></td></tr>
<tr><td>$M_B$</td><td colspan="3"></td></tr>
</table>

## 六、注意事项

(1) 冰浴温度控制在 3.5 ℃左右，太低、太高对实验都会有影响。

(2) 控制适当的搅拌速度，搅拌器应避免碰撞测温探头，否则会引起温差读数的波动。

(3) 实验结束后，整理台面，将凝固点管清洗净并干燥，留待下一组备用。

**七、思考题**

(1) 为什么会产生过冷现象？如何控制过冷程度？

(2) 根据什么原则考虑加入溶质的量？加入太多或太少影响如何？

(3) 为什么测定溶剂的凝固点时，过冷程度大一些对测定结果影响不大，而测定溶液凝固点时却必须尽量减少过冷现象？

**八、实验拓展**

不同的溶剂，其凝固点降低系数也不同。用凝固点降低法测定摩尔质量，在选择溶剂时，使用 $K_f$ 值大的溶剂是有利的。本实验选用的环己烷比苯好，其毒性也比苯低。凝固点降低值的大小直接反映了溶液中溶质有效质点的数目。若溶液中有解离、缔合、溶剂化及生成配合物等情况，这些均会影响溶质在溶液中的摩尔质量。因此，凝固点降低法还可用于研究溶液的一些性质，如电解质的解离度、溶质的缔合度、活度和活度系数等。

**九、参考文献**

[1] 周新丽，李维杰. 凝固点降低法测定摩尔质量实验的教学体会[J]. 教育教学论坛，2017(2)：267-268.

[2] 裴渊超，张虎成，赵扬，等. 凝固点降低法测定摩尔质量实验装置的改进[J]. 实验室科学，2011，14(4)：174-176.

## 实验 8　原电池电动势的测定及应用

**一、实验目的**

(1) 掌握电位差计的测量原理和正确使用方法。

(2) 学会一些电极的制备和处理方法。

(3) 测定 Cu-Zn 电池的电动势和 Cu、Zn 电极的电极电位。

**二、实验原理**

可设计成原电池的化学反应，发生失去电子进行氧化反应的部分可作为阳极，发生获得电子进行还原反应的部分可作为阴极，两个半电池组成一个原电池。电池的书写习惯是左方为负极，即阳极，右方为正极，即阴极。如电池反应是自发的，则其电动势为正，等于阴极电极电位与阳极电极电位之差，即

$$E=\varphi_{+}-\varphi_{-} \tag{1}$$

测定可逆原电池的电动势常采用对消法（又称补偿法）。通过原电池电动势的测定，还可以得到许多有用的数据，如离子活度等。特别是通过测定不同温度下原电池

的电动势，得到原电池电动势的温度系数 $\left(\frac{\partial E}{\partial T}\right)_p$，由此可求出许多热力学函数，如 $\Delta_r G_m$、$\Delta_r H_m$、$\Delta_r S_m$。用电化学方法求出的化学反应的热力学函数比用量热法或化学平衡常数法求得的热力学数据更为准确可靠。

可逆电池应满足如下条件：

(1) 电池反应可逆，即电池电极反应可逆。

(2) 电池中不允许存在任何不可逆的液接界。

(3) 电池必须在可逆的情况下工作，即充放电过程必须在平衡态下进行，允许通过电池的电流为无限小。

因此，在制备可逆电池、测定可逆电池的电动势时应符合上述条件。在用电化学方法研究化学反应的热力学性质时，所设计的电池应尽量避免出现液接界；在精确度要求不高的测量中，出现液接界电位时，常用"盐桥"来消除或减小。常用的盐桥溶液有 KCl、$KNO_3$、$NH_4NO_3$ 等饱和溶液。

电池的电动势不能直接用电压表来测量，因为电池与电压表相接后便形成了通路，有电流通过，会发生化学变化，电极被极化，溶液浓度发生改变，电池电动势不能保持稳定。而且，电池本身有内阻，电压表所量得的电压仅为电动势的一部分。

在进行电池电动势测量时，为了使电池反应在接近热力学可逆条件下进行，常采用电位差计测量。电位差计是根据对消法测量原理设计的一种平衡式电压测量仪器。其基本工作原理是在外电路上加一个方向相反而电动势几乎相等的电池，如图 1 所示。图中，$E_s$ 是标准电池的电动势，它的值是已经精确知道的；$E_x$ 为待测电池的电动势；检流计用来作示零仪表；$R_{AC'}$ 为标准电池的补偿电阻，其大小是根据工作电流来选择的；$R_{AC}$ 是被测电动势的补偿电阻，它由已经知道电阻值的各进位盘组成，因此通过它可以调节不同的电阻数值，使其电压与 $E_x$ 相对消。

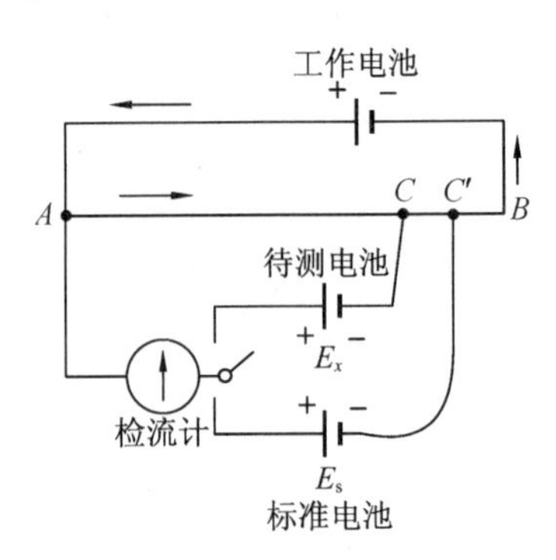


**图 1　对消法原理图**

测量时先将开关合至标准电池的位置上，然后调节 $C'$ 位置，使检流计指示到零点，这时有下列关系：

$$E_s = IR_{AC'} \tag{2}$$

式中，$I$ 是流过 $AB$ 的电流，称为工作电流。由式(2)可得

$$I = \frac{E_s}{R_{AC'}} \tag{3}$$

工作电流调好后，将开关合至待测电池的位置上，同时调节 $C$ 位置，再次使检流计指示到零点，此时则有

$$E_x = IR_{AC} \tag{4}$$

因为此时的工作电流就是前面所调节的数值，因此有

$$E_x = IR_{AC} = \frac{E_s R_{AC}}{R_{AC'}} \tag{5}$$

所以，当标准电池电动势 $E_s$ 和标准电池电动势的补偿电阻 $R_{AC'}$ 的数值确定时，只要正确读出 $R_{AC}$ 的值，就能正确测出未知电动势 $E_x$。

由此可知，用对消法测量电池电动势的特点是：在完全补偿（检流计指示到零点）时，工作回路与被测回路之间无电流通过，不需要测出工作回路的电流 $I$ 的数值，只要测得 $R_{AC}$ 与 $R_{AC'}$ 的比值即可。

原电池电动势主要是两个电极的电极电位的代数和，如能测出两个电极的电位，就可计算得到由它们组成的电池的电动势。由式(1)可推导出电池的电动势以及电极电位的表达式。下面以铜-锌电池为例进行分析。

电池表示式为：$Zn|ZnSO_4(m_1)||CuSO_4(m_2)|\ Cu$

$m_1$ 和 $m_2$ 分别为 $ZnSO_4$ 和 $CuSO_4$ 溶液的质量摩尔浓度。

当电池放电时：

负极：$Zn \longrightarrow Zn^{2+}(a_{Zn^{2+}}) + 2e^-$

正极：$Cu^{2+}(a_{Cu^{2+}}) + 2e^- \longrightarrow Cu$

电池总反应：$Zn + Cu^{2+}(a_{Cu^{2+}}) \longrightarrow Zn^{2+}(a_{Zn^{2+}}) + Cu$

对于任一电池，其电动势等于两个电极电位之差值，其计算式为

$$E = \varphi_+(\text{右，还原电位}) - \varphi_-(\text{左，还原电位}) \tag{6}$$

对铜-锌电池而言：

$$\varphi_+ = \varphi^{\ominus}_{Cu^{2+}/Cu} - \frac{RT}{2F}\ln\frac{1}{a_{Cu^{2+}}} \tag{7}$$

$$\varphi_- = \varphi^{\ominus}_{Zn^{2+}/Zn} - \frac{RT}{2F}\ln\frac{1}{a_{Zn^{2+}}} \tag{8}$$

式中，$\varphi^{\ominus}_{Cu^{2+}/Cu}$ 和 $\varphi^{\ominus}_{Zn^{2+}/Zn}$ 是当 $a_{Cu^{2+}} = a_{Zn^{2+}} = 1$ 时，铜电极和锌电极的标准电极电位。

对于单个离子，其活度是无法测定的，但强电解质的活度与物质的平均质量摩尔浓度和平均活度系数之间有以下关系：

$$a_{Zn^{2+}} = \gamma_{\pm} m_1 \tag{9}$$

$$a_{Cu^{2+}} = \gamma_{\pm} m_2 \tag{10}$$

式中，$\gamma_{\pm}$ 是离子的平均活度系数，其数值大小与物质浓度、离子的种类、实验温度等因素有关。

在电化学中，电极电位的绝对值至今无法测定，在实际测量中以某一电极的电极电位作为零标准。通常将氢电极在氢气压力为 100 kPa，溶液中氢离子活度为 1 时的电极电位规定为零伏，并将该电极称为标准氢电极，然后与其他被测电极进行比较。由于使用标准氢电极不方便，在实际测定时往往采用二级标准电极，甘汞电极就是其中最常用的一种。这些电极与标准氢电极比较而得到的电位已精确测出。

以上所讨论的电池在电池总反应中发生了化学变化，因而被称为化学电池。还有一类电池叫作浓差电池，这种电池在净作用过程中，仅仅是一种物质从高浓度(或高压力)状态向低浓度(或低压力)状态转移，从而产生电动势，而这种电池的标准电动势 $E^{\ominus}$ 等于零伏。例如，电池 $Cu|CuSO_4(0.010\,0\ mol\cdot kg^{-1})||CuSO_4(0.100\,0\ mol\cdot kg^{-1})|Cu$ 就是一种浓差电池。

必须指出，电极电位的大小不仅与电极种类、溶液浓度有关，还与温度有关。

在 298 K 时，以水为溶剂的各种电极的标准还原电位有文献值，可直接查取。本实验是在实验温度下测得的电极电位 $\varphi_T$，由式(7)和式(8)可计算 $\varphi_T^{\ominus}$。为了比较方便起见，可采用下式求出 298 K 时的标准电极电位 $\varphi_{298K}^{\ominus}$：

$$\varphi_T^{\ominus}=\varphi_{298\,K}^{\ominus}+\alpha(T-298)+\frac{1}{2}\beta(T-298)^2 \tag{11}$$

式中，$\alpha$、$\beta$ 为电池电极的温度系数。对 Cu-Zn 电池来说：

铜电极($Cu^{2+}/Cu$)：$\alpha=-0.016\times10^{-3}\ V\cdot K^{-1}$，$\beta=0$；

锌电极[$Zn^{2+}/Zn(Hg)$]：$\alpha=0.100\times10^{-3}\ V\cdot K^{-1}$，$\beta=0.62\times10^{-6}\ V\cdot K^{-2}$。

**三、仪器与试剂**

(1) 仪器：SDC-Ⅱ/Ⅲ数字电位差综合测试仪 1 台，饱和甘汞电极 1 支，电极管 3 支，铜电极 2 支，锌电极 1 支，电极架 3 个，电镀装置 1 套等。

(2) 试剂：镀铜溶液、饱和硝酸亚汞溶液、0.100 0 $mol\cdot kg^{-1}$ 硫酸锌溶液、0.100 0 $mol\cdot kg^{-1}$ 硫酸铜溶液、0.010 0 $mol\cdot kg^{-1}$ 硫酸铜溶液、饱和氯化钾溶液等。

**四、实验步骤**

1. 电极制备

(1) 锌电极。

用 6 $mol\cdot L^{-1}$ 硫酸浸洗锌电极以除去表面的氧化层，取出后用水洗涤，再用蒸馏水淋洗，然后浸入饱和硝酸亚汞溶液中 3～5 s，取出后用滤纸擦拭锌电极，使锌电极表面覆盖一层均匀的锌汞齐，再用蒸馏水淋洗(汞有毒，用过的滤纸应投入指定的有盖的广口瓶中，瓶中应有水淹没滤纸，不要随便乱丢)。把处理好的锌电极插入清洁的电极管内并塞紧，将电极管的虹吸管管口插入盛有 0.100 0 $mol\cdot kg^{-1}$ 硫酸锌溶液的小烧杯内，用吸气球自支管抽气，将溶液吸入电极管至高出电极约 1 cm，停止抽气，旋紧活夹。电极的虹吸管内(包括管口)不可有气泡,也不能有漏液现象。

(2) 铜电极。

将铜电极在约 6 mol·$L^{-1}$ 的硝酸内浸洗,除去氧化层和杂物,然后取出用水冲洗,再用蒸馏水淋洗。将铜电极置于电镀烧杯中作阴极,另取一个经清洁处理的铜棒作阳极,进行电镀,电流密度控制在 20 mA·$cm^{-2}$ 为宜。其电镀装置如图 2 所示。电镀半小时,使铜电极表面出现一层均匀的新鲜铜,再取出。装配铜电极的方法与锌电极相同。

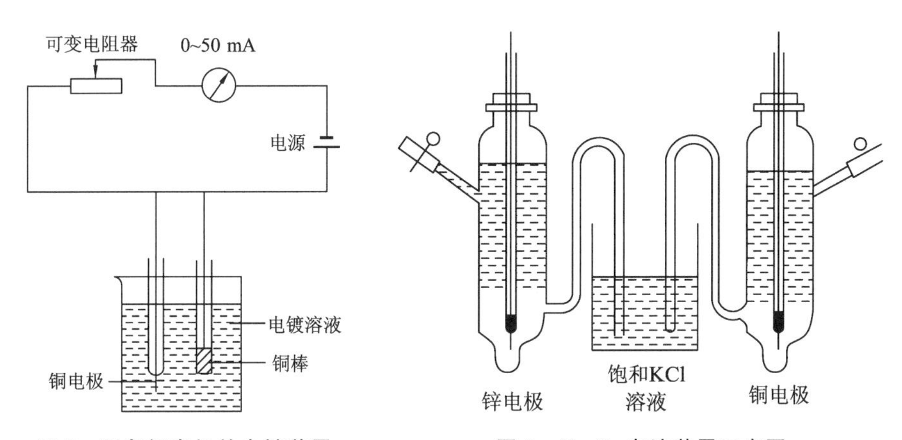


图 2　制备铜电极的电镀装置　　　图 3　Cu-Zn 电池装置示意图

2. 电池组合

将饱和 KCl 溶液注入 50 mL 小烧杯内,制盐桥,再将上面制备的锌电极和铜电极置于小烧杯内,即成 Cu-Zn 电池,电池装置如图 3 所示。

$$Zn|ZnSO_4(0.100\,0\ mol\cdot kg^{-1})||CuSO_4(0.100\,0\ mol\cdot kg^{-1})|Cu$$

同法分别组成下列电池进行测量:

$$Zn|ZnSO_4(0.100\,0\ mol\cdot kg^{-1})||KCl(饱和)|Hg_2Cl_2|Hg$$

$$Hg|Hg_2Cl_2|KCl(饱和)||CuSO_4(0.100\,0\ mol\cdot kg^{-1})|Cu$$

$$Cu|CuSO_4(0.010\,0\ mol\cdot kg^{-1})||CuSO_4(0.100\,0\ mol\cdot kg^{-1})|Cu$$

3. 电动势测定

用数字电位差综合测试仪分别测定以上四个电池的电动势。

## 五、数据记录与处理

1. 数据记录

将实验数据记录在表 1 中。

表 1　数据记录表

实验温度：________℃

| 原电池 | 各电池电动势/V | | | |
|---|---|---|---|---|
| | 第 1 次 | 第 2 次 | 第 3 次 | 平均值 |
| $Zn\|ZnSO_4(0.100\ 0\ mol\cdot kg^{-1})\|\|CuSO_4(0.100\ 0\ mol\cdot kg^{-1})\|Cu$ | | | | |
| $Zn\|ZnSO_4(0.100\ 0\ mol\cdot kg^{-1})\|\|$KCl(饱和)$\|Hg_2Cl_2\|Hg$ | | | | |
| $Hg\|Hg_2Cl_2\|$KCl(饱和)$\|\|CuSO_4(0.100\ 0\ mol\cdot kg^{-1})\|Cu$ | | | | |
| $Cu\|CuSO_4(0.010\ 0\ mol\cdot kg^{-1})\|\|CuSO_4(0.100\ 0\ mol\cdot kg^{-1})\|Cu$ | | | | |

2. 数据处理

(1) 根据饱和甘汞电极的电极电位温度校正公式，计算实验温度下饱和甘汞电极的电极电位：

$$\varphi_{SCE}=0.241\ 5-7.61\times10^{-4}(T-298)$$

当 $T=300$ K 时：

$$\varphi_{SCE}=0.241\ 5-7.61\times10^{-4}\times(300-298)=0.239\ 98\ \text{V}$$

(2) 根据测定的各电池的电动势，分别计算铜、锌电极的 $\varphi_T$、$\varphi_T^{\ominus}$、$\varphi_{298K}^{\ominus}$。

**六、注意事项**

电动势的测量方法属于平衡测量，在测量过程中尽可能做到在可逆条件下进行。为此应注意以下几点：

(1) 测量前可根据电化学基本知识，初步估算被测电池的电动势大小，以便在测量时能迅速找到平衡点，这样可避免电极极化。

(2) 测原电池的电动势时，注意随时进行工作电流“标准化”的校正。

(3) 要选择最佳实验条件使电极处于平衡状态。制备锌电极要锌汞齐化，成为Zn(Hg)，而不能直接用锌棒。因为锌棒中不可避免地会含有其他金属杂质，在溶液中本身会成为微电池，而锌的电极电位较低(−0.762 7 V)，在溶液中，氢离子会在锌的杂质(金属)上放电(锌是较活泼的金属，易被氧化)，如果直接用锌棒作电极，将严重影响测量结果的准确度。锌汞齐化，能使锌溶解于汞中，或者说锌原子扩散在惰性金属汞中，处于饱和的平衡状态，此时锌的活度仍等于 1，氢在汞上的超电位较大，在该实验条件下，不会释放出氢气。所以汞齐化后，锌电极易建立平衡。制备铜电极也应注意：电镀前，铜电极基材表面要求平整清洁。电镀时，电流密度不宜过大，一般控制在 20 $mA\cdot cm^{-2}$左右，以保证镀层紧密。电镀后，电极不宜在空气中暴露时间过长，否则会使镀层氧化，应尽快洗净，置于电极管中，用溶液浸没，并超出 1 cm 左右，同时应尽快进行测量。

（4）为判断所测量的电动势是否为平衡电位，一般应在15 min左右时间内，等间隔地测量7～8个数据。若这些数据在平均值附近摆动，偏差小于±0.5 mV，则可认为已达平衡，可取其平均值作为该电池的电动势。

（5）前面已提到必须要求电池反应可逆，而且要求电池在可逆情况下工作。但严格来说，本实验测定的并不是可逆电池。因为当电池工作时，除了在负极进行Zn的氧化和在正极上进行$Cu^{2+}$的还原反应外，在$ZnSO_4$和$CuSO_4$溶液交界处还要发生$Zn^{2+}$向$CuSO_4$溶液中扩散的过程，而且当有外电流反向流入电池中时，电极反应虽然可以逆向进行，但是在两溶液交界处离子的扩散与原来不同，是$Cu^{2+}$向$ZnSO_4$溶液中迁移。因此，整个电池的反应实际上是不可逆的。但是由于我们在组装电池时在两溶液之间插入了盐桥，则可近似地当作可逆电池来处理。

## 七、思考题

（1）KCl盐桥有何作用？如何选用盐桥以适应各种不同的原电池？

（2）用Zn(Hg)与Cu组成电池时，有人认为锌表面有汞，因而铜应为负极，汞为正极。此结论是否正确？

（3）在工作电流标准化和测量电动势过程中，为什么按键不能长时间按下？

（4）本实验中，甘汞电极如果采用0.1 mol·$L^{-1}$或1.0 mol·$L^{-1}$的KCl溶液，对原电池电动势的测量是否有影响？为什么？

## 八、仪器介绍

SDC-Ⅱ和SDC-Ⅲ数字电位差综合测试仪如图4所示。

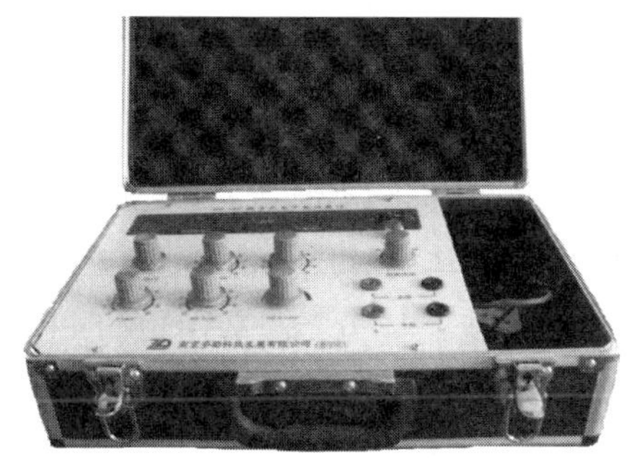

(a) SDC-Ⅱ型

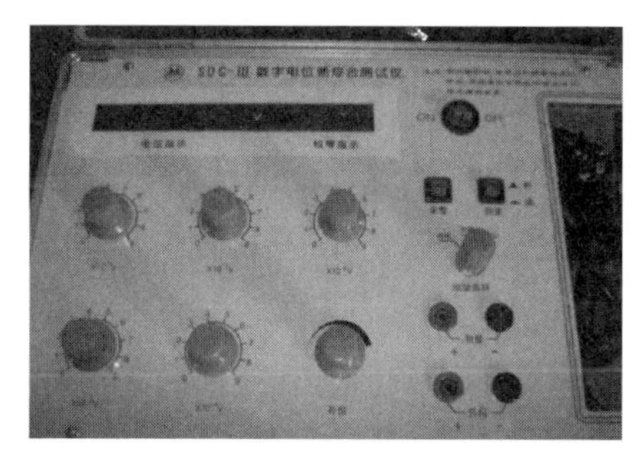

(b) SDC-Ⅲ型

**图4　SDC-Ⅱ和SDC-Ⅲ数字电位差综合测试仪**

开机：用电源线将仪表后面板的电源插座与220 V电源连接，打开电源开关，预热15 min。

1. 内标法为基准进行测量

（1）校验：① 将“测量选择”旋钮置于“内标”。② 将“$10^0$”位旋钮置于“1”，“补偿”旋钮逆时针旋到底，其他旋钮均置于“0”。此时，“电位指示”显示“1.00000” V。若“电位指示”显示小于“1.00000” V，则可调节补偿电位器以达到显示“1.00000” V；若显示大于“1.00000” V，则应适当减小“$10^0$”～“$10^{-4}$”旋钮，使显示小于“1.00000” V，再调节补偿电位器以达到“1.00000” V。③ 待“检零指示”显示数值稳定后，按“采零”键，此时，“检零指示”显示为“0000”。

(2) 测量：① 将“测量选择”置于“测量”。② 用测试线将被测电动势按“+”“−”极性与“测量”插孔连接。③ 调节“$10^0$”～“$10^{-4}$”五个旋钮，使“检零指示”显示数值为负且绝对值最小。④ 调节“补偿”旋钮，使“检零指示”显示为“0000”，此时，“电位指示”数值即为被测电动势的值。

注意：测量过程中，若“检零指示”显示溢出符号“OU. L”，说明“电位指示”显示的数值与被测电动势的值相差过大。

2. 外标法为基准进行测量

(1) 校验：① 将已知电动势的标准电池按“+”“−”极性与“外标”插孔连接。② 将“测量选择”旋钮置于“外标”。③ 调节“$10^0$”～“$10^{-4}$”五个旋钮和“补偿”旋钮，使“电位指示”显示的数值与外标电池数值相同。④ 待“检零指示”数值稳定后，按“采零”键，此时，“检零指示”显示“0000”。

(2) 测量：① 拔出“外标”插孔的测试线，再用测试线将被测电动势按“+”“−”极性接入“测量”插孔。将“测量选择”置于“测量”。② 调节“$10^0$”～“$10^{-4}$”五个旋钮，使“检零指示”显示数值为负且绝对值最小。③ 调节“补偿”旋钮，使“检零指示”显示为“0000”，此时，“电位指示”数值即为被测电动势的值。④ 关机，应先关闭电源开关。

**九、拓展应用**

锂原电池又称锂电池，是以锂或锂合金为负极的电池。它放电时电压十分平稳，贮存寿命长，工作温度范围宽。根据电解液和正极物质的物理状态，锂电池有三种不同的类型，即固体正极-有机电解质电池、液体正极-液体电解质电池、固体正极-固体电解质电池。例如，$Li\text{-}(CF)_n$ 的开路电压为 3.3 V，比能量为 480 W·h·$L^{-1}$，工作温度为−55 ℃～70 ℃，在 20 ℃下可贮存 10 年之久。锂电池主要用于军事、空间技术等特殊领域，在心脏起搏器等微、小功率场合也有应用。

锂电池与锂离子电池不同，前者是一次电池，后者可反复充电。

**十、参考文献**

[1] 周伟舫. 电化学测量[M]. 上海：上海科学技术出版社，1985.

[2] 傅献彩，沈文霞，姚天扬. 物理化学(下册)[M]. 4 版. 北京：高等教育出版社，1990.

[3] 复旦大学. 物理化学实验[M]. 3 版. 北京：高等教育出版社，2004.

# 实验9　电导法测定弱电解质的解离常数及难溶盐溶解度

## 一、实验目的

(1) 了解溶液电导、电导率、摩尔电导率的概念。

(2) 学会使用电导率仪。

(3) 掌握电导法测定弱电解质的解离常数和难溶盐溶解度的原理和方法。

## 二、实验原理

1. 弱电解质解离常数测定

AB型弱电解质(如HAc)在溶液中解离达到平衡时,解离常数 $K_c$ 与原始浓度 $c$ 和解离度 $\alpha$ 有以下关系:

$$HAc \rightleftharpoons H^+ + Ac^-$$

| | HAc | $H^+$ | $Ac^-$ |
|---|---|---|---|
| 起始浓度 | $c$ | 0 | 0 |
| 平衡浓度 | $c(1-\alpha)$ | $c\alpha$ | $c\alpha$ |

$$K_c = \frac{c\alpha^2}{1-\alpha} \tag{1}$$

在一定温度下 $K_c$ 是常数,因此可以通过测定AB型弱电解质在不同浓度时的 $\alpha$ 代入式(1)求出 $K_c$。

HAc溶液的解离度可用电导法来测定。将电解质溶液放入电导池内,溶液电导 $G$(电阻的倒数,表示一个物体导电能力的大小)与两电极之间的距离 $l$ 成反比,与电极的面积 $A$ 成正比:

$$G = \kappa \frac{A}{l} \tag{2}$$

式中,$\kappa$ 为电导率,其物理意义:在平行而相距1 m、面积均为1 $m^2$ 的两电极间,电解质溶液的电导称为该溶液的电导率,其单位以SI制表示为 $S \cdot m^{-1}$。$l/A$ 称为电导池常数,以 $K_{cell}$ 表示。

由于电极的 $l$ 和 $A$ 不易精确测量,因此在实验中一般用一种已知电导率值的溶液先求出电导池常数 $K_{cell}$,然后把欲测溶液放入该电导池测出其电导值,再根据式(2)求出其电导率。通常根据文献值查得已知浓度KCl溶液的电导率值。

溶液的摩尔电导率是指把含有1 mol电解质的溶液置于面积为1 $m^2$、相距为1 m的两平行板电极之间的电导,以 $\Lambda_m$ 表示,其单位为 $S \cdot m^2 \cdot mol^{-1}$。

摩尔电导率与电导率的关系：

$$\Lambda_m=\frac{\kappa}{c} \tag{3}$$

式中，$c$ 为该溶液的浓度，其单位以 SI 单位制表示为 $mol\cdot m^{-3}$。对于弱电解质溶液来说，如 HAc 溶液中，HAc 分子部分解离成离子，从而具有导电性。其解离度与浓度成正比，且等于浓度为 $c$ 时的溶液摩尔电导率与溶液在无限稀释时的摩尔电导率（$\Lambda_m^\infty$）之比（无限稀释时可看成完全解离）：

$$\alpha=\frac{\Lambda_m}{\Lambda_m^\infty} \tag{4}$$

对于强电解质溶液（如 KCl、NaAc），其 $\Lambda_m$ 和 $c$ 的关系为 $\Lambda_m=\Lambda_m^\infty(1-\beta\sqrt{c})$。对于弱电解质溶液（如 HAc 等），$\Lambda_m$ 和 $c$ 则不成线性关系，故它不能像强电解质溶液那样从 $\Lambda_m-\sqrt{c}$ 的图外推至 $c=0$ 处求得 $\Lambda_m^\infty$。根据离子独立移动定律我们知道，在无限稀释的溶液中，每种离子对电解质的摩尔电导率都有一定的贡献，是独立移动的，不受其他离子的影响，电解质的摩尔电导率可以将正、负离子的摩尔电导率相加而得。对电解质 $M_{\nu+}A_{\nu-}$ 来说，$\Lambda_m^\infty=\nu_+\lambda_{m+}^\infty+\nu_-\lambda_{m-}^\infty$（$\lambda_{m+}^\infty$、$\lambda_{m-}^\infty$ 分别为正、负离子的无限稀释摩尔电导率）。所以弱电解质如 HAc 的 $\Lambda_m^\infty$ 可由强电解质 HCl、NaAc 和 NaCl 的 $\Lambda_m^\infty$ 求得：

$$\Lambda_m^\infty(HAc)=\lambda_m^\infty(H^+)+\lambda_m^\infty(Ac^-)=\Lambda_m^\infty(HCl)+\Lambda_m^\infty(NaAc)-\Lambda_m^\infty(NaCl)$$

把式(4)代入式(1)可得

$$K_c=\frac{c\Lambda_m^2}{\Lambda_m^\infty(\Lambda_m^\infty-\Lambda_m)} \tag{5}$$

或

$$\kappa=c\Lambda_m=(\Lambda_m^\infty)^2K_c\frac{1}{\Lambda_m}-\Lambda_m^\infty K_c=(\Lambda_m^\infty)^2K_c\frac{c}{\kappa}-\Lambda_m^\infty K_c \tag{6}$$

以 $\kappa$ 对 $c/\kappa$ 作图，其直线的斜率为 $(\Lambda_m^\infty)^2K_c$，截距为 $-\Lambda_m^\infty K_c$，根据直线的斜率和截距就可求得 $\Lambda_m^\infty$ 和 $K_c$。

2. 难溶盐溶解度测定

通过测定 $PbSO_4$ 饱和溶液的电导率可计算得到 $PbSO_4$ 的溶解度。因溶液极稀，必须从 $\kappa_{溶液}$ 中减去水的电导率 $\kappa_{水}$，即

$$\kappa_{PbSO_4}=\kappa_{溶液}-\kappa_{水} \tag{7}$$

摩尔电导率：

$$\Lambda_{m,PbSO_4}=\frac{\kappa_{PbSO_4}}{1\,000c} \tag{8}$$

式中，$c$ 是难溶盐饱和溶液的溶解度，单位为 $mol\cdot L^{-1}$。由于溶液极稀，$\Lambda_m$ 可视为 $\Lambda_m^\infty$，则

$$c=\frac{\kappa_{PbSO_4}}{1\ 000\Lambda_{m,PbSO_4}^{\infty}} \tag{9}$$

$PbSO_4$ 的 $\Lambda_{m,PbSO_4}^{\infty}$ 同样可根据离子独立移动定律而得。

## 三、仪器与试剂

(1) 仪器：恒温槽 1 套，电导率仪 1 台，电导电极 1 支，恒温瓶 1 个，100 mL 容量瓶 5 个，200 mL 锥形瓶 1 个，25 mL 移液管 1 支，10 mL 移液管 1 支。

(2) 试剂：0.01 mol • $L^{-1}$ KCl 溶液、0.1 mol • $L^{-1}$ HAc 溶液、$PbSO_4$（分析纯）、电导水。

## 四、实验步骤

(1) HAc 解离常数测定。

① 采用逐级稀释法准确配制浓度为 0.05 mol • $L^{-1}$、0.025 mol • $L^{-1}$、0.012 5 mol • $L^{-1}$、0.006 25 mol • $L^{-1}$的 HAc 溶液。

② 将恒温槽温度调至 25.0 ℃。

③ 将电极和电导池用电导水洗净，然后用少量 0.01 mol • $L^{-1}$的 KCl 溶液润洗 2～3 次，最后加入约 50 mL 的 KCl 溶液，恒温 5～10 min 后，测定 KCl 溶液的电导率值，标定电导池常数。

④ 倾去电导池中的 KCl 溶液，用电导水洗净电极和电导池，然后加入 50 mL 电导水，恒温 5～10 min 后，测定电导率，以校正电导水对溶液电导率的影响，重复三次，取平均值。

⑤ 倾去电导池中的电导水，先将电极和电导池用少量待测 HAc 溶液润洗 2～3 次，然后加入 50 mL 待测 HAc 溶液，恒温 5～10 min。按照浓度由低到高的顺序依次测定不同浓度 HAc 溶液的电导率，重复三次，取平均值。

(2) $PbSO_4$ 溶解度测定。

将约 1 g 固体 $PbSO_4$ 放入 200 mL 锥形瓶中，加入 100 mL 电导水，摇动并加热至沸腾。倒掉清液，以除去可溶性杂质。同法重复两次。再加入 100 mL 电导水，加热至沸腾，使之充分溶解。然后放在恒温槽中，恒温 20 min，使固体沉淀，将上层溶液倒入电导池中，恒温后测其电导率，重复三次，取平均值。

(3) 实验结束后，关闭各仪器的电源开关，用电导水充分冲洗电极和电导池。

## 五、数据记录与处理

(1) 将 HAc 溶液的电导率填入表 1。

**表1** HAc溶液的电导率

| $c/(\mathrm{mol\cdot L^{-1}})$ | $\kappa/(\mathrm{S\cdot m^{-1}})$ | | $\Lambda_m/(\mathrm{S\cdot m^2\cdot mol^{-1}})$ | $1/\Lambda_m$ | $c\Lambda_m$ |
|---|---|---|---|---|---|
| | 测量值 | 平均值 | | | |
| 0.1 | | | | | |
| | | | | | |
| | | | | | |
| 0.05 | | | | | |
| | | | | | |
| | | | | | |
| 0.025 | | | | | |
| | | | | | |
| | | | | | |
| 0.012 5 | | | | | |
| | | | | | |
| | | | | | |
| 0.006 25 | | | | | |
| | | | | | |
| | | | | | |

(2) 水的电导率 $\kappa_{H_2O}$=____________。

(3) 以 $c\Lambda_m$ 对 $1/\Lambda_m$ 作图，根据斜率和截距计算 HAc 的 $\Lambda_m^{\infty}$ 和 $K_c$。

(4) 将 $PbSO_4$ 饱和溶液的电导率填入表2。

**表2** $PbSO_4$ **饱和溶液的电导率**

| 实验数据 | 第1次 | 第2次 | 第3次 | 平均值 |
|---|---|---|---|---|
| $\kappa/(\mathrm{S\cdot m^{-1}})$ | | | | |

(5) 根据相应公式由 $\lambda_m^{\infty}(Pb^{2+})$ 和 $\lambda_m^{\infty}(SO_4^{2-})$ 计算 $PbSO_4$ 的 $\Lambda_m^{\infty}$。

(6) 计算 $PbSO_4$ 的溶解度 $c$。

## 六、注意事项

(1) 为防止电极干燥后吸附杂质及干燥后的电极浸入溶液时表面不易完全浸润引起气泡，造成表面积发生变化等而影响测量结果，常将电极浸泡在电导水中。

(2) 溶液的电导率对溶液的浓度很敏感，在测定前，一定要用被测溶液多次荡洗电导池和电极，以保证被测溶液的浓度与容量瓶中溶液的浓度一致。

(3) 按照浓度由低到高的顺序测定各种不同浓度 HAc 溶液的电导率。浓度由低到高时，不必用电导水荡洗，而只要用测定液荡洗。

(4) 操作时切勿触碰电极头镀铂黑处，以免损伤铂黑镀层，导致电导池常数改变。镀铂黑的目的在于减少极化现象且增加电极表面积，使测定电导时有较高的灵敏度。

(5) 离子的无限稀释摩尔电导率与温度有关，因此测量前溶液要恒温。

(6) $PbSO_4$ 饱和溶液必须经三次煮沸制备，以除去可溶性杂质。

**七、思考题**

(1) 本实验为何要测定水的电导率?

(2) 实验中为何用镀铂黑电极? 使用时应注意哪些问题?

(3) 若实验中电导池常数发生变化，它对弱电解质解离常数有何影响?

(4) 若 $PbSO_4$ 中可溶性杂质未完全去除，对难溶盐的溶解度有何影响?

**八、仪器介绍**

DDSJ-308A 型电导率仪是采用单片微处理器技术设计的智能型实验室常规分析仪器，具有精确测量水溶液的电导率、总溶解固态量(TDS)、盐度(以 NaCl 为标准)和温度的功能。使用时先按“ON”键打开电导率仪，预热 20～30 min。测量前按“模式”键切换电导率、TDS、盐度三种测量模式(液晶显示器左上角会提示当前的测量模式)。选中电导率测量模式后，按“标定”键，仪器显示设定温度下 KCl 校准溶液的实际测量值，可通过按“▼”或“▲”键将数值调节为其标准电导率值，待数据稳定后按“确认”键完成电极常数的标定。实验结束后按“OFF”键关闭电导率仪。

由电导的物理概念可知：电导是电阻的倒数，对电导的测量也是对电阻的测量。但测定电解质溶液的电阻有其特殊性，当直流电流通过电极时会引起电极的极化，因此必须采用较高频率的交流电，其频率一般应取 1 000 Hz。另外，构成电导池的两个电极应是惰性的，一般是铂电极，以保证电极与溶液之间不发生电化学反应。

精密的电阻测量通常均采用电桥法，其精度一般可达 0.000 1 以上。其原理如图 1 所示。图中，$R_x$ 为电导池两极间的电阻，$R_1$、$R_2$、$R_3$ 为交流变阻箱，$C_1$ 为在 $R_3$ 上并联的可变电容器。

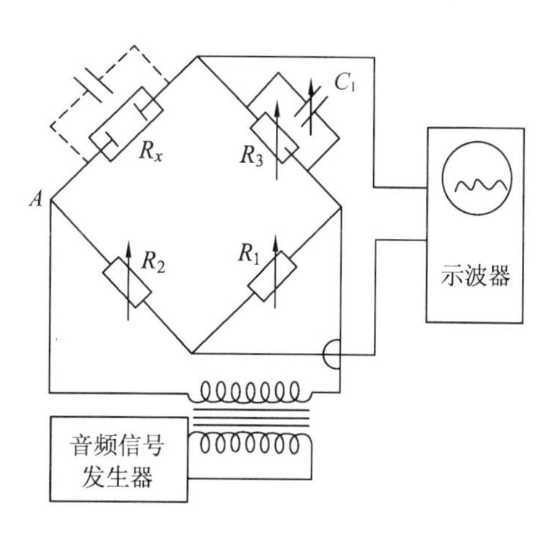


**图 1　交流电桥法测量原理图**

测定时，调节 $R_1$、$R_2$、$R_3$ 和 $C_1$，使示波器中没有电流通过，此时电桥达到了平衡，则

$$\frac{R_1}{R_2}=\frac{R_3}{R_x} \tag{10}$$

$$G=\frac{1}{R_x}=\frac{R_1}{R_2R_3} \tag{11}$$

由式(11)可得 $G$ 值，换算成电导率 $\kappa$：

$$\kappa=\frac{l}{A}G=K_{\text{cell}}G \tag{12}$$

**九、拓展应用**

电导分析法是以测量待测溶液的电导为基础的电化学分析方法，可分为电导滴定法和直接电导法两类。电导滴定法是以测量滴定过程中电导值的突跃变化来确定滴定分析终点的定量分析方法。此法可用于中和反应、配位反应、沉淀反应和氧化还原反应等。直接电导法简称电导法，它是通过测量溶液的电导值，并根据电导与溶液中待测离子浓度之间的定量关系来确定待测离子含量的方法。此法可用于测定弱电解质的解离常数、难溶盐的溶解度、水的纯度、土壤中的含盐量、钢铁中的总碳量等。

**十、参考文献**

[1] 孙尔康，张剑荣，刘勇健，等. 物理化学实验[M]. 南京：南京大学出版社，2009.

[2] 天津大学物理化学教研室. 物理化学实验[M]. 北京：高等教育出版社，2015.

## 实验10　电位-pH曲线的测定

**一、实验目的**

(1) 学会测定 $Fe^{3+}/Fe^{2+}$-EDTA 配位体系在不同 pH 条件下的电极电位，绘制电位-pH 曲线。

(2) 了解电位-pH 曲线的意义及应用。

(3) 掌握 pH 计的使用方法。

**二、实验原理**

有 $H^+$ 或 $OH^-$ 参与的氧化还原反应，其电极电位与溶液的 pH 有关。对此类反应体系，保持氧化还原物质的浓度不变，改变溶液的酸碱度，则电极电位将随着溶液的 pH 变化而变化。以电极电位对溶液的 pH 作图，可绘制出体系的电位-pH 曲线。

本实验研究 $Fe^{3+}/Fe^{2+}$-EDTA 体系的电位-pH 曲线，该体系在不同的 pH 范围

内,配位产物不同。以 $Y^{4-}$ 表示 EDTA 酸根离子,它与 $Fe^{3+}/Fe^{2+}$ 的配位状态可从下列三个不同的 pH 区间来进行讨论:

(1) 在一定的 pH 范围内,$Fe^{3+}$ 和 $Fe^{2+}$ 能与 EDTA 形成稳定的配合物 $FeY^{2-}$ 和 $FeY^{-}$,其电极反应为

$$FeY^{-}+e^{-}\longrightarrow FeY^{2-} \tag{1}$$

根据能斯特方程,溶液的电极电位为

$$\varphi=\varphi^{\ominus}-\frac{RT}{F}\ln\frac{a_{FeY^{2-}}}{a_{FeY^{-}}} \tag{2}$$

式中,$\varphi^{\ominus}$ 为标准电极电位,$a$ 为活度。

根据活度与质量摩尔浓度的关系:

$$a=\gamma\cdot m \tag{3}$$

代入式(2),得

$$\begin{aligned}\varphi&=\varphi^{\ominus}-\frac{RT}{F}\ln\frac{\gamma_{FeY^{2-}}}{\gamma_{FeY^{-}}}-\frac{RT}{F}\ln\frac{m_{FeY^{2-}}}{m_{FeY^{-}}}\\&=(\varphi^{\ominus}-b_1)-\frac{RT}{F}\ln\frac{m_{FeY^{2-}}}{m_{FeY^{-}}}\end{aligned} \tag{4}$$

式中,$b_1=\frac{RT}{F}\ln\frac{\gamma_{FeY^{2-}}}{\gamma_{FeY^{-}}}$。

当溶液的离子强度和温度一定时,$b_1$ 为常数。在此 pH 范围内,体系的电极电位只与配合物 $FeY^{2-}$ 和 $FeY^{-}$ 的质量摩尔浓度比有关。在 EDTA 过量时,生成配合物的浓度与配制溶液时 $Fe^{3+}$ 和 $Fe^{2+}$ 的浓度近似相等,即

$$m_{FeY^{2-}}\approx m_{Fe^{2+}}\qquad m_{FeY^{-}}\approx m_{Fe^{3+}} \tag{5}$$

因此,体系的电极电位不随 pH 的变化而变化,在电位-pH 曲线上出现平台,如图 1 中 $bc$ 段所示。

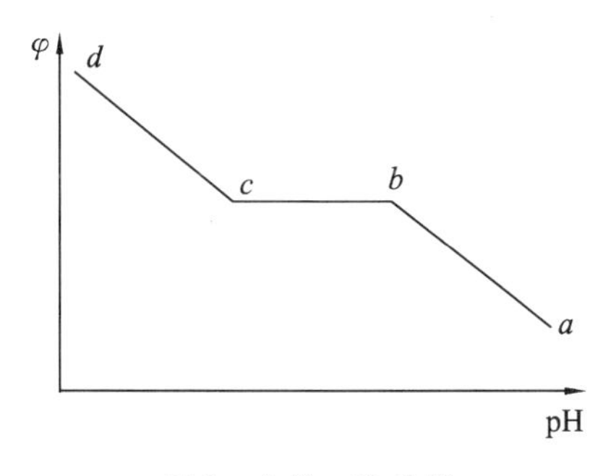


**图 1　电位-pH 曲线**

(2) 在 pH 较低时,体系的电极反应为

$$FeY^{-}+H^{+}+e^{-}\longrightarrow FeHY^{-} \tag{6}$$

根据能斯特方程和 pH 定义，有

$$\varphi=\varphi^{\ominus}-\frac{RT}{F}\ln\frac{a_{FeHY^-}}{a_{FeY^-}\cdot a_{H^+}}$$

$$=\varphi^{\ominus}-\frac{RT}{F}\ln\frac{\gamma_{FeHY^-}}{\gamma_{FeY^-}}-\frac{RT}{F}\ln\frac{m_{FeHY^-}}{m_{FeY^-}}-\frac{2.303RT}{F}pH$$

$$=(\varphi^{\ominus}-b_2)-\frac{RT}{F}\ln\frac{m_{FeHY^-}}{m_{FeY^-}}-\frac{2.303RT}{F}pH \tag{7}$$

同样，当溶液的离子强度和温度一定时，$b_2$ 为常数，且当 EDTA 过量时，有

$$m_{FeHY^-}\approx m_{Fe^{2+}} \qquad m_{FeY^-}\approx m_{Fe^{3+}} \tag{8}$$

当 $Fe^{3+}$ 和 $Fe^{2+}$ 浓度不变时，溶液的氧化还原电极电位与溶液 pH 成线性关系，如图 1 中 $cd$ 段所示。

(3) 在 pH 较高时，体系的电极反应为

$$Fe(OH)Y^{2-}+e^{-}\longrightarrow FeY^{2-}+OH^{-} \tag{9}$$

根据稀溶液中可用水的离子积代替水的活度积，有

$$\varphi=\varphi^{\ominus}-\frac{RT}{F}\ln\frac{a_{FeY^{2-}}\cdot a_{OH^-}}{a_{Fe(OH)Y^{2-}}}$$

$$=\varphi^{\ominus}-\frac{RT}{F}\ln\frac{\gamma_{FeY^{2-}}\cdot K_w}{\gamma_{Fe(OH)Y^{2-}}}-\frac{RT}{F}\ln\frac{m_{FeY^{2-}}}{m_{Fe(OH)Y^{2-}}}-\frac{2.303RT}{F}pH$$

$$=(\varphi^{\ominus}-b_3)-\frac{RT}{F}\ln\frac{m_{FeY^{2-}}}{m_{Fe(OH)Y^{2-}}}-\frac{2.303RT}{F}pH \tag{10}$$

溶液的电极电位同样与 pH 成线性关系，如图 1 中 $ab$ 段所示。

用惰性金属电极(铂电极)与参比电极(甘汞电极)组成电池，测其电池的电动势，进而求出 $Fe^{3+}/Fe^{2+}$-EDTA 体系的电极电位。用酸、碱溶液调节溶液的酸度并用 pH 计监测 pH，从而绘制出电位-pH 曲线。

## 三、仪器与试剂

(1) 仪器：PHS-3C 型 pH 计 2 台，恒温槽 1 套，磁力搅拌器 1 台，恒温反应瓶，铂电极 1 支，甘汞电极 1 支，pH 复合电极 1 支，氮气(钢瓶)。

(2) 试剂：$(NH_4)_2Fe(SO_4)_2\cdot 6H_2O$(分析纯)、$NH_4Fe(SO_4)_2\cdot 12H_2O$(分析纯)、0.2 $mol\cdot L^{-1}$ EDTA 溶液、4 $mol\cdot L^{-1}$ HCl 溶液、2 $mol\cdot L^{-1}$ NaOH 溶液、电导水。

## 四、实验步骤

(1) 将反应瓶置于磁力搅拌器上，加入搅拌子，接通恒温水，调节恒温槽，使温度为 25 ℃。向反应瓶中加入 100 mL 0.2 $mol\cdot L^{-1}$的 EDTA 溶液，盖上瓶盖。开启搅拌器，迅速通入氮气。先称取 1.45 g $(NH_4)Fe(SO_4)_2\cdot 12H_2O$ 加入反应瓶中，搅拌

使之完全溶解；再称取 1.18 g $(NH_4)_2Fe(SO_4)_2 \cdot 6H_2O$ 加入反应瓶中，同样搅拌至完全溶解。

(2) 在搅拌情况下用滴管从加液孔缓缓加入 2 mol·L$^{-1}$的 NaOH 溶液，调节溶液 pH 至 8 左右，分别读取当前电池电动势值和 pH。随后用滴管从加液孔继续加入 4 mol·L$^{-1}$的 HCl 溶液，使溶液 pH 每次改变约 0.3。逐一进行测定并读取相应的电池电动势值和 pH，直到溶液的 pH 低于 2.5 或溶液变浑浊为止。

(3) 实验完毕后，取出铂电极、甘汞电极和 pH 复合电极，清洗干净并妥善保存，关闭恒温槽，拆除实验装置，洗净反应瓶。

## 五、数据记录与处理

(1) 将实验数据记录在表 1 中。

**表 1　数据记录表**

| pH | 8 | 7.7 | 7.4 | … | 2.8 | 2.5 |
|---|---|---|---|---|---|---|
| $E$/V | | | | | | |
| $\varphi$/V | | | | | | |

(2) 绘制 $\varphi$-pH 曲线，由曲线确定 $FeY^{2-}$ 和 $FeY^-$ 稳定存在时的 pH 范围。

## 六、注意事项

(1) 反应瓶盖上连接的装置较多，操作时要注意安全。

(2) 在用 NaOH 溶液调节 pH 时，要缓慢加入，并适当提高搅拌速度，以免产生 $Fe(OH)_3$ 沉淀。

## 七、思考题

(1) 写出 $Fe^{3+}/Fe^{2+}$-EDTA 体系在电位平台区、低 pH 和高 pH 时，体系的基本电极反应及其所对应的电极电位公式的具体形式，并指出各项的物理意义。

(2) 如果改变溶液中 $Fe^{3+}$ 和 $Fe^{2+}$ 的用量，则电位-pH 曲线将会发生怎样的变化？

(3) 用酸度计和电位差计测电动势的原理有何不同？

## 八、仪器介绍

PHS-3C 型 pH 计是一种精密数字显示 pH 计。该仪器适用于测定溶液的 pH 和电位(mV)值，配上离子选择性电极则可测定电极电位，也可以用铂电极和参比电极测定氧化还原电位。使用时首先打开仪器背面的电源开关，预热 20～30 min，可按"pH/mV"键切换 pH、mV 两种测量状态。pH 测量时，先按"pH/mV"键进入 pH 测量状态，然后将清洗过的电极插入 pH＝6.86 的标准缓冲溶液中，按"定位"键，可通过按"定位"键上的"▲"或"▼"使读数为该标准溶液对应的 pH，读数稳定后按"确认"

键，仪器回到 pH 测量状态。再将清洗过的电极插入 pH＝4.00 或 9.18 的标准缓冲溶液中，按“斜率”键，可通过按“斜率”键上的“▲”或“▼”使读数为该标准溶液对应的 pH，读数稳定后按“确认”键，仪器又回到 pH 测量状态。标定完成，电极清洗后可对待测溶液进行测量。电位测量时，将铂电极和参比电极插入待测溶液内，按“pH/mV”按钮进入 mV 测量状态，稳定后即可直接在显示屏上读出电位值。

## 九、拓展应用

电位-pH 曲线在电化学分析工作中具有广泛的实际应用价值，可以利用其对溶液体系中的一些平衡问题进行研究。本实验所讨论的 $Fe^{3+}/Fe^{2+}$-EDTA 体系可用于消除天然气中的有害物质 $H_2S$。将天然气通入 $Fe^{3+}$-EDTA 溶液，可将其中的 $H_2S$ 氧化为 S 而过滤除去，溶液中的 $Fe^{3+}$-EDTA 配合物被还原为 $Fe^{2+}$-EDTA 配合物。再通入空气，将 $Fe^{2+}$-EDTA 又氧化为 $Fe^{3+}$-EDTA，使溶液得到再生而循环使用。

$Fe^{3+}/Fe^{2+}$-EDTA 体系的电位-pH 曲线可以用于选择合适的脱硫 pH 条件。例如，低含硫天然气中的 $H_2S$ 含量为 $0.1\sim0.6\ g\cdot m^{-3}$，在 25 ℃时相应的 $H_2S$ 分压为 7.29～43.56 Pa。根据电极反应：

$$S+2H^{+}+2e^{-}\longrightarrow H_2S(g) \tag{11}$$

在 25 ℃时，其电极电位为

$$\varphi=-0.072-0.029\,6\lg p_{H_2S}-0.059\,1pH \tag{12}$$

将该电极电位与 pH 的关系及 $Fe^{3+}/Fe^{2+}$-EDTA 体系的电位-pH 曲线绘制在同一坐标中，如图 2 所示。从图中可以看出，在曲线平台区，对于具有一定浓度的脱硫液，其电极电位与式(12)所示反应的电极电位的差随着 pH 的增大而增大，到平台区的 pH 上限时，两电极电位的差值最大，超过此 pH 值，两电极电位的差值不再增大而为定值。由此可知，对指定浓度的脱硫液，脱硫的热力学趋势在它的电极电位平台区 pH 上限达到最大，超过此 pH 后，脱硫趋势不再随 pH 的增大而增大。图 2 中大于或等于 *b* 点的 pH 是该体系脱硫的合适条件。当然，脱硫液的 pH 不能太大，否则可能会产生 $Fe(OH)_3$ 沉淀。

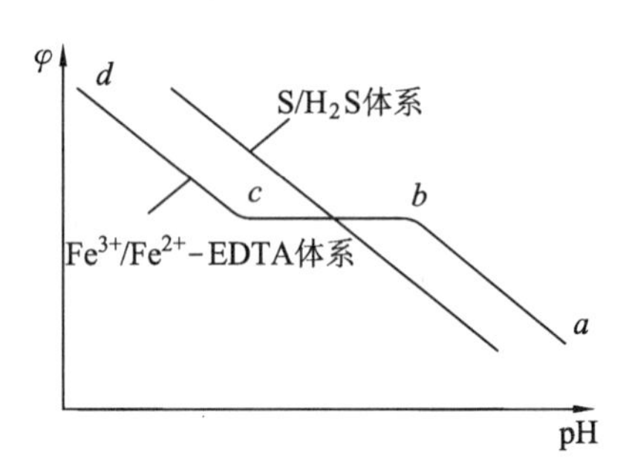

图 2　$Fe^{3+}/Fe^{2+}$-EDTA 体系与 $S/H_2S$ 体系的电位-pH 曲线

## 十、参考文献

[1] 复旦大学. 物理化学实验[M]. 3 版. 北京：高等教育出版社，2004.

[2] 孙尔康,张剑荣,刘勇健,等. 物理化学实验[M]. 南京:南京大学出版社,2009.

[3] 游效曾. 电位-pH 图及其应用[J]. 化学通报,1975(2):60-65.

# 实验 11 铁的极化曲线的测定

## 一、实验目的

(1) 掌握恒电位法测定金属极化曲线的原理和实验技术。

(2) 了解 $Cl^-$、缓蚀剂等因素对铁电极极化的影响。

(3) 掌握自腐蚀电位、自腐蚀电流、钝化电位和钝化电流的求算方法。

## 二、实验原理

1. Fe 的极化曲线和钝化曲线

金属的电化学腐蚀是金属与介质接触时发生的自溶解过程。例如:

$$Fe \longrightarrow Fe^{2+} + 2e^- \tag{1}$$

$$2H^+ + 2e^- \longrightarrow H_2 \uparrow \tag{2}$$

Fe 将不断被溶解,同时产生 $H_2$。Fe 电极和 $H_2$ 电极及 $H_2SO_4$ 溶液构成了腐蚀原电池,其腐蚀反应为

$$Fe + 2H^+ \longrightarrow Fe^{2+} + H_2 \uparrow \tag{3}$$

这就是 Fe 在酸性溶液中腐蚀的原因。

当电极不与外电路接通时,其净电流为零。Fe 溶解的阳极电流 $I_{Fe}$ 与 $H_2$ 析出的阴极电流 $I_H$ 在数值上相等但方向相反,即 $I_{corr} = I_{Fe} = -I_H \neq 0$。图 1 为 Fe 的极化曲线,$ra$ 为阴极极化曲线,$I_{corr}$ 为 Fe 在 $H_2SO_4$ 溶液中的自腐蚀电流。当对电极进行阴极极化,即加比 $E_{corr}$ 更负的电位时,反应(1)被抑制,反应(2)加速,电化学过程以 $H_2$ 析出为主,这种效应称为"阴极保护"。

图 1 中 $ab$ 为阳极极化曲线。当对电极进行阳极极化,即加比 $E_{corr}$ 更正的电位时,反应(2)被抑制,反应(1)加速,电化学过程以 Fe 溶解为主。

图 2 为 Fe 的钝化曲线,$I_P$ 为致钝电流,$E_P$ 为致钝电位。$abc$ 段是 Fe 的正常溶解,生成 $Fe^{2+}$,称为活化区。$cd$ 段称为活化钝化过渡区。$de$ 段的电流称为维钝电流,此段电极处于比较稳定的钝化区,$Fe^{2+}$ 与溶液中的离子形成 $FeSO_4$ 沉淀层,阻滞了阳极反应,由于 $H^+$ 不易达到 $FeSO_4$ 层内部,使 Fe 表面的 pH 增大,$Fe_2O_3$、$Fe_3O_4$ 开始在 Fe 表面生成,形成了致密的氧化膜,极大地阻滞了 Fe 的溶解,因而出现钝化现象。$ef$ 段称为过钝化区。

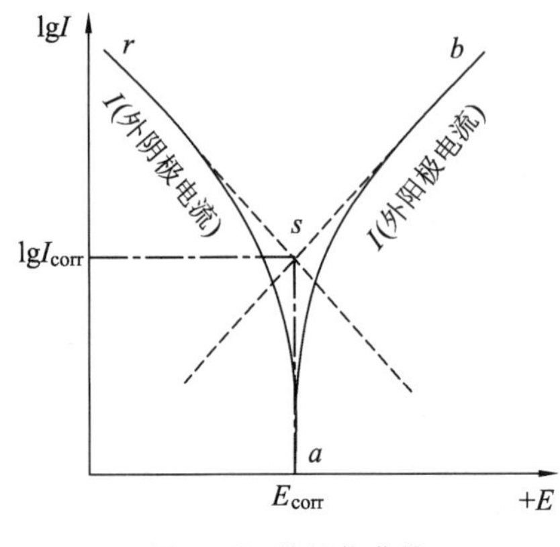


图 1　Fe 的极化曲线

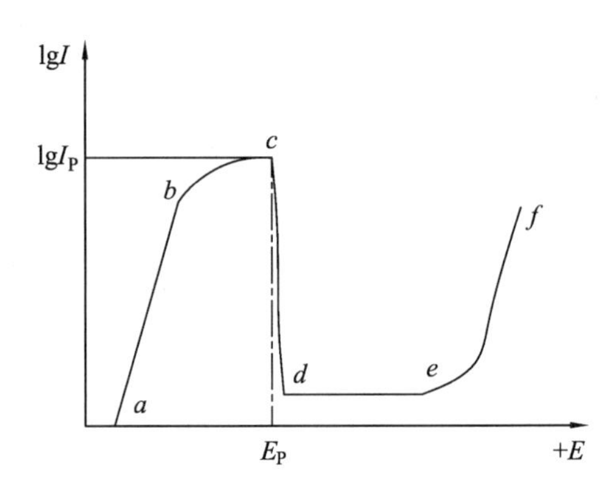


图 2　Fe 的钝化曲线

2. 测量方法

图 3 为恒电位法原理示意图。其中，W 表示研究电极，C 表示辅助电极，r 表示参比电极。参比电极和研究电极组成原电池，可确定研究电极的电位。辅助电极与研究电极组成电解池，使研究电极处于极化状态。在实际测量中，常采用的恒电位法有下列两种：

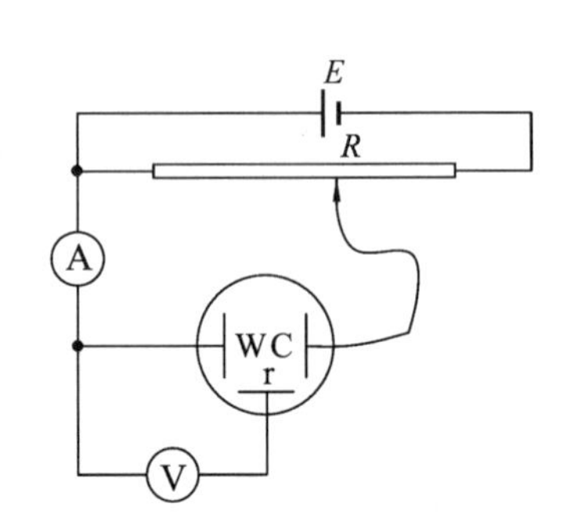


图 3　恒电位法原理示意图

(1) 静态法：将电极电位较长时间地维持在某一恒定值，同时测量电流密度随时间的变化，直到电流基本上达到某一稳定值。如此逐点地测量在各个电极电位下的稳定电流密度值，以获得完整的极化曲线。

(2) 动态法：控制电极电位以较慢的速度连续地改变(扫描)，并测量对应电位下的瞬时电流密度，并以瞬时电流密度值与对应的电位作图就得到整个极化曲线。所采用的扫描速度(即电位变化的速度)需要根据研究体系的性质选定。

## 三、仪器与试剂

(1) 仪器：CHI660 电化学工作站 1 台，电解池 1 个，硫酸亚汞电极(参比电极)、Fe 电极(研究电极)、Pt 片电极(辅助电极)各 1 个。

(2) 试剂：丙酮，0.1 $mol \cdot L^{-1}$、1 $mol \cdot L^{-1}$ $H_2SO_4$ 溶液，1 $mol \cdot L^{-1}$ HCl 溶液，乌洛托品(缓蚀剂)。

## 四、实验步骤

(1) 电极处理：用金相砂纸将铁电极表面打磨平整光亮，用丙酮、蒸馏水清洗后用滤纸吸干。电极一面用绝缘胶(如环氧树脂)密封，另一面作为工作面。每次测量前都需要重复此步骤，电极处理的好坏对测量结果影响很大。

(2) 洗净电解池，注入电解液，安装好辅助电极、参比电极、研究电极。

(3) 测量极化曲线：

① 依次打开电化学工作站、计算机、显示器等的电源，预热 10 min 后启动 CHI660 软件。

② 将三电极分别插入电解池的三个小孔中，使电极浸入电解质溶液中。将电化学工作站的绿色夹头夹 Fe 电极，红色夹头夹 Pt 片电极，白色夹头夹参比电极。

③ 测定开路电位。单击"T"(Technique)，选中对话框中的"Open Circuit Potential-Time"实验技术，单击"OK"。单击"░"(Parameters)选择参数(可用仪器默认值)，单击"OK"。单击"▶"开始实验，测得的开路电位即为电极的自腐蚀电位 $E_{corr}$。

④ 开路电位稳定后，测电极极化曲线。单击"T"，选中对话框中的"Linear Sweep Voltammetry"实验技术，单击"OK"，使 Fe 电极的阴极极化、阳极极化、钝化、过钝化全部表示出来。

参数设置：初始电位(Init E)设为"－1.0 V"，终态电位(Final E)设为"2.0 V"，扫描速率(Scan Rate)设为"0.01 $V \cdot s^{-1}$"，灵敏度(Sensivitivty)设为"自动"，其他可用仪器默认值，极化曲线自动画出。

(4) 按步骤(1)(2)(3)分别测定 Fe 电极在 0.1 $mol \cdot L^{-1}$ 和 1 $mol \cdot L^{-1}$ $H_2SO_4$ 溶液、1 $mol \cdot L^{-1}$ HCl 溶液、含 1%乌洛托品的 1 $mol \cdot L^{-1}$ HCl 溶液中的极化曲线。打开"Graphics"，选择"Overlay Plots"或"Add Data to Plots"对实验结果进行叠加并分析。

(5) 实验完毕，清洗电极、电解池，将仪器恢复原位，桌面擦拭干净。

**五、数据记录与处理**

(1) 分别求出 Fe 电极在不同浓度的 $H_2SO_4$ 溶液中的自腐蚀电流密度、自腐蚀电位、钝化电流密度及钝化电位范围，分析 $H_2SO_4$ 浓度对 Fe 钝化的影响。

(2) 分别计算 Fe 在 HCl 及含缓蚀剂的 HCl 介质中的自腐蚀电流密度，并按下式换算成腐蚀速率($v$)：

$$v=\frac{3\ 600Mi}{nF} \tag{4}$$

式中，$v$ 为腐蚀速率($g \cdot m^{-2} \cdot h^{-1}$)，$i$ 为钝化电流密度($A \cdot m^{-2}$)，$M$ 为 Fe 的摩尔质量($g \cdot mol^{-1}$)，$F$ 为法拉第常数($C \cdot mol^{-1}$)，$n$ 为发生 1 mol 电极反应得失电子的物质的量。

**六、注意事项**

(1) 测定前应仔细了解仪器的使用方法。

(2) 参与电化学反应的是电极表面一层的原子，所以电极表面一定要处理平整、光亮、干净，不能有点蚀孔。

(3) 实验中应注意电压区间和量程挡的正确选择。

## 七、思考题

(1) 平衡电极电位、自腐蚀电位有何不同?

(2) 实验中对铁电极极化的影响因素有哪些?

(3) 极化曲线在金属腐蚀与防护中是如何应用的?

## 八、仪器介绍

电化学工作站(Electrochemical Workstation)是电化学测量系统的简称,是电化学研究和教学常用的测量设备(图 4)。其主要有两大类,即单通道工作站和多通道工作站。将这种测量系统组成一台整机,内含快速数字信号发生器、高速数据采集系统、电位电流信号滤波器、多级信号增益、IR 降补偿电路以及恒电位仪/恒电流仪,可直接用于超微电极上的稳态电流测量。如果将其与微电流放大器及屏蔽箱连接,可测量 1 pA 或更低的电流。如果将其与大电流放大器连接,电流范围可拓宽±2 A。某些实验方法时间尺度的数量级可达 10 倍,动态范围极为宽广。它可用于循环伏安法、交流阻抗法、交流伏安法等测量。工作站可以工作于二、三或四电极的方式。四电极可用于液/液界面电化学测量,对于大电流或低阻抗电解池(如电池)也十分重要,可消除由于电缆和接触电阻引起的测量误差。仪器还有外部信号输入通道,可在记录电化学信号的同时记录外部输入的电压信号,如光谱信号等,这对光谱电化学等实验极为方便。图 5 为极化曲线测量示意图。

图 4　CHI 电化学工作站

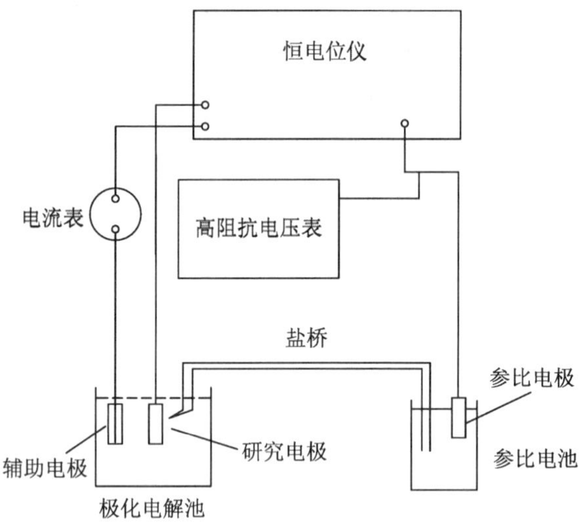


图 5　极化曲线测量示意图

## 九、拓展应用

极化曲线的测定有恒电位法和恒电流法。

恒电位法就是将研究电极依次恒定在不同的数值上,然后测量对应于各电位下的电流。极化曲线的测量应尽可能接近体系稳态。稳态体系指被研究体系的极化电流、电极电位、电极表面状态等基本上不随时间而改变。在实际测量中,常用的控制电位测量的方法有静态法和动态法。

恒电流法就是控制研究电极上的电流密度依次恒定在不同的数值,同时测定相应的稳定电极电位。采用恒电流法测定极化曲线时,由于种种原因,给定电流后,电极电位往往不能立即达到稳态,不同的体系,电位趋于稳态所需要的时间也不相同,因此在实际测量时一般电位接近稳定(如 1～3 min 内无大的变化)即可读值,或人为自行规定每次电流恒定的时间。

为了确定混凝土中钢筋锈蚀速率的控制因素,可运用腐蚀极化曲线图分析活化钢筋阴阳极极化曲线和腐蚀电流随环境相对湿度的变化规律,并讨论在干湿循环过程中混凝土中钢筋的锈蚀过程。结果表明,有锈蚀产物存在时,锈蚀产物中的 FeOOH 可以取代氧成为钢筋锈蚀过程的阴极去极化剂,钢筋的总腐蚀电流为氧去极化和锈蚀产物去极化产生的腐蚀电流的和。钢筋的总腐蚀电流随着环境相对湿度的提高而增大,和氧在混凝土中的扩散速率的变化趋势截然相反,从而证明氧仅是混凝土内钢筋开始锈蚀的必备条件,而不是混凝土中钢筋锈蚀过程的控制因素。

**十、参考文献**


[1] 刘永辉. 电化学测试技术[M]. 北京：北京航空学院出版社,1987.

[2] 北京大学化学系物理化学教研室. 物理化学实验[M]. 3 版. 北京：北京大学出版社,1995.

[3] 杨余芳. 电化学实验教学中极化曲线的测量与应用[J]. 教育教学论坛,2017(7)：276-278.


# 实验 12　Li-$MnO_2$ 电池的阻抗特性研究

**一、实验目的**

(1) 掌握交流阻抗技术原理及应用。

(2) 了解 Nyquist 图和 Bode 图的意义。

(3) 学会建立简单电极反应的等效电路及电阻值的计算。

## 二、实验原理

1. 交流阻抗

交流阻抗法是一种以小振幅的正弦波电位(或电流)为扰动信号,叠加在外加直流电压上,并作用于电解池,通过测量系统在较宽频率范围的阻抗谱,获得研究体系相关动力学信息及电极界面结构信息的电化学测量方法。本实验采用交流阻抗技术测量聚合物电解质离子电导率,测试电池的等效电路如图1所示。

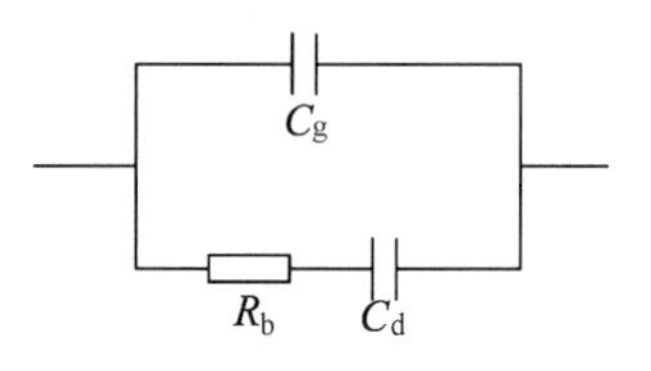

图1 测试电池的等效电路

图1中,$C_d$ 是双电层电容,由电极/电解质界面的相反电荷形成,$C_g$ 是两个平行电极构成的几何电容,它的数值较双电层电容 $C_d$ 小。$R_b$ 为电解质的本体电阻。由等效电路计算得相应的阻抗值:

$$Z=\frac{C_d^2R_b}{(C_g+C_d)^2+\omega^2C_d^2C_g^2R_b^2}-j\frac{C_g+C_d+\omega^2C_d^2C_g^2R_b^2}{\omega(C_g+C_d)^2+\omega^3C_d^2C_g^2R_b^2} \tag{1}$$

实部:
$$Z'=\frac{C_d^2R_b}{(C_g+C_d)^2+\omega^2C_d^2C_g^2R_b^2} \tag{2}$$

虚部:
$$-Z''=\frac{C_g+C_d+\omega^2C_d^2C_g^2R_b^2}{\omega(C_g+C_d)^2+\omega^3C_d^2C_g^2R_b^2} \tag{3}$$

在低频区 $\omega\to0$,式(2)可简化为 $Z'=\dfrac{C_d^2R_b}{(C_g+C_d)^2}$ (4)

当 $C_d\gg C_g$ 时,$C_g/C_d\to0$,得

$$Z'=R_b \tag{5}$$

在高频区 $\omega\to\infty$,当 $C_d\gg C_g$ 时,式(2)和式(3)可简化为

$$Z'=\frac{R_b}{1+\omega^2C_g^2R_b^2} \tag{6}$$

$$-Z''=\frac{\omega C_gR_b^2}{1+\omega^2C_g^2R_b^2} \tag{7}$$

将式(6)和式(7)中的 $\omega$ 消去可得

$$\left(Z'-\frac{R_b}{2}\right)^2+(-Z'')^2=\frac{R_b^2}{4} \tag{8}$$

综合式(5)和式(8),得到与图1对应的阻抗谱。该阻抗谱是一个标准的半圆(高频部分),外加一条垂直于实轴的直线(低频部分)。由图2中直线与实轴的交点,可求出本体电解质的电阻值 $R_b$。

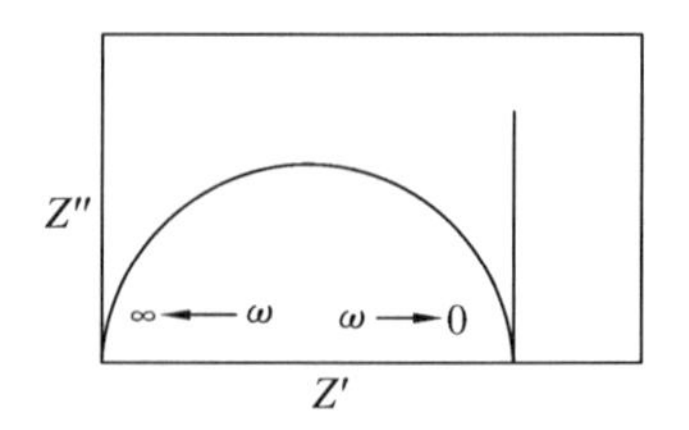

图2 测试电池等效电路对应的阻抗谱

2. 阻抗谱中的基本元件

交流阻抗谱的解析一般是通过等效电路来进行的,

其中的基本元件包括：纯电阻 $R$，纯电容 $C$（阻抗值为$1/j\omega C$），纯电感 $L$（阻抗值为 $j\omega L$）。实际测量中，将某一频率为 $\omega$ 的微扰正弦波信号施加到电解池，这时可把双电层看成一个电容，把电极本身、溶液及电极反应所引起的阻力均视为电阻，则等效电路如图 3 所示。

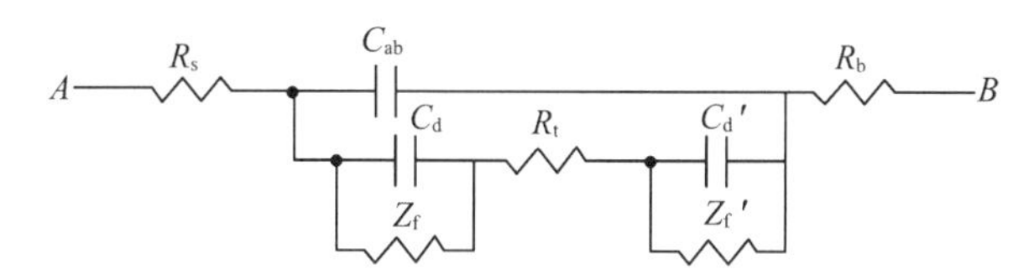


图 3　用大面积惰性电极为辅助电极时电解池的等效电路

图 3 中，$A$、$B$ 分别表示电解池的研究电极和辅助电极两端，$R_s$、$R_b$ 分别表示电极材料本身的电阻，$C_{ab}$表示研究电极与辅助电极之间的电容，$C_d$ 与 $C_d'$表示研究电极和辅助电极的双电层电容，$Z_f$ 与 $Z_f'$表示研究电极与辅助电极的交流阻抗，通常称为电解阻抗或法拉第阻抗，其数值决定于电极动力学参数及测量信号的频率，$R_t$ 表示辅助电极与工作电极之间的溶液电阻。一般将双电层电容 $C_d$ 与法拉第阻抗的并联称为界面阻抗 $Z$。

## 三、仪器与试剂

（1）仪器：手套箱、电池封装机、CHI 电化学工作站。

（2）试剂：锂片、$MnO_2$ 粉末、聚偏氟乙烯乳液（PVDF）、N-甲基吡咯烷酮（NMP）、铝箔、电解液（1 mol·$L^{-1}$ $LiPF_6$/EC＋DEC＋DMC）、隔膜（Celgard 2400），乙炔黑，正负电极壳。

## 四、实验步骤

（1）电极浆料的制备。将 $MnO_2$、乙炔黑、PVDF（质量分数 20%）按 70∶10∶20 的比例准确称重，置于小烧杯中，滴加适量 NMP，搅拌均匀。将浆料用 200 μm 的刮涂器涂于铝箔上，置于 110 ℃的烘箱中一夜。待温度降到室温，将该铜片切成圆片，直径为 13 mm，称重并编号，然后抽真空，放入手套箱中，即制成正极极片。

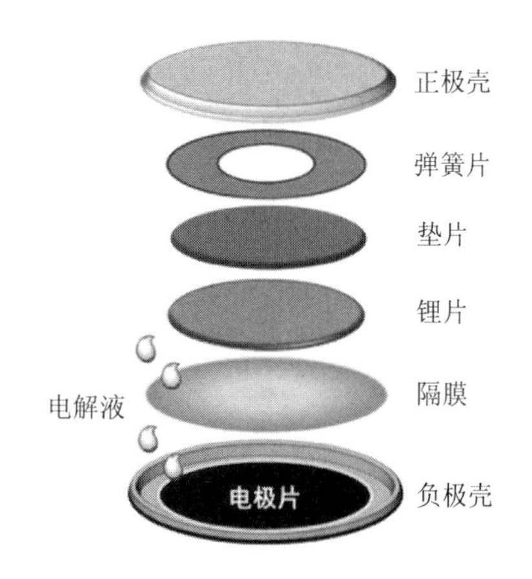


图 4　纽扣电池内部组成示意图

（2）Li-$MnO_2$ 电池的组装。电池组装如图 4 所示，分别是负极壳—电极片—隔膜—锂片—垫片—弹簧片—正极壳，组装好的 CR2025 型电池用 CHI 电化学工作站进行交流阻抗性能测试。

（3）将 Li-$MnO_2$ 纽扣电池夹在两片金属电极间，连接好测量线路。

(4) 执行"Control"菜单中的"Open Circuit Potential"命令,获得自然电位。在"Setup"的菜单中执行"Technique"命令,在显示的下拉菜单栏中选择"A. C. Impedance"进入参数设置界面。Init E(初始电位):获得的自然电位;High Frequency(高频率):100 000 Hz;Low Frequency(低频率):0.1 Hz;其他为默认值。执行"Control"菜单中的"Run Experiment"命令,开始进行交流阻抗实验,测试不同充放电倍率下的 Li-$MnO_2$ 电池的交流阻抗谱。

(5) 数据保存。每测完一次,单击"保存"按钮,分别将数据保存成"bin"文件和"txt"文件,并命名。

(6) 测量结束,关闭电源,拆掉导线。

## 五、数据记录与处理

利用软件进行数据处理,建立等效电路,由交流阻抗图谱中尾线与实轴的交点读取 Li-$MnO_2$ 电池的本体电阻,计算电导率。

## 六、注意事项

(1) 正确测量电池的开路电位,建立合适的等效电路。

(2) 正、负极物质不得相互接触,以免增加电池的自放电。

## 七、思考题

(1) 针对不同的反应体系,等效电路是如何建立的?

(2) 影响 Li-$MnO_2$ 电池阻抗值大小的因素有哪些?

## 八、仪器介绍

三电极体系:研究电极,也叫工作电极(WE),要求具有重现的表面性质,如电极的组成和电极的表面状态;辅助电极,也叫对电极(CE),它只用来通过电流实现研究电极的极化;参比电极(RE),是测量电极电位的比较标准,具有已知且稳定的电极电位。两回路:极化回路由极化电源、WE、CE、可变电阻以及电流表等组成;测量回路由控制与测量电位的仪器、WE、RE、盐桥等组成。电化学测量的过程:对"未知"施加挠动信号—得到响应信号—判断分析得"已知"。图 5 为三电极两回路基本原理图。

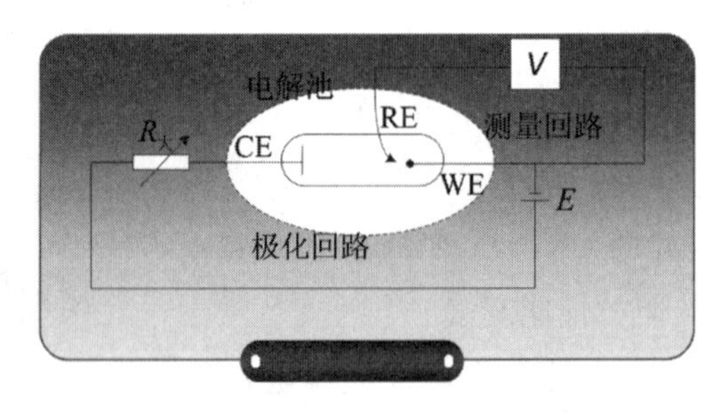


图 5　三电极两回路基本原理图

### 九、拓展应用

锂离子电池，即使用能可逆嵌入、脱出锂离子的嵌入化合物作为正极、负极的二次电池。充电时，正极中的锂离子从正极活性材料中脱出，嵌入负极活性材料中；放电时，锂离子从负极活性材料中脱出，嵌入正极活性材料中。因此，锂离子电池的充放电容量、循环稳定性、充放电倍率以及高低温充放电性能等，均与锂离子在电极活性材料中的脱出和嵌入、在电解液中的扩散以及锂离子穿过正、负极活性材料颗粒表面固体电解质相界面(Solid Electrolyte Interface，SEI)膜等过程密切相关。作为研究电化学界面过程的重要方法，电化学阻抗谱(Electrochemical Impedance Spectroscopy，EIS)被广泛应用于研究锂离子在碳材料和过渡金属氧化的嵌入和脱出过程中。所谓 EIS，是通过对电化学体系施加一定振幅不同频率的正弦波交流信号，获得频域范围内相应电信号反馈的交流测试方法。

电化学工作站还可应用于其他领域，如电化学机理研究、物质的定性定量分析、常规电化学测试、纳米科学研究、传感器研究、金属腐蚀研究、电池研究、电镀研究等。可根据具体研究内容选择合适的测试方法，如线性扫描伏安法、阶梯伏安法、塔菲尔极化曲线法、电流时间曲线法、阻抗时间曲线、交流伏安法等。

### 十、参考文献

[1] 曹楚南，张鉴清. 电化学阻抗谱导论[M]. 北京：科学出版社，2002.

[2] 马厚义，吴晓娟，李桂秋. 电化学阻抗谱测试中的稳定性和线性问题[J]. 山东大学学报(自然科学版)，2000，35(1)：79-85.

## 实验 13　$Fe^{2+}/Fe^{3+}$ 的循环伏安特性研究

### 一、实验目的

(1) 掌握循环伏安法的基本原理和测量技术。

(2) 通过对体系的循环伏安测量，了解如何根据峰电流、峰电位、峰电位差和扫描速度之间的函数关系来判断电极反应的可逆性，求算有关的热力学参数和动力学参数。

### 二、实验原理

循环伏安法是指在电极上施加一个线性扫描电压，以恒定的变化速度扫描，当达到某设定的终止电位时，再反向回归至某一设定的起始电位，其电位与时间的关系见图 1。

若电极反应为 $O+e^- \longrightarrow R$，反应前溶液中只含有反应粒子 O，且 O、R 在溶液均可溶，控制扫描起始电位从比体系标准平衡电位 $\varphi^{\ominus}_{平}$ 正得多的起始电位 $\varphi_i$ 处开始做正向电扫描，则电流响应曲线如图 2 所示。

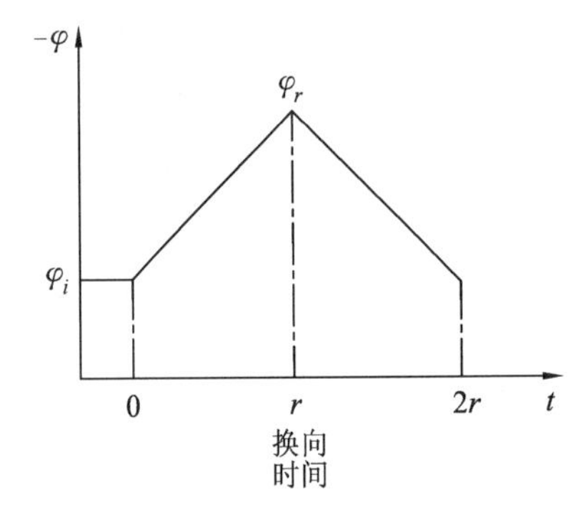


图 1　电位与时间的关系

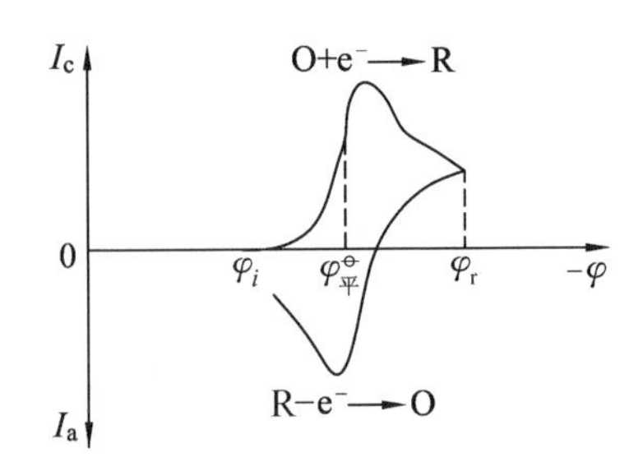


图 2　电流响应曲线

当电极电位逐渐负移到 $\varphi_平^\ominus$ 附近时，O 开始在电极上还原，并有法拉第电流通过。由于电位越来越负，电极表面反应物 O 的浓度逐渐下降，因此向电极表面的流量和电流就增加。当 O 的表面浓度下降到近于零时，电流也增加到最大值 $I_{pc}$，然后电流逐渐下降。当电位达到 $\varphi_r$ 后，又改为反向扫描。随着电极电位逐渐变正，电极附近可氧化的 R 粒子的浓度较大，在电位接近并通过时，表面上的电化学平衡应当向着越来越有利于生成 R 的方向移动。于是 R 开始被氧化，并且电流增大到峰值氧化电流 $I_{pa}$，随后又由于 R 的显著消耗而引起电流衰降。图 2 中的整个曲线称为循环伏安曲线。

根据循环伏安曲线图中峰电流 $I_p$、峰电位 $\varphi_p$ 及峰电位差 $\Delta\varphi_p$ 和扫描速率 $v$ 之间的关系，可以判断电极反应的可逆性。当电极反应完全可逆时，在 25 ℃下，这些参数的定量表达式有：

(1) $I_{pc}=2.69\times10^5 n^{3/2} D_O{}^{1/2} v^{1/2} c_O$，式中，$D_O$ 为 O 的扩散系数($cm^2\cdot s^{-1}$)，$c_O$ 为 O 的本体浓度($mol\cdot L^{-1}$)，$v$ 为扫描速率($V\cdot s^{-1}$)。

(2) $|I_{pc}|=|I_{pa}|$，即 $|I_{pc}/I_{pa}|=1$，并与电位扫描速率 $v$ 和 $c_O$ 无关。

(3) $\Delta\varphi_p=\varphi_{pa}-\varphi_{pc}=59/n(mV)$，$\varphi_{pc}$、$\varphi_{pa}$ 与扫描速率 $v$ 和 $c_O$ 无关，为一定值。

其中，(2)与(3)是扩散传质步骤控制的可逆体系循环伏安曲线的重要特征，是检测可逆电极反应最有用的判据。

**三、仪器与试剂**

(1) 仪器：CHI 电化学工作站 1 台，电解池 1 个，Pt 丝电极(研究电极)、Pt 片电极(辅助电极)、饱和甘汞电极(参比电极)各 1 个。

(2) 试剂：$K_3Fe(CN)_6$(分析纯)、$K_4Fe(CN)_6$(分析纯)、KCl(分析纯)等。

待测体系(每种电解液 200 mL)：

电解液①：0.05 $mol\cdot L^{-1}$ KCl 溶液。

电解液②：0.05 $mol\cdot L^{-1}$ KCl+0.01 $mol\cdot L^{-1}$ $K_3Fe(CN)_6$ 溶液。

电解液③：0.05 mol·$L^{-1}$ KCl+0.01 mol·$L^{-1}$ $K_3Fe(CN)_6$+0.01 mol·$L^{-1}$ $K_4Fe(CN)_6$ 溶液。

电解液④：0.05 mol·$L^{-1}$ KCl+0.02 mol·$L^{-1}$ $K_3Fe(CN)_6$+0.02 mol·$L^{-1}$ $K_4Fe(CN)_6$ 溶液。

电解液⑤：0.05 mol·$L^{-1}$ KCl+0.05 mol·$L^{-1}$ $K_3Fe(CN)_6$+0.05 mol·$L^{-1}$ $K_4Fe(CN)_6$ 溶液。

电解液⑥：0.05 mol·$L^{-1}$ KCl+0.01 mol·$L^{-1}$ $K_4Fe(CN)_6$ 溶液。

## 四、实验步骤

(1) 清洗电解池，连接好实验装置。

(2) 依次打开电化学工作站、计算机、显示器等的电源，预热 10 min，启动 CHI 软件。

(3) 电极处理：在 1 mol·$L^{-1}$ $H_2SO_4$ 溶液中，将 Pt 平面电极与辅助电极以 0.5 A·$cm^{-2}$的电流密度进行电解，每隔 30 s 变换一次电极的极性，如此反复 10 次，使电极表面活化，然后取出用蒸馏水冲洗干净，用滤纸擦干。

(4) 循环伏安扫描。

① 取 200 mL 电解液①于电解池中，将三电极分别插入电解池的三个小孔中，使电极浸入电解液中。将 CHI 工作站的绿色夹头夹 Pt 丝电极，红色夹头夹 Pt 片电极，白色夹头夹参比电极。

② 执行“Control”菜单中的“Open Circuit Potential”命令，获得自然电位。

③ 单击“T”(Technique)，选中对话框中的“Cyclic Voltammetry”实验技术，单击“OK”。单击“░”(Parameters)选择参数，“Init E”为步骤(2)中获得的自然电位，“High E”为步骤(2)中获得的自然电位增加 0.5 V，“Low E”为步骤(2)中获得的自然电位减小 0.5 V，“Initial Scan”为 Negative，“Sensitivity”在扫描速率大于 10 mV·$s^{-1}$时选$5\times10^{-5}$，单击“OK”。单击“▶”开始实验。

④ 每种电解液分别测量扫描速率为 10 mV·$s^{-1}$、20 mV·$s^{-1}$、50 mV·$s^{-1}$、80 mV·$s^{-1}$、100 mV·$s^{-1}$的循环伏安曲线。

⑤ 打开“Graphics”菜单，选择“Overlay Plots”，对实验结果进行叠加并分析，求出 $\Delta\varphi_p$、$I_{pc}$、$I_{pa}$，了解 $I_{pc}$、$I_{pa}$、$\Delta\varphi_p$ 与扫描速率的关系。

⑥ 实验完毕，清洗电极、电解池，将仪器恢复原位，桌面擦拭干净。

## 五、数据记录与处理

(1) 从循环伏安图上读出 $I_{pc}$、$I_{pa}$、$\Delta\varphi_p$，作 $I_{pc}$-$v^{1/2}$ 和 $I_{pc}$-$c_O$ 图。

(2) 利用软件处理数据，得到同一电解液不同扫描速率的重叠图、同一扫描速率不同电解液的扫描图，将 $I_{pc}$、$I_{pa}$、$\varphi_{pc}$、$\varphi_{pa}$ 记录在表 1 中。

**表 1　数据记录表**

| 扫描速率/(mV·S$^{-1}$) | 浓度/(mol·L$^{-1}$) | $\varphi_{pa}$/V | $I_{pa}$/μA | $\varphi_{pc}$/V | $I_{pc}$/μA |
|---|---|---|---|---|---|
| | | | | | |
| | | | | | |
| | | | | | |
| | | | | | |

**六、注意事项**

(1) 测定前应仔细了解仪器的使用方法，三电极正确连接。

(2) 在进行每一次循环伏安实验前，必须严格按照步骤(3)中所述的方法处理电极。

(3) 电解液①②③④⑤的扫描方向是先还原再氧化，电解液⑥的扫描方向是先氧化再还原。

**七、思考题**

(1) $K_3Fe(CN)_6$ 的浓度与峰电流是什么关系？峰电流与扫描速率又是什么关系？

(2) 峰电位与半波电位和半峰电位相互间是什么关系？

**八、仪器介绍**

电化学工作站的介绍见实验 11 的“仪器介绍”部分。

**九、拓展应用**

循环伏安法是一种很有用的电化学研究方法，可用于电极反应的性质、机理和电极过程动力学参数的研究；也可用于定量测定反应物浓度、电极表面吸附物的覆盖度、电极活性面积、电极反应速率常数和交换电流密度、反应的传递系数等动力学参数的研究。

(1) 电极可逆性的判断。循环伏安法中电压的扫描过程包括阴极与阳极两个方向，因此从所得的循环伏安图的氧化波、还原波的峰高和对称性可判断电活性物质在电极表面反应的可逆程度。若反应是可逆的，则曲线上下对称；若反应不可逆，则曲线上下不对称。

(2) 电极反应机理的判断。循环伏安法还可用于研究电极吸附现象、电化学反应产物、电化学-化学偶联反应等，对于有机物及生物物质的氧化还原机理研究很有用。

**十、参考文献**

[1] 刘永辉. 电化学测试技术[M]. 北京：北京航空学院出版社，1987.

[2] 北京大学化学系物理化学教研室.物理化学实验[M].3版.北京：北京大学出版社，1995.

[3] 王圣平.实验电化学[M].武汉：中国地质大学出版社，2010.

# 实验14　铁片表面电沉积镍工艺研究

## 一、实验目的

(1) 掌握电沉积制备金属合金的工艺。

(2) 熟悉电沉积溶液配制方法。

(3) 掌握镍沉积量 $W_{Ni}$、电流效率 $\eta$ 等的计算方法。

## 二、实验原理

在电沉积过程中，由外部电源提供的电流通过镀液中两个电极(阴极和阳极)形成闭合的回路。当电解液中有电流通过时，在阴极上发生金属离子的还原反应，同时在阳极上发生金属的氧化反应(可溶性阳极)或溶液中某些化学物质(如水)的氧化反应(不溶性阳极)。其反应可表示为

阴极反应：　$M^{n+} + ne^- \longrightarrow M$

副反应：　$2H^+ + 2e^- \longrightarrow H_2$(酸性镀液)

$2H_2O + 2e^- \longrightarrow H_2 + 2OH^-$(碱性镀液)

当镀液中有添加剂时，添加剂也可能在阴极上反应。

阳极反应：　$M - ne^- \longrightarrow M^{n+}$(可溶性阳极)

或　$2H_2O - 4e^- \longrightarrow O_2 + 4H^+$(不溶性阳极，酸性)

镀液组成(金属离子、导电盐、配合剂及添加剂的种类和浓度)、电沉积的电流密度、镀液的pH和温度甚至镀液的搅拌形式等因素对沉积层的结构和性能都有很大的影响。确定镀液组成和沉积条件，从而电镀出具有所要求的物理、化学性质的沉积层，是电沉积研究的主要目的之一。

本实验通过电沉积镍铁合金以及沉积层结构与性能的研究分析，要求学生掌握金属电沉积的基本原理和基本研究方法，初步了解电沉积条件对镍铁合金沉积层结构与性能的影响，认识电镀过程中添加剂的作用。

电沉积镍铁合金过程的主要反应如下：

阴极：　$Ni^{2+} + 2e^- \longrightarrow Ni$；$Fe^{2+} + 2e^- \longrightarrow Fe$

阳极：　$Ni - 2e^- \longrightarrow Ni^{2+}$；$Fe - 2e^- \longrightarrow Fe^{2+}$

在整个沉积过程中，实际上至少包含了溶液中的水合(或配合)镍和铁离子向阴极表面扩散、镍和铁离子在阴极表面放电成为吸附原子(电还原)以及吸附原子在表面扩

散进入金属晶格(电结晶)三个步骤。溶液中镍和铁离子的浓度、添加剂与缓冲剂的种类和浓度、pH、温度及所使用的电流密度、搅拌情况等都能够影响电沉积的效果。

## 三、仪器与试剂

(1) 仪器:CHI 电化学工作站、烧杯、恒温槽、电吹风、电子台秤、铁电极、辅助电极。

(2) 试剂:硫酸镍、氯化钠、硼酸、氢氧化钠、盐酸、糖精、苯亚磺酸钠、镍光亮剂 XNF 等。

## 四、实验步骤

(1) 镀液的配制。用烧杯按下列配方配制 200 mL 基础镀液:

$NiSO_4 \cdot 6H_2O$:300 $g \cdot L^{-1}$;NaCl:10 $g \cdot L^{-1}$;$H_3BO_3$:35 $g \cdot L^{-1}$。

在溶液中依次加入糖精、苯亚磺酸钠、镍光亮剂 XNF,使其浓度分别为 1.0 $g \cdot L^{-1}$、0.1 $g \cdot L^{-1}$、3 $g \cdot L^{-1}$,分别进行实验和记录。调节 pH 至 3.5~4.5。

(2) 将恒温槽温度调至 65 ℃,将装有上述溶液的烧杯放入恒温槽中。

(3) 将铁片用砂纸磨光,用胶带密封绝缘剩下 1 cm×3 cm。经 30%的 NaOH 溶液清洗除油后用 30% HCl 溶液清洗,然后用自来水清洗,最后用吹风机吹干称重。

(4) 连接好电路,正极连接辅助电极(碳棒),负极连接铁片,当溶液温度达到 65 ℃时将正、负极插入溶液中。单击"T"(Technique),选中对话框中的"Amperometric i-t Curve"实验技术,单击"OK"。单击"▒"(Parameters),选择参数电流 150 mA 20 s,20 mA 10s,时间 10 min。

(5) 电镀 10 min 后,切断电源,取出负极,用清水清洗后吹干称重。

(6) 将上述质量减去铁片质量即为镍沉积的质量。

(7) 升高温度,分别在 65 ℃、70 ℃、75 ℃、80 ℃、85 ℃下按上述步骤(3)(4)(5)测量镍沉积的质量,并分别计算出沉积量 $W_{Ni}$(g)、电流效率 $\eta$、镀层厚度 $L$($\mu$m)、沉积速率 $v$($\mu m \cdot h^{-1}$)。

## 五、数据记录与处理

(1) 将计算得到的沉积量 $W_{Ni}$、电流效率 $\eta$、镀层厚度 $L$、沉积速率 $v$ 填入表 1。

**表 1 数据记录表**

| 温度/℃ | 沉积量 $W_{Ni}$/g | 电流效率 $\eta$ | 镀层厚度 $L$/$\mu$m | 沉积速率 $v$/($\mu m \cdot h^{-1}$) |
|---|---|---|---|---|
| 65 | | | | |
| 70 | | | | |
| 75 | | | | |
| 80 | | | | |
| 85 | | | | |

(2) 以镀液温度为横坐标、沉积速率和电流效率分别为纵坐标作图,并分析温度与沉积速率和电流效率之间的关系。

**六、注意事项**

(1) 镀液的配制要准确。

(2) 每一次电镀前,必须严格按照步骤(3)中所述的方法处理铁片。

**七、思考题**

(1) 电沉积过程主要包括哪些?影响镀层成分的因素有哪些?

(2) 镀液中稳定剂、添加剂主要起什么作用?

**八、仪器介绍**

电化学工作站的介绍见实验11的“仪器介绍”部分。

**九、拓展应用**

通过配制不同的电镀液,电沉积工艺可用于镀铜、镀铅、镀铁镍合金、镀铜锡合金等。实验中可用一恒流稳压电源代替电化学工作站。

电镀铁镍合金的工艺流程如下:

阴极铜片打磨→抛光→阴极称重→非工作面绝缘→工作面化学除油→水洗→酸洗→水洗→电沉积镍铁合金→一次水洗→二次水洗→烘干→称重。

电镀铜锡合金的工艺流程如下:

铁丝件→稀盐酸除锌→清洗→浸碱液→电镀→清洗→镀件成品。

**十、参考文献**

[1] 刘永辉. 电化学测试技术[M]. 北京:北京航空学院出版社,1987.

[2] 北京大学化学系物理化学教研室. 物理化学实验. 3版[M]. 北京:北京大学出版社,1995.

[3] 王圣平. 实验电化学[M]. 武汉:中国地质大学出版社,2010.9.

# 实验15 旋光法测定蔗糖转化反应的速率常数

**一、实验目的**

(1) 了解旋光仪的基本原理,掌握其使用方法。

(2) 掌握恒温槽的使用方法。

(3) 测定蔗糖水解反应的速率常数与半衰期。

**二、实验原理**

蔗糖在水中转化为葡萄糖和果糖。其中,蔗糖和葡萄糖是右旋的,果糖是左旋的,但果糖的旋光能力比葡萄糖大。因此在反应过程中,溶液体系的旋光性从右旋逐渐转变成左旋。

$$C_{12}H_{22}O_{11} + H_2O \longrightarrow C_6H_{12}O_6 + C_6H_{12}O_6$$

（蔗糖）　　　　（葡萄糖）（果糖）

蔗糖的水解反应是一个二级反应，但由于水的大量存在，消耗的水可以忽略，在反应过程中可以认为水的浓度不变，而催化剂 $H^+$ 的浓度也可以认为不变，由此，蔗糖的水解反应可作为一级反应来处理。一级反应的速率方程为

$$-\frac{dc}{dt} = kc \tag{1}$$

式中，$c$ 为时间 $t$ 时的反应物浓度，$k$ 为反应速率常数。对其积分：

$$\ln c = -kt + \ln c_0 \tag{2}$$

式中，$c_0$ 为反应开始时的浓度。当 $c = c_0/2$ 时，时间为 $t_{1/2}$，称为半衰期。

$$t_{1/2} = \frac{\ln 2}{k} = \frac{0.693}{k} \tag{3}$$

测定反应过程中的反应物浓度 $c$，以 $\ln c$ 对 $t$ 作图，就可以求出反应速率常数 $k$。在这个反应中，利用体系在反应进程中的旋光度不同来度量反应的进程。

用旋光仪测出的旋光度值与溶液中旋光物质的旋光能力、溶剂的性质、溶液的浓度、温度等因素有关，固定其他条件，可认为旋光度 $\alpha$ 与反应物浓度 $c$ 成线性关系。物质的旋光能力用比旋光度来度量：

$$[\alpha]_D^{20} = \frac{\alpha \times 100}{l \times c_A}$$

蔗糖的比旋光度 $[\alpha]_D^{20} = 66.6°$，葡萄糖的比旋光度 $[\alpha]_D^{20} = 52.5°$，果糖是左旋性物质，它的比旋光度为 $[\alpha]_D^{20} = -91.9°$。因此，在反应过程中，溶液的旋光度先是右旋的，随着反应的进行，右旋角度不断减小，过零后再变成左旋，直至蔗糖完全转化，左旋角度达到最大。

当 $t=0$ 时，蔗糖尚未开始转化，溶液的旋光度为

$$\alpha_0 = \beta_{反应物} c_0 \tag{4}$$

当蔗糖完全转化时，体系的旋光度为

$$\alpha_\infty = \beta_{生成物} c_0 \tag{5}$$

其中，$\beta$ 为旋光度与反应物浓度关系中的比例系数。时间 $t$ 时，蔗糖浓度为 $c$，旋光度为

$$\alpha_t = \beta_{反应物} c + \beta_{生成物}(c_0 - c) \tag{6}$$

由式(4)、式(5)得

$$c_0 = \frac{\alpha_0 - \alpha_\infty}{\beta_{反应物} - \beta_{生成物}} = \beta'(\alpha_0 - \alpha_\infty) \tag{7}$$

由式(5)、式(6)得

$$c=\frac{\alpha_t-\alpha_\infty}{\beta_{反应物}-\beta_{生成物}}=\beta'(\alpha_t-\alpha_\infty) \tag{8}$$

由于 $\ln c=-kt+\ln c_0$，将式(7)、式(8)代入，得

$$\ln(\alpha_t-\alpha_\infty)=-kt+\ln(\alpha_0-\alpha_\infty) \tag{9}$$

根据实验数据作图，可由直线斜率求得反应速率常数。

若在不同温度下测定出不同的速率常数，则可用阿仑尼乌斯公式计算反应的活化能：

$$E_a=RT^2\frac{\mathrm{d}\ln k}{\mathrm{d}T} \tag{10}$$

式中的微分值用 $\ln k$-$T$ 关系曲线的斜率求得。

## 三、仪器与试剂

(1) 仪器：具塞试管(2 支，50 mL)、移液管(2 支，25 mL)、洗耳球、旋光仪、超级恒温槽。

(2) 试剂：蔗糖溶液(定期更新)、HCl 溶液(1.8 $mol \cdot L^{-1}$)。

## 四、实验步骤

(1) 干燥 2 支具塞试管，贴上标签，调节超级恒温槽的温度为 25 ℃。

(2) 校正旋光仪的零点。

(3) 各移取 25 mL 蔗糖溶液和 25 mL HCl 溶液于具塞试管中，加塞，置于超级恒温槽中恒温 5 min 以上，取出，擦干外壁。

(4) 将 HCl 溶液逐渐全部倒入蔗糖溶液中，当倒入一半时开始计时。然后用相互倾倒的方法使之混匀，立即用少量溶液洗涤旋光管，然后装满旋光管，盖好。剩余溶液放入 50 ℃恒温槽内 40 min，使之反应完全。

(5) 在旋光仪中测定旋光度值，第一个数值在反应起始时间 1～2 min 内测定。在反应开始的 15 min 内，每 2～3 min 测量一次。将旋光管上的水擦净，放入旋光仪调节视场，在 1 min 左右时读取数据。每次读完后应立即将旋光管放回恒温水浴中。

(6) 当反应速率变慢后，可适当放宽测量的时间间隔，一直测到旋光度为负值，出现负值后，继续测定 4～5 个负值。

(7) 取出置于 50 ℃水浴中恒温 40 min 的剩余溶液，冷却至 25 ℃后，测定 3 次旋光度(不变即可)，取平均值，并作为反应完全时的旋光度值。

(8) 清洗样品管，清理桌面。

## 五、数据记录与处理

(1) 将实验数据记于表 1，作旋光度-时间关系曲线。

表 1　旋光度随时间变化记录表

| 温度/℃ | 25 | | | | | | | | | 50 |
|---|---|---|---|---|---|---|---|---|---|---|
| 时间/min | | | | | | | | | | |
| 旋光度 | | | | | | | | | | |

(2) 在旋光度-时间关系曲线上等间距取 8 组数据，计算 $\ln(\alpha_t - \alpha_\infty)$，并对 $t$ 作图，由图求得反应的速率常数，并计算反应的半衰期。

## 六、注意事项

(1) 两试管中的溶液相混时，不要将溶液洒漏在外面。

(2) 往旋光管中倒溶液时，同样不要将溶液洒漏到外面。倒溶液时可稍留一些空隙，注意旋光管盖子的装配方法。

(3) 从恒温槽中取出旋光管时，用抹布擦一下外面的水，再用面纸把管子两端的水擦净，以免影响视场的清晰度。

## 七、思考题

(1) 蔗糖的水解反应为什么可以近似认为是一级反应？

(2) 实验中实际测定了溶液的哪种性质？该性质随时间是如何变化的？为什么会发生这种变化？如何根据该性质的变化求反应速率常数？

(3) 对比以前所学的知识，溶液的浓度有哪些测定方法？

## 八、仪器介绍

旋光仪的外观如图 1 所示，内部结构包括光源、游标盘和刻度盘，工作原理可参考有机实验教材。

零点校正：洗净旋光管，灌装蒸馏水，打开旋光仪电源(预热)，将旋光管放入旋光仪，调节目镜聚焦使视野清晰，旋转检偏镜使观察到三分视野暗度相等为止。记下检偏镜的旋光度。重复测量五次以上，取平均值，即为仪器零点，用来校正仪器误差。

样品管尽量先装满蒸馏水，少留气泡，倾斜让气泡进入鼓包，以防气泡进入光路。记下蒸馏水读数，以后样品的旋光度均应减去蒸馏水的旋光度值。

调节三分视野中的暗场，矩形变亮－变暗交替，调节至与周围亮度一样，每次读数都统一由亮到暗(或由暗到亮)，取亮－暗周围中间的刻度才能获得比较准确的数据。读数时让零刻度指向刻度盘，小数部分的数据从游标尺上读取，精确到 0.05 分度。记录数据如 $5+17\times0.05$，负值的读数方法是用显示读数$-180$。所读数据要扣除零点校正值。

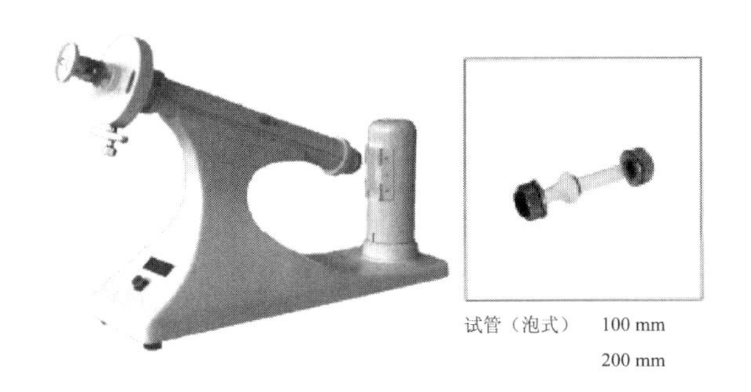


图 1 圆盘旋光仪(南京桑力电子设备厂)

# 实验 16 乙酸乙酯皂化反应速率常数的测定

## 一、实验目的

(1) 用电导法测定反应中电导率的变化，计算乙酸乙酯皂化反应的速率常数。

(2) 掌握二级反应的特点，学会用图解法求二级反应的速率常数。

(3) 掌握电导率仪的使用方法。

## 二、实验原理

在生产实践中，不仅需要知道反应能否进行，还必须知道反应进行的快慢，以及外界的一些因素对反应的影响，这就要对反应速率进行测定。同时要想了解和掌握各类反应速率以及速率影响规律，还要确定反应的级数。因此，测定反应的速率常数和反应级数在生产实践及科学研究中具有重要的意义。

乙酸乙酯皂化反应是一个典型的二级反应：

$$CH_3COOC_2H_5 + NaOH \longrightarrow CH_3COONa + C_2H_5OH$$

| | $CH_3COOC_2H_5$ | $NaOH$ | $CH_3COONa$ | $C_2H_5OH$ |
|---|---|---|---|---|
| $t=0$ | $c$ | $c$ | 0 | 0 |
| $t$ 时刻 | $c-x$ | $c-x$ | $x$ | $x$ |
| $t=\infty$ | 0 | 0 | $c$ | $c$ |

设反应物的起始浓度均为 $c$，其速率方程为

$$\frac{dx}{dt}=k(c-x)(c-x) \tag{1}$$

式中，$x$ 为 $t$ 时刻 $CH_3COO^-$ 的浓度。

积分得

$$kt=\frac{x}{c(c-x)} \tag{2}$$

显然，只要知道 $t$ 时 $x$ 的值，就可以求出反应速率常数 $k$。

因为反应是在稀的水溶液中进行的，因此本实验中做了两个假定：① $CH_3COONa$ 全部电离；② 体系电导率值的减少量与 $CH_3COO^-$ 浓度的增加量成正比。因为在溶液中有 $Na^+$、$OH^-$、$CH_3COO^-$ 参与导电，而 $Na^+$ 浓度不变，$OH^-$ 的迁移率比 $CH_3COO^-$ 的迁移率大得多，溶液的电导率值下降，在一定范围内，可以认为体系电导率值的减少量和 $CH_3COONa$ 的浓度增量成正比，即

$$t\text{ 时刻}, x=\beta(\kappa_0-\kappa_t) \tag{3}$$

$$t=\infty\text{ 时}, x=c=\beta(\kappa_0-\kappa_\infty) \tag{4}$$

式中，$\kappa_0$、$\kappa_t$、$\kappa_\infty$ 分别为起始、$t$ 时刻和反应终了时的电导率值，$\beta$ 为比例常数。

将式(3)、式(4)代入式(2)，得

$$\frac{\kappa_0-\kappa_t}{\kappa_t-\kappa_\infty}=ckt \tag{5}$$

在实际测定中，为获得反应起始时和反应完全时的电导率值，采用浓度为 $c$ 的 NaOH 溶液测定 $\kappa_0$（可看作另一反应物 $CH_3COOC_2H_5$ 不导电），采用浓度为 $c$ 的 $CH_3COONa$ 溶液测定 $\kappa_\infty$（可看作另一产物 $C_2H_5OH$ 不导电）。

利用$\frac{\kappa_0-\kappa_t}{\kappa_t-\kappa_\infty}$-$t$ 作图，可以得到一条直线，由斜率即可求出反应速率常数 $k$ 的值，单位为 $min^{-1}\cdot mol^{-1}\cdot dm^3$。

## 三、仪器与试剂

（1）仪器：DDSJ-308A 型电导率仪 1 台，恒温槽 1 套，双管电导池 1 个，大试管 2 支，10 mL移液管 2 支，秒表 1 块，铁架台 1 套。

（2）试剂：0.01 $mol\cdot L^{-1}$ KCl 溶液、0.01 $mol\cdot L^{-1}$ $CH_3COONa$ 溶液、0.01 $mol\cdot L^{-1}$ NaOH 溶液、0.02 $mol\cdot L^{-1}$ NaOH 溶液、0.02 $mol\cdot L^{-1}$ $CH_3COOC_2H_5$ 溶液、电导水。

## 四、实验步骤

（1）调节恒温槽温度为 25 ℃。

（2）电导率仪预热 20～30 min 后用 0.01 $mol\cdot L^{-1}$的 KCl 标准溶液标定电导池常数。

（3）测定 $\kappa_0$、$\kappa_\infty$。取 10 mL 左右 0.01 $mol\cdot L^{-1}$的 NaOH 溶液于试管中，插入电导电极，在恒温槽中恒温 5～10 min，测定电导率值，重复 3 次，取平均值作为 $\kappa_0$；取 10 mL 左右 0.01 $mol\cdot L^{-1}$ $CH_3COONa$ 溶液于另一支试管中，恒温后，测定电导率值，重复 3 次，取平均值作为 $\kappa_\infty$。

（4）测定 $\kappa_t$。用移液管移取 0.02 的 $mol\cdot L^{-1}$ 的 $CH_3COOC_2H_5$ 溶液和 0.02 $mol\cdot L^{-1}$的 NaOH 溶液各 10 mL 分别置于双管电导池的直管和支管中，在直

管中插入电导电极，置于恒温水浴中恒温 5～10 min；然后反复挤压和松开洗耳球使双管中两种溶液混合，混合完成后立即测量电导率值，同时开始计时；以后每隔 2～5 min测量一次电导率值，直至电导率数值变化不大时停止测定，测量总时间一般为 40～60 min。因为试管要长期放在恒温水浴中，故可用铁架台固定。

(5) 实验结束后，关闭电源，洗净试管和双管电导池，置于烘箱中烘干。

## 五、数据记录与处理

(1) 记录 $\kappa_0$、$\kappa_\infty$。

(2) 将 $\kappa_t$ 记录在表 1 中。

**表 1　数据记录表**

| $t$/min | $\kappa_t/(\mathrm{S \cdot m^{-1}})$ | $\dfrac{\kappa_0-\kappa_t}{\kappa_t-\kappa_\infty}$ |
| --- | --- | --- |
| 0 | | |
| 2 | | |
| 4 | | |
| 6 | | |
| 8 | | |
| 10 | | |
| 15 | | |
| 20 | | |
| 25 | | |
| 30 | | |
| 35 | | |
| 40 | | |

(3) 作 $\dfrac{\kappa_0-\kappa_t}{\kappa_t-\kappa_\infty}$ -$t$ 图，由直线斜率计算反应速率常数 $k$。

## 六、注意事项

(1) 所用的溶液均需要新鲜配制并塞好瓶塞，防止空气进入。

(2) 氢氧化钠和乙酸乙酯的起始浓度必须相等，溶液混合要均匀。

(3) 电极不使用时应浸泡在电导水中。

## 七、思考题

(1) 如何由实验结果验证乙酸乙酯皂化反应为二级反应?

(2) 乙酸乙酯的皂化反应是吸热反应,在实验过程中如何处理这一因素对实验结果的影响?

(3) 如果氢氧化钠和乙酸乙酯溶液均为浓溶液,能否用此法求得? 为什么?

(4) 为什么 $\kappa_\infty$ 可以认为是 0.01 mol·L$^{-1}$的 $CH_3COONa$ 溶液的电导率?

(5) 为什么反应过程中溶液的电导率值会发生变化?

## 八、仪器介绍

DDSJ-308A 型电导率仪的介绍见实验 9 的"仪器介绍"部分。

## 九、拓展应用

乙酸乙酯皂化反应是一个典型的二级反应,受温度、盐效应、超声波效应等因素的影响(目前对于温度影响的研究较多,但对于其他因素影响的研究鲜有报道)。求反应速率常数的方法主要分为化学分析法和物理化学分析法两类。化学分析法是在一定时间取出一部分样品,使用骤冷或取出催化剂等方法使反应停止,然后进行分析,直接求出浓度。这种方法设备简单,但所用时间长。物理化学分析法有折光/旋光度法、分光光度法、液相色谱法、电导法、pH 酸度法等,优点是实验时间短、速度快,可不中断反应,但需一定的仪器设备,得出的是间接数据。实验教学中普遍采用电导法测定反应速率常数。而 pH 酸度法具有数据处理简单、重复性好的特点,可广泛用于测定酸碱反应的速率常数。在乙酸乙酯皂化反应中,反应物之一 $OH^-$ 的浓度随着反应的进行逐渐减小,这样溶液的 pH 也逐渐减小,因此用酸度计测定反应溶液的 pH 即能得到各个时刻溶液中 $OH^-$ 的浓度,进而求出反应速率常数 $k$。

## 十、参考文献

[1] 复旦大学. 物理化学实验[M]. 3 版. 北京:高等教育出版社,2004.

[2] 孙尔康,张剑荣,刘勇健,等. 物理化学实验[M]. 南京:南京大学出版社,2009.

[3] 天津大学物理化学教研室. 物理化学实验[M]. 北京:高等教育出版社,2015.

[4] 傅献彩,沈文霞,姚天扬,等. 物理化学(下册)[M]. 5 版. 北京:高等教育出版社,2006.

[5] 邵水源,刘向荣,庞利霞,等. pH 值法测定乙酸乙酯皂化反应速率常数[J]. 西安科技学院学报,2004,24(2):196-199.

# 实验 17　丙酮碘化反应速率方程的建立

## 一、实验目的

（1）掌握用孤立法确定反应级数的原理和方法。

（2）测定酸催化作用下丙酮碘化反应的速率常数，建立速率方程。

（3）掌握分光光度计的使用方法。

## 二、实验原理

大多数化学反应是由若干个基元反应组成的。这类复杂反应的速率和反应物活度之间的关系大多不能用质量作用定律预示。以实验方法测定反应速率和反应物活度的计量关系是研究反应动力学的一个重要内容。对于复杂反应，可采用一系列实验方法获得可靠的实验数据，并据此建立反应速率方程，以其为基础，推测反应的机理，提出反应模式。

孤立法是动力学研究中常用的一种方法。设计一系列溶液，其中只有某一物质的浓度不同，而其他物质的浓度均相同，借此可以求得反应对该物质的级数。同样也可得到各种作用物质的级数，从而确立速率方程。

在酸性溶液中，丙酮卤化反应是一个复杂反应，其反应式为

$$CH_3COCH_3 + X_2 \xrightarrow{H^+} CH_3COCH_2X + X^- + H^+$$

其中，$X_2$ 为卤素单质。实验表明，该反应的反应速率几乎与卤素的种类及其浓度无关，而与丙酮及氢离子的浓度密切相关。实际上，在一定浓度范围内，通常可以用物质的浓度代替活度表示某一物质对反应速率的影响。以碘为例，该反应的速率方程应为

$$-\frac{dc_{丙}}{dt} = -\frac{dc_{碘}}{dt} = kc_{丙}^{x}\ c_{酸}^{y}\ c_{碘}^{z} \tag{1}$$

式中，指数 $x$、$y$、$z$ 分别为丙酮、氢离子和碘的反应级数，$k$ 为反应速率常数。将式(1)取对数，得

$$\lg\left(-\frac{dc_{碘}}{dt}\right) = \lg k + x\lg c_{丙} + y\lg c_{酸} + z\lg c_{碘} \tag{2}$$

在丙酮、酸、碘三种物质的反应体系中，固定其中两种物质的起始浓度，改变第三种物质的起始浓度，测定其反应速率。在这种情况下，反应速率只是第三种物质浓度的函数。以 $\lg\left(-\frac{dc_{碘}}{dt}\right)$ 对该组分浓度的对数值 $\lg c$ 作图，应为一直线，直线的斜率即为该物质在此反应中的反应级数。同理可以得到其他两种物质的反应级数。

碘在可见光区有一个很宽的吸收带，而在这个吸收带中酸和丙酮没有明显的吸收，所以可采用分光光度法来测定反应过程中碘浓度随时间的变化关系，即反应速率。根据比尔(Beer)定律：

$$\lg T=\lg\left(\frac{I}{I_0}\right)=-abc_{碘} \tag{3}$$

式中，$T$ 为透光率，$I$ 和 $I_0$ 分别为某一波长光线通过待测溶液和空白溶液后的光强，$a$ 为吸光系数，$b$ 为样品池光径长度。从式(3)可见，$\lg T$ 是 $c_{碘}$ 的函数，而 $c_{碘}$ 又是反应时间 $t$ 的函数，即

$$\lg T=f[c_{碘}(t)] \tag{4}$$

由式(3)可得

$$\frac{\mathrm{d}\lg T}{\mathrm{d}t}=\frac{\mathrm{d}\lg T}{\mathrm{d}c_{碘}}\cdot\frac{\mathrm{d}c_{碘}}{\mathrm{d}t}=-ab\,\frac{\mathrm{d}c_{碘}}{\mathrm{d}t} \tag{5}$$

对式(5)取对数，得

$$\lg\left(\frac{\mathrm{d}\lg T}{\mathrm{d}t}\right)=\lg\left(-\frac{\mathrm{d}c_{碘}}{\mathrm{d}t}\right)+\lg(ab) \tag{6}$$

将式(2)代入式(6)，得

$$\lg\left(\frac{\mathrm{d}\lg T}{\mathrm{d}t}\right)=\lg k+x\lg c_{丙}+y\lg c_{酸}+z\lg c_{碘}+\lg(ab) \tag{7}$$

在测定时，固定某两种物质的起始浓度不变，改变另一种物质的起始浓度，对每一种溶液都能得到一系列随时间变化的透光率值。以 $\lg T$ 对 $t$ 作图，其斜率为$\frac{\mathrm{d}\lg T}{\mathrm{d}t}$，取对数，即为该浓度下式(7)等式左边的值。对不同的起始浓度，以该对数值分别对 $\lg c$ 作图，所得直线的斜率即为反应级数。

求出反应级数后，由测定的已知浓度碘溶液的透光率，根据式(3)即可求出 $\lg(ab)$，结合改变碘浓度的那一组数据代入式(7)，即可求算反应速率常数 $k$。

## 三、仪器与试剂

(1) 仪器：721S 型分光光度计 1 台，恒温槽 1 套，恒温摇床 1 台，秒表 1 块，5 mL 移液管 1 支，2 mL 移液管 1 支，25 mL 容量瓶 4 个。

(2) 试剂：2.00 $\mathrm{mol\cdot L^{-1}}$盐酸溶液、2.00 $\mathrm{mol\cdot L^{-1}}$丙酮溶液、0.02 $\mathrm{mol\cdot L^{-1}}$碘溶液、电导水。

## 四、实验步骤

(1) 调节恒温槽温度为 25 ℃，将电导水和丙酮溶液预先恒温。

(2) 打开分光光度计电源开关，预热 20～30 min。调节分光光度计的波长旋钮至 520 nm。取一个 2 cm 比色皿，加入电导水，擦干外表面，放入比色槽中。在比色

槽盖打开的时候，调节透光率值为 0，确保放蒸馏水的比色皿在光路上；将比色槽盖合上，调节透光率值为 100%。

(3) 碘浓度对反应速率影响的测定。分别移取 0.02 mol·$L^{-1}$碘溶液 1.3 mL、1 mL和 0.7 mL 于 3 个 25 mL 容量瓶中，各移入 3 mL 2.00 mol·$L^{-1}$盐酸溶液，加入适量电导水，使瓶中尚能加入 3 mL 丙酮溶液，置于恒温摇床上数分钟。恒温后取其中一溶液，移入已恒温的 3 mL 2.00 mol·$L^{-1}$丙酮溶液，用已恒温的电导水稀释至刻度，摇匀，并开始计时。迅速用该溶液荡洗比色皿，并向比色皿中加入该溶液，在分光光度计上测定透光率值，同时计时。然后每隔一定时间(可为 1 min)同时记下透光率值和时间，如此反复，一直到透光率值为 80%左右。同法测定其余两份溶液。

(4) 盐酸浓度对反应速率影响的测定。分别移取 5 mL、4 mL、3 mL 和 2 mL 2.00 mol·$L^{-1}$盐酸溶液于 4 个 25 mL 容量瓶中，各移入 1 mL 碘溶液，加适量电导水至尚能加入 3 mL 丙酮，置于恒温摇床上数分钟。恒温后取其中一溶液，移入3 mL 2.00 mol·$L^{-1}$丙酮溶液，同步骤(3)进行定容、计时、荡洗比色皿、测透光率，并每隔一段时间同时读取透光率值和时间，至透光率值为 80%左右。对于盐酸浓度较高的样品，由于反应速率快，读数的时间间隔要小一些，可以间隔 30 s 读一次。对于盐酸浓度较低的样品，可每隔 1 min 读一次。同法测定其余三份溶液。

(5) 丙酮浓度对反应速率影响的测定。各移取 3 mL 2.00 mol·$L^{-1}$盐酸溶液和 1 mL 0.02 mol·$L^{-1}$碘溶液于 4 个25 mL容量瓶中，加入适量电导水，不能太多，因为后续还将继续加入丙酮溶液。将容量瓶置于恒温摇床上数分钟。恒温后取其中一个容量瓶，移入 5.00 mL 2.00 mol·$L^{-1}$丙酮溶液，同样进行定容、计时，测定透光率值随时间的变化关系。然后取另外 3 个容量瓶，分别加入指定体积的丙酮(4 mL、3 mL 和 2 mL)后定容，同法测定。

(6) 实验结束后，关闭分光光度计电源，洗净比色皿、容量瓶。

## 五、数据记录与处理

(1) 改变碘的加入量，将数据记于表 1。

**表 1　碘浓度对反应速率影响的测定**

| $V_{碘}=1.3$ mL | | | $V_{碘}=1$ mL | | | $V_{碘}=0.7$ mL | | |
|---|---|---|---|---|---|---|---|---|
| $t$/s | $T$/% | $\lg T$ | $t$/s | $T$/% | $\lg T$ | $t$/s | $T$/% | $\lg T$ |
| | | | | | | | | |
| | | | | | | | | |
| | | | | | | | | |
| | | | | | | | | |
| | | | | | | | | |
| | | | | | | | | |

(2) 改变盐酸的加入量,将数据记于表 2。

**表 2　盐酸浓度对反应速率影响的测定**

| $V_{HCl}=5$ mL | | | $V_{HCl}=4$ mL | | | $V_{HCl}=3$ mL | | | $V_{HCl}=2$ mL | | |
|---|---|---|---|---|---|---|---|---|---|---|---|
| $t$/s | $T$/% | lg$T$ | $t$/s | $T$/% | lg$T$ | $t$/s | $T$/% | lg$T$ | $t$/s | $T$/% | lg$T$ |
| | | | | | | | | | | | |
| | | | | | | | | | | | |
| | | | | | | | | | | | |
| | | | | | | | | | | | |
| | | | | | | | | | | | |
| | | | | | | | | | | | |

(3) 改变丙酮的加入量,将数据记于表 3。

**表 3　丙酮浓度对反应速率影响的测定**

| $V_{丙酮}=5$ mL | | | $V_{丙酮}=4$ mL | | | $V_{丙酮}=3$ mL | | | $V_{丙酮}=2$ mL | | |
|---|---|---|---|---|---|---|---|---|---|---|---|
| $t$/s | $T$/% | lg$T$ | $t$/s | $T$/% | lg$T$ | $t$/s | $T$/% | lg$T$ | $t$/s | $T$/% | lg$T$ |
| | | | | | | | | | | | |
| | | | | | | | | | | | |
| | | | | | | | | | | | |
| | | | | | | | | | | | |
| | | | | | | | | | | | |
| | | | | | | | | | | | |

(4) 将所测各反应液的 lg$T$ 对 $t$ 作图,并求出斜率。再以同一系列各溶液所测得斜率的对数值对该组分浓度的对数值作图,由斜率求得反应对各物质的级数 $x$、$y$ 和 $z$。

(5) 由步骤(3)所测得的各组透光率值和碘溶液的浓度根据式(3)计算 lg($ab$),取平均值后代入式(7)求反应速率常数 $k$,并写出丙酮碘化反应的速率方程。

**六、注意事项**

(1) 温度对反应速率有一定的影响,本实验在测定透光率时未考虑温度的影响。实验表明,如选择较大的比色皿和在不太低的气温条件下进行实验,在数分钟之内溶液的温度变化不大。如条件允许,可选择带有恒温夹套的分光光度计,并与恒温槽相连,保持反应温度。

(2) 当碘浓度较高时,丙酮可能会发生多元取代反应。因此,应记录反应开始一段时间的反应速率,以减小实验误差。

(3) 向溶液中加入丙酮后,反应就开始进行。如果从加入丙酮到开始读数之间的延迟时间较长，可能无法读到足够的数据，甚至会发生开始读数时透光率已超过80%的情况，当酸浓度或丙酮浓度较大时更容易出现这种情况。为了避免实验失败，在加入丙酮前应将分光光度计零点调好，加入丙酮后应尽快操作，在 2 min 内至少应读出第一组数据。

(4) 实验容器应用电导水充分荡洗干净。

## 七、思考题

(1) 动力学实验中，正确计时是实验成功的关键。本实验在何时开始计时比较合适？

(2) 721S 型分光光度计的样品架位置应如何调节才能正确读取透光率值？

(3) 测定和计算时如果采用吸光度而不是透光率，则计算公式应怎样改变？

## 八、仪器介绍

分光光度计是一种利用物质分子对不同波长的光具有吸收特性而进行分析的光学仪器，可用于有色物质和经过反应可以显色的物质的定性和定量测定。根据选择光源的波长不同，有可见分光光度计、紫外分光光度计、红外分光光度计等，可以直接测定透光率、吸光度，并具有浓度直读功能。在定性方面，分光光度计通常用于物质鉴定、有机分子结构的研究；在定量方面，分光光度计可测定化合物和混合物中各组分的含量，也可以测定物质的解离常数、配合物的稳定常数，还可以用于物质相对分子质量的鉴别和微量滴定中指示终点等。721S 型分光光度计使用时首先应打开仪器背面的电源开关，预热 20～30 min；测量前按“模式”键切换透射比、吸光度、浓度因子和浓度直读四种测量模式，开机默认状态为透射比测量模式，透射比指示灯亮；将装有参比样品的比色皿放入比色槽中，旋转波长调节旋钮至所需测试波长；在透射比测量模式下，打开比色槽盖，按“↓/0%”键，仪器自动将透光率数值调整为 0，合上比色槽盖后拉动试样槽架拉杆，使参比样品对准光路，按“↑/100%”键，仪器自动将透光率数值调整为 100%；拉动试样槽架拉杆，根据测试所需使装入标准样品或待测样品的比色皿依次对准光路，直接读数并记录。测量完毕，关闭电源，取出比色皿并洗净。

## 九、拓展应用

孤立法是确定速率方程常用的一种方法。在多种物质的反应体系中，改变任意一种物质的起始浓度，同时固定其他物质的起始浓度，测定反应速率，即可求出反应对各物质的反应级数。在两个或更多温度下测定 $k$，还可根据阿伦尼乌斯方程进一步计算反应的活化能 $E_a$。

## 十、参考文献

[1] 复旦大学. 物理化学实验[M]. 3 版. 北京：高等教育出版社，2004.

[2] 孙尔康,张剑荣,刘勇健,等. 物理化学实验[M]. 南京：南京大学出版社,2009.

[3] 傅献彩,沈文霞,姚天扬,等. 物理化学(下册)[M]. 5版. 北京：高等教育出版社,2006.

# 实验18　溶液表面张力的测定

## 一、实验目的

(1) 掌握最大气泡压力法测定溶液表面张力的原理和技术。

(2) 测定不同浓度乙醇溶液的表面张力,计算饱和吸附量。

(3) 了解气液界面的吸附作用,计算表面层被吸附分子的截面积和吸附层的厚度。

## 二、实验原理

表面张力是液体的重要性质之一,它是因表面层分子受力不均衡所引起的。如液体与其蒸气构成的系统中,液体内部的分子与周围分子间的作用力是球形对称的,可以彼此抵消,合力为零,而表面层分子处于力场不对称的环境中,液体内部分子对它的作用力远大于液面上蒸气分子对它的作用力,从而使它受到指向液体内部的拉力作用,故液体都有自动缩小表面积的趋势。从热力学观点来看,液体表面缩小是使系统总吉布斯(Gibbs)函数减小的一个自发过程,如欲使液体产生新的表面 $\Delta A$,就需对其做功,其大小应与 $\Delta A$ 成正比：

$$\Delta G = W' = \gamma \Delta A \tag{1}$$

比例系数 $\gamma$ 从能量的角度被称为比表面吉布斯函数,即为恒温恒压下形成 1 $m^2$ 新表面所需的可逆功,其单位为 $J \cdot m^{-2}$。从物理学上力的角度看,$\gamma$ 可被理解为沿着表面、和表面相切、垂直作用于单位长度相界面线段上的表面紧缩力,即表面张力,其单位是 $N \cdot m^{-1}$。在一定温度下,纯液体的表面张力为定值;当加入溶质形成溶液时,表面张力发生变化,其变化的大小决定于溶质的性质和加入量的多少。根据能量最低原理,溶质能降低溶剂的表面张力时,表面层中溶质的浓度比溶液内部大;反之,溶质使溶剂的表面张力升高时,它在表面层中的浓度比在内部的浓度低。这种表面浓度与内部浓度不同的现象叫作溶液的表面吸附。在指定的温度和压力下,溶质的吸附量与溶液的表面张力及溶液的浓度之间的关系遵守吉布斯吸附方程：

$$\Gamma = -\frac{c}{RT}\left(\frac{\partial \gamma}{\partial c}\right)_{T,p} \tag{2}$$

式中,$\Gamma$ 为溶质在表面层的吸附量,$\gamma$ 为表面张力,$c$ 为吸附达到平衡时溶质的浓度。

引起溶剂表面张力显著降低的物质叫表面活性物质，$\Gamma>0$，即产生正吸附的物质；反之则称为表面惰性物质，$\Gamma<0$，即产生负吸附的物质。被吸附的表面活性物质分子在界面层中的排列决定于它在液层中的浓度，这可由图 1 看出，图 1 中的(1)和(2)是不饱和层中分子的排列，(3)是饱和层中分子的排列。

当界面上被吸附分子的浓度增大时，它的排列方式在不断改变，最后，当浓度足够大时，被吸附分子盖住了所有界面的位置，形成饱和吸附层，分子排列方式如图 1 中(3)所示。这样的吸附层是单分子层，随着表面活性物质的分子在界面上愈益紧密排列，此界面的表面张力也就逐渐减小。如果在恒温下绘成曲线 $\gamma=f(c)$(表面张力等温线)，当 $c$ 增加时，$\gamma$ 在开始时显著下降，而后下降逐渐缓慢，以至 $\gamma$ 的变化很小，这时 $\gamma$ 的数值恒定为某一常数，如图 2 所示。

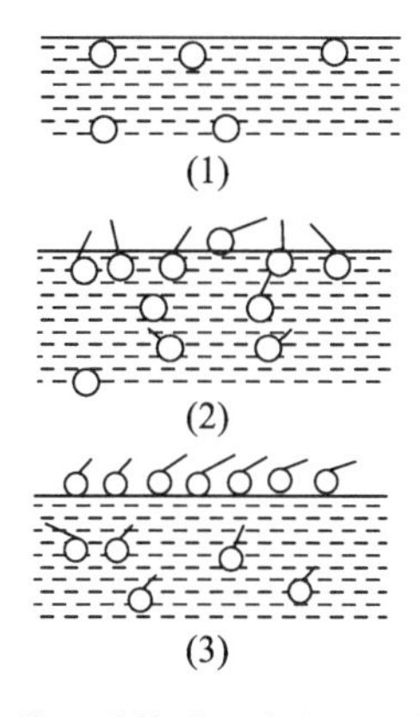


图 1　被吸附的分子在界面上的排列

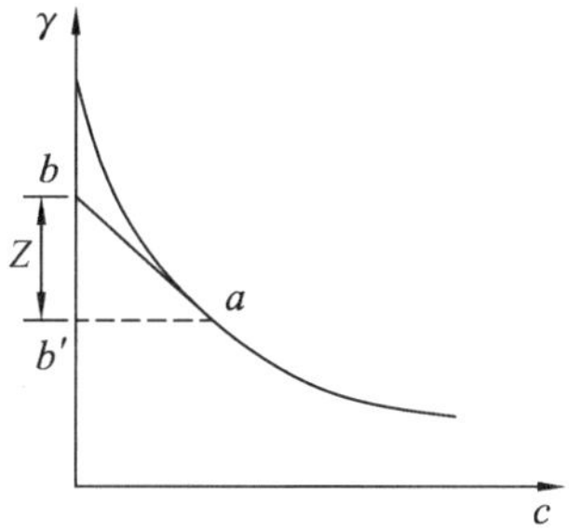

图 2　表面张力和浓度关系图

利用图 2 求出其在一定浓度时曲线的切线斜率，代入吉布斯吸附方程就可求得表面吸附量。或者在曲线上某一浓度 $c$ 点作切线与纵坐标交于 $b$ 点，再从切点 $a$ 作平行于横坐标的直线，交纵坐标于 $b'$ 点，以 $Z$ 表示切线和平行线在纵坐标上截距间的距离，故有

$$\left(\frac{\partial\gamma}{\partial c}\right)_{T,p}=-\frac{Z}{c} \tag{3}$$

$$\Gamma=-\frac{c}{RT}\left(\frac{\partial\gamma}{\partial c}\right)_{T,p}=\frac{Z}{RT} \tag{4}$$

根据朗格缪尔公式(Langmuir 单分子层吸附)：

$$\Gamma=\Gamma_{\infty}\frac{Kc}{1+Kc} \tag{5}$$

其中，$\Gamma_{\infty}$ 为饱和吸附量，即表面被吸附物铺满一层分子时的吸附量。将式(5)整理可得

$$\frac{c}{\Gamma}=\frac{c}{\Gamma_{\infty}}+\frac{1}{K\Gamma_{\infty}} \tag{6}$$

以 $c/\Gamma$ 对 $c$ 作图，得一直线，该直线的斜率为 $1/\Gamma_{\infty}$，即可求得饱和吸附量。

由所求得的 $\Gamma_{\infty}$ 代入式(7)即可求被吸附分子的截面积：

$$A=\frac{1}{\Gamma_{\infty}L} \tag{7}$$

式中，$L$ 为阿伏加德罗常数。

若已知溶质的密度 $\rho$，相对分子质量 $M$，就可计算出吸附层厚度 $\delta$：

$$\delta=\frac{\Gamma_{\infty}M}{\rho} \tag{8}$$

测定溶液的表面张力有多种方法，如毛细管上升法、滴重法、拉环法等，其中以最大气泡压力法(泡压法)较方便，应用较多。

先来考察一下气泡的形成过程：将待测表面张力的液体装于测定管中，使毛细管尖端与液面相切，液面即沿毛细管突然上升，缓缓打开减压瓶的下端活塞，毛细管内液面上受到一个比减压瓶中液面上大的压力，当此压力差——附加压力($\Delta p=p_{大气}-p_{系统}$)在毛细管尖端产生的作用力稍大于毛细管口液体的表面张力时，气泡就从毛细管口脱出。

如果毛细管半径很小，则形成的气泡基本上是球形的。当气泡开始形成时，表面几乎是平的，这时曲率半径最大。随着气泡的形成，曲率半径逐渐变小，直到形成半球形，这时曲率半径 $R$ 和毛细管半径 $r$ 相等，曲率半径达最小值，附加压力达最大值。气泡进一步长大，$R$ 变大，附加压力则变小，直到气泡逸出。附加压力与表面张力成正比，与气泡的曲率半径成反比，遵循拉普拉斯公式：

$$\Delta p=\frac{2\gamma}{R} \tag{9}$$

式中，$\Delta p$ 为附加压力，$\gamma$ 为表面张力，$R$ 为气泡的曲率半径。

实际测量时，使毛细管尖端刚好与液面接触，则可忽略气泡鼓泡所需克服的静压力，这样就可直接用式(9)进行计算。

在实验中，如果使用同一支毛细管和压力计，则可以用已知表面张力的液体为标准(如蒸馏水)，分别测定标准物和待测物的最大附加压力，通过对比计算求未知液体的表面张力(其中 $\gamma_{水}/\Delta p_{水}$ 被称为仪器常数)：

$$\gamma_{测}=\frac{\Delta p_{测}}{\Delta p_{水}}\times\gamma_{水} \tag{10}$$

利用此法所测得的表面张力，使用上面介绍的方法就可以求出所测物质在溶液中的饱和吸附量、被吸附分子的截面积和吸附层厚度。

## 三、仪器与试剂

(1) 仪器：表面张力仪(测定管、毛细管、减压管)、精密数字(微差压)压力计、超级恒温槽(测定管通恒温水)、阿贝折射仪、烧杯(250 mL、100 mL)、滴管、乳胶管(2根，一根短、一根长)、铁架台、十字夹(2个)、铁夹(2个)。

(2) 试剂：95%乙醇、丙酮、凡士林、蒸馏水。

## 四、实验步骤

1. 仪器准备与检漏

将测定管先用洗液洗净，再顺次用自来水和蒸馏水漂洗，以保证不在玻璃面上留有水珠，使毛细管有很好的润湿性。装配、使用乳胶管连接好仪器，保证系统不漏气。调节恒温水浴温度为25 ℃。

2. 仪器常数的测量

(1) 将大量自来水注入减压管中。在测定管中装入蒸馏水，调节液面，使之恰好与毛细管尖端相切。

(2) 在减压管上端活塞打开通大气时，压差计采零，再关闭通大气活塞，这时慢慢打开减压管下端活塞，使系统内的压力降低，测定管中即有气泡冒出。调节放水速度，以控制气泡逸出速度，使气泡由毛细管尖端成单泡逸出，且每个气泡形成的时间为10～20 s。

(3) 选择压力计单位为mm水柱，读取压力计上显示的压力的最大绝对值。

(4) 用阿贝折射仪测定蒸馏水的折射率。

3. 表面张力随溶液浓度变化的测定

在上述系统中，用滴管从毛细管管口处滴入一定量乙醇[3滴、6滴、12滴(约0.5 mL)、1滴管(约24滴)、2滴管]，并用自带滴管使溶液混合均匀(在加入并混合时，系统必须为敞开系统)，然后调节液面与毛细管尖端相切(少补加，多移去)，读取压力差$\Delta p_{最大}$。测定每份液体的压力的最大绝大值，再测定液体的折射率。

洗净表面张力仪，晾干备下一组使用。清洗其他实验仪器并整理台面。

## 五、数据记录与处理

(1) 数据记录。

**表1　溶液的最大压差和折射率**

室温：________℃；水温：________℃；大气压：________ Pa

| 物质 | 水 | 3滴乙醇 | 6滴乙醇 | 12滴乙醇 | 1滴管乙醇 | 2滴管乙醇 |
|---|---|---|---|---|---|---|
| $\Delta p_{最大}$/kPa | | | | | | |
| 折射率 $n$ | | | | | | |

(2) 查表作折射率-浓度的标准曲线。

(3) 计算溶液的浓度 $c$ 和表面张力 $\gamma$。根据作出的标准曲线得出所测得折射率对应的浓度。25 ℃时水的表面张力为 $71.97\times10^{-3}$ N/m，根据 $\gamma_{测}=\frac{\Delta p_{测}}{\Delta p_{水}}\times\gamma_{水}$ 计算溶液的表面张力。

(4) 根据 $c$-$\gamma$ 曲线拟合方程。

(5) 求导计算$\frac{d\gamma}{dc}$，代入 $c$，计算各浓度下的切线斜率$\frac{d\gamma}{dc}$。根据吉布斯方程计算各浓度下的吸附量 $\Gamma$。以 $c/\Gamma-c$ 作图，根据斜率求饱和吸附量，根据饱和吸附量计算吸附层的厚度。

## 六、注意事项

(1) 测定系统不能漏气，减压管上端通大气活塞一定要关紧，不能漏气。

(2) 所用毛细管必须干净，不能堵塞，应保持垂直，其管口应刚好与液面相切。

(3) 减压管中液体流动速度要调好，不要太快。

(4) 读取压力计的压差时，应取气泡单个逸出时的最大压力差。

## 七、思考题

(1) 表面张力仪的清洁与否对所测数据有何影响？

(2) 为什么不能将毛细管插入液体？

(3) 气泡如逸出太快，对结果会有什么影响？为什么？

(4) 用最大气泡压力法测定表面张力时为什么要读取最大压差？

## 八、仪器介绍

DP-WA 型表面张力实验装置如图 3 所示。

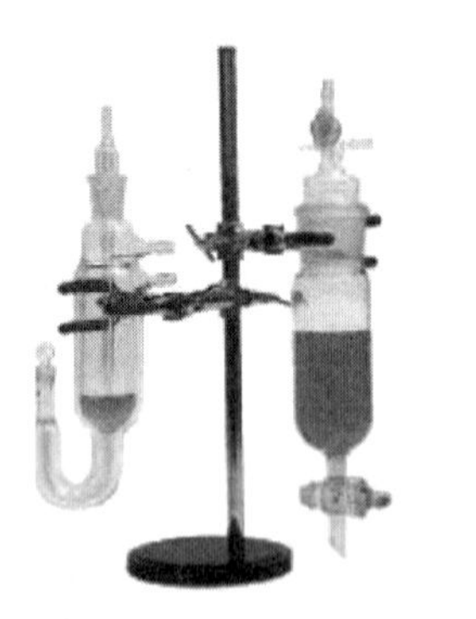

图 3　表面张力实验装置(DP-AW 型，南京桑力电子设备厂)

# 实验19　胶体的制备与电泳

## 一、实验目的

(1) 掌握制备胶体溶液的方法。

(2) 掌握用渗析法纯化溶胶的技术。

(3) 用电泳法测定 $Fe(OH)_3$ 溶胶的电泳速度及其 $\zeta$ 电位。

## 二、实验原理

胶体溶液是大小在 1～100 nm 之间的质点(称为分散相)分散在介质(称为分散介质)中而形成的体系。分散相和分散介质都可以分别属于液态、固态和气态中的任何一种状态。分散介质为液态或气态的胶体体系能流动,外观类似普通的真溶液,通常称为溶胶。分散介质不能流动的胶体则称为凝胶。

许多天然高分子物质能自动和水形成溶胶,通称为亲液溶胶或高分子溶胶,它是热力学稳定体系。一般所指的溶胶是另一类热力学不稳定的多相体系,它们不能自动生成,通称为憎液溶胶。憎液溶胶要稳定存在,需具有动力稳定性和聚结稳定性。溶胶具有动力稳定性是由于分散相的粒子大小在 1～100 nm 之间,而不会因重力作用而很快沉降,一般都能在较长时间内存在。聚结稳定性是指粒子与粒子不会碰撞而合并到一起,它是由于分散相粒子吸附某些离子后带电,而各胶粒带同种电荷相斥,因而获得聚结稳定性。因此制备溶胶的要点是设法使分散相物质通过分散或凝聚的方法使其粒度正好落在 1～100 nm 之间,并加入一定量的合适电解质稳定剂,使分散相粒子带电。

溶胶的制备方法可分为两大类:一类是分散法制溶胶,即把较大的物质颗粒变为小颗粒,从而得到溶胶,包括机械法、电弧法、超声波法、胶溶法等;另一类是凝聚法制溶胶,即把物质的分子或离子聚合成较大颗粒,从而得到溶胶,包括化学反应法、变换分散介质法、物质蒸气凝结法等。例如,利用化学反应法,在热水中水解 $FeCl_3$ 可以得到 $Fe(OH)_3$ 分子,多个 $Fe(OH)_3$ 分子相互团聚形成胶核,胶核吸附溶液中的离子形成胶粒(图 1)。

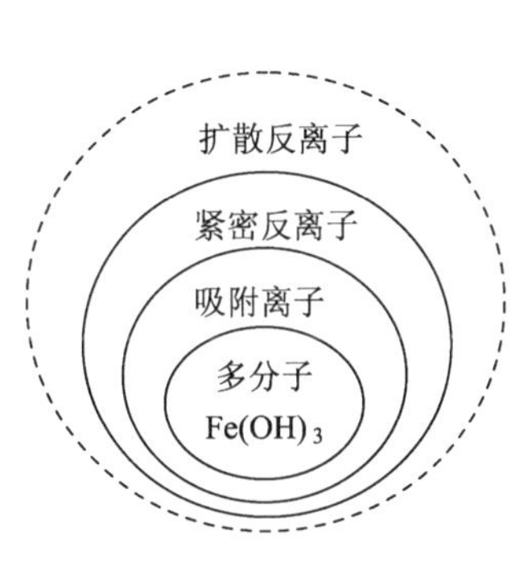

图1　胶粒

胶体的性质是由其颗粒的大小决定的。由于其颗粒较小,受分散介质分子热运动的碰撞,能做不规则的运动,称为布朗运动。在超级显微镜下可以观察到此种运动现象,称为胶体的动力学性质。由于胶体颗粒小于但接近可见光波长,能使射在胶粒上的可见光发生散射，称为丁达尔现象。这是胶体所特有的性质，可以用来区分胶体溶液与真溶液。由于胶体颗粒远大于溶液中的离子及溶剂分子，对于一些孔径在1 nm左右的多孔膜，胶体不能通过，而离子及溶剂分子却可通过，这一性质称为胶体的半透性。可利用多孔膜来纯化胶体，除去留在胶体中的其他杂质，使离子和小分子中性物质通过膜扩散到纯溶剂中去，不断地更换纯溶剂，即可把胶体中的杂质除去，这种方法称为半透膜渗析法。提高渗析温度，即可提高渗析速度，称为热渗析。

由于胶粒表面吸附了一些与胶体结构相类似的带电离子，有些胶粒带正电，有些胶粒带负电，因此在外加静电场的作用下，可观察到胶体溶液做定向运动，称为电泳。例如，$Fe(OH)_3$ 形成的胶核可以吸附溶液中的 $Fe^{3+}$，从而使紧密层带有正电，在电场的作用下向阴极方向移动。

荷电的胶粒与分散介质间的电位差称为 $\zeta$ 电位。测定 $\zeta$ 电位，对提高胶体体系的稳定性具有很大的意义。在一般憎液溶胶中，$\zeta$ 电位数值愈小，则其稳定性愈差。当 $\zeta$ 电位等于零时，溶胶的聚集稳定性最差，此时可观察到聚沉的现象。因此，无论制备胶体或破坏胶体，都需要了解所研究胶体的 $\zeta$ 电位。

原则上，任何一种胶体的电动现象（电渗、电泳、液流电位、沉降电位）都可用来测定 $\zeta$ 电位，但最方便的则是用电泳现象来测定。

电泳法又分为两类，即宏观法和微观法。宏观法的原理是观察溶胶与另一不含胶粒的导电液体的界面在电场中的移动速度。微观法则是直接观察单个胶粒在电场中的泳动速度。对高分散的溶胶，如 $As_2S_3$ 溶胶和 $Fe_2O_3$ 溶胶或过浓的溶胶，不易观察个别粒子的运动，只能用宏观法。对于颜色太淡或浓度过稀的溶胶，则适宜用微观法。本实验采用宏观法。

测定 $Fe(OH)_3$ 溶胶的电泳，则可在 U 形的电泳测定管中先放入红褐色的 $Fe(OH)_3$ 溶胶，然后在溶胶液面上小心地放入无色的稀 HCl 溶液或 KCl 溶液，使溶胶与溶液之间有明显的界面。在 U 形管的两端各放一根电极，通电一定时间后，即可见在负极 $Fe(OH)_3$ 溶胶的界面上升，而在正极则界面下降。这说明 $Fe(OH)_3$ 胶粒带正电荷。

通过更准确的实验还可以计算出胶体双电层的 $\zeta$ 电位。$\zeta$ 电位的数值可根据亥姆霍兹方程式计算：

$$\zeta=\frac{4\pi\eta}{\varepsilon H}\cdot v\cdot 300^2\,(\mathrm{V})$$

式中，$H$ 称为电位梯度，$H=E/L$，$E$ 是外加电场的电压（V），$L$ 是两极间的距离（注意：不是水平横距离，而是 U 形管的导电距离）；$\eta$ 是液体的黏度（Pa・s）；$\varepsilon$ 是液体的介电常数；$v$ 是电泳速率（即迁移速率，$cm\cdot s^{-1}$）。

我们只要在一定的外电场作用下，通过测定电泳速率，就可以计算出胶体的 $\zeta$ 电位。破坏了胶体溶液存在的条件，即可使胶粒聚沉。例如，长时间静置，可使溶胶聚沉；提高胶体溶液的温度，增加胶粒动能及单位时间的碰撞次数，也可使溶胶聚沉；在胶体溶液中加入大量电解质，使得与胶粒电荷相反的带电离子进入胶粒双电层，降低胶粒间的排斥势能等，同样可使胶粒聚沉，特别是加入具有高价反离子的电解质，效果更显著。

**三、仪器与试剂**

(1) 仪器：电泳仪 1 台，铂电极 1 对，烧杯若干，滴管若干。

(2) 试剂：火棉胶溶液（溶剂为 1∶3 的乙醇-乙醚）、$FeCl_3$ 饱和溶液、0.01 $mol \cdot L^{-1}$ KCl 溶液。

**四、实验步骤**

(1) 水解法制备 $Fe(OH)_3$ 溶胶：在 100 mL 烧杯中加 80 mL 蒸馏水，加热至沸，逐滴加入 $FeCl_3$ 溶液，并不断搅拌，加完后继续沸腾 5 min，由水解得红褐色 $Fe(OH)_3$ 溶胶。

(2) 半透膜的制备：选用一内壁光滑洁净的 100 mL 小烧杯，在瓶中倒入约 10 mL 的火棉胶溶液。小心转动烧杯，使火棉胶黏附在烧杯内壁形成均匀薄层。倾出多余的火棉胶溶液，此时烧杯仍须倒置并不断旋转，待剩余的火棉胶流尽，直至嗅不出乙醚气味。这时用手指轻触火棉胶膜已不粘手，但膜中尚有乙醚未挥发完。片刻后，往烧杯中灌入蒸馏水至满。若乙醚未挥发完全而过早加水，则半透膜呈乳白色而不能使用；若加水太迟，则膜完全干硬与烧杯脱离开，膜易裂，也不能用。将膜浸入水中约 10 min，用手指轻挑即可使膜与壁脱离，往夹层中注入水，轻轻取出，即成膜袋。膜袋中的水应能逐渐渗出，否则不符合要求，需要重做。半透膜不用时要保存在水中，否则膜袋发脆，且渗透能力显著降低。

(3) 渗析法纯化 $Fe(OH)_3$ 溶胶：将制得的 $Fe(OH)_3$ 溶胶置于火棉胶半透膜袋内，拴住袋口，置于 500 mL 烧杯中。在杯中加蒸馏水约 300 mL，约 15 min 换一次水，并取出少量水用 1% 的 $AgNO_3$ 和 KSCN 溶液分别检查 $Cl^-$ 和 $Fe^{3+}$，同时用 pH 试纸检验溶液的酸碱性，直至检查不出 $Cl^-$ 和 $Fe^{3+}$，至 pH＝6。记录纯化过程的现象，将纯化过的 $Fe(OH)_3$ 移置于干净的试剂瓶中放置老化。老化后的 $Fe(OH)_3$ 溶胶可供电泳实验使用。

制得的 $Fe(OH)_3$ 的结构式如下：

$$\{m[Fe(OH)_3]nFeO^+(n-x)Cl^-\}^{x+} \cdot xCl^-$$

(4) $Fe(OH)_3$ 溶胶电泳的定性观察和 $\zeta$ 电位的测定：

① 将 $Fe(OH)_3$ 溶胶慢慢加入电泳仪的中间管子，直至液面在电泳仪立管的 1/5

高度。在另一干净的 50 mL 烧杯中，用滴管吸取已配制好的 KCl 溶液，小心地从电泳仪两边立管贴管内壁慢慢加入，使 KCl 溶液与溶胶之间始终保持清晰界面，并使两边立管中的溶胶界面近似保持在同一水平面上。

② 将铂电极分别插入电泳仪两边立管溶液中约 1 cm 处，准确记录这时界面的刻度，然后接通电泳仪直流电源，使电压保持在 200 V 左右，20 min 后观察界面位置的变化，测量界面移动的距离，准确测量两极间距离。

(5) 实验结束后，洗干净制备半透膜的小烧杯和电泳管，放于烘箱中，以备下次使用。

**五、数据记录与处理**

(1) 记录外加电场的电压 $E$、两极间的距离 $L$(不是水平距离，而是 U 形管的导电距离)，从而计算出电位梯度 $H$。

(2) 记下 $Fe(OH)_3$ 胶体界面的高度随时间的变化，从而计算出电泳速率 $v$ ($cm \cdot s^{-1}$)。

(3) 查表得到液体的黏度 $\eta$、介电常数 $\varepsilon$，根据式(1)求算胶体的 $\zeta$ 电位。

**六、注意事项**

(1) 制备半透膜时，由于乙醚具有强挥发性，要打开所有的门窗和通风装置。

(2) 要使火棉胶中的乙醚完全挥发完再加水，如加水太早，半透膜成乳白色不能用；加水太迟，半透膜变干变脆也不能用。

(3) 加辅助的 KCl 溶液要小心，务必保持界面清晰。

(4) 由于电压超过 100 V，人不要触碰电极或让两极相碰。

**七、思考题**

(1) 电渗和电泳有什么异同?

(2) $Fe(OH)_3$ 溶胶是如何形成的? 结构如何?

(3) 用火棉胶制备的半透膜的作用是什么?

## 实验 20　黏度法测定水溶性聚合物的相对分子质量

**一、实验目的**

(1) 掌握用乌氏黏度计测定液体黏度的原理和方法。

(2) 测定聚乙二醇 6000 的平均相对分子质量。

**二、实验原理**

1. 几种黏度的含义

黏度是指液体对流动所表现的阻力，这种阻力反抗液体中相邻部分的相对移动，可看作液体内部的内摩擦。如果是稀的聚合物溶液，则溶液的黏度包括溶剂分子之间的内摩擦、聚合物分子之间的内摩擦，以及聚合物分子和溶剂分子之间的内摩擦三部分，三者之和表现为溶液总的黏度 $\eta$，单位为 Pa · s。其中，溶剂分子之间的内摩擦所表现的黏度用 $\eta_0$ 表示。

溶液的黏度与纯溶剂的黏度之比称为相对黏度：

$$\eta_r = \frac{\eta}{\eta_0} \tag{1}$$

溶液的黏度与纯溶剂的黏度之差与纯溶剂的黏度之比称为增比黏度：

$$\eta_{sp} = \frac{\eta - \eta_0}{\eta_0} \tag{2}$$

增比黏度表示扣除溶剂内摩擦效应的黏度：

$$\eta_{sp} = \frac{\eta}{\eta_0} - 1 = \eta_r - 1 \tag{3}$$

高分子溶液的增比黏度一般随浓度的增加而增加。为了便于比较，将单位浓度下所显示出的增比黏度称为比浓黏度 $\eta_{sp}/c$。$(\ln\eta_r)/c$ 则称为比浓对数黏度。

为消除聚合物分子之间的内摩擦效应，将溶液无限稀释，这时溶液所呈现的黏度行为基本上反映了聚合物分子与溶剂分子之间的内摩擦，这时的黏度称为特性黏度：

$$\lim_{c \to 0} \frac{\eta_{sp}}{c} = [\eta] \tag{4}$$

各黏度的名称和物理意义如表 1 所示。

**表 1　常用黏度术语的物理意义**

| 符号 | 名称 | 物理意义 |
|---|---|---|
| $\eta_0$ | 纯溶剂的黏度 | 溶剂分子之间的内摩擦表现出来的黏度 |
| $\eta$ | 溶液的黏度 | 溶剂之间、聚合物分子之间、聚合物分子与溶剂之间三者内摩擦的综合表现 |
| $\eta_r$ | 相对黏度 | $\eta_r = \eta/\eta_0$，溶液黏度与溶剂黏度的相对值 |
| $\eta_{sp}$ | 增比黏度 | $\eta_{sp} = (\eta - \eta_0)/\eta_0 = \eta/\eta_0 - 1 = \eta_r - 1$，反映了聚合物分子之间、溶剂与聚合物分子之间的摩擦效应 |
| $\eta_{sp}/c$ | 比浓黏度 | 单位浓度下所显示出的黏度 |
| $[\eta]$ | 特性黏度 | $\lim_{c \to 0} \frac{\eta_{sp}}{c} = [\eta]$，反映了聚合物分子与溶剂之间的内摩擦 |

2. 反推法测定相对分子质量($M$)

(1) 若求 $M$，则求$[\eta]$。

聚合物的特性黏度与浓度无关，在聚合物、溶剂、温度三者确定后，特性黏度的数

值只与聚合物的相对分子质量有关，它们之间的半经验关系式为

$$[\eta]=KM^{\alpha} \tag{5}$$

式中，$M$ 为聚合物的平均相对分子质量，$K$、$\alpha$ 为常数。聚乙二醇 6000 在 25 ℃时，$K=1.56\times10^{-1}\ \mathrm{kg^{-1}\cdot dm^{3}}$，$\alpha=0.5$。

(2) 若求$[\eta]$，则求 $\eta_r$。

增比黏度与特性黏度之间的经验关系式为

$$\frac{\eta_{sp}}{c}=[\eta]+k[\eta]^2\cdot c \tag{6}$$

而比浓对数黏度与特性黏度之间的关系也有类似的表述：

$$\frac{\ln\eta_r}{c}=[\eta]+\beta[\eta]^2\cdot c \tag{7}$$

以 $\eta_{sp}/c$-$c$ 或$(\ln\eta_r)/c$-$c$ 作图，外推到 $c\rightarrow0$ 的截距值即为$[\eta]$，两条线汇于一点，如图 1 所示。

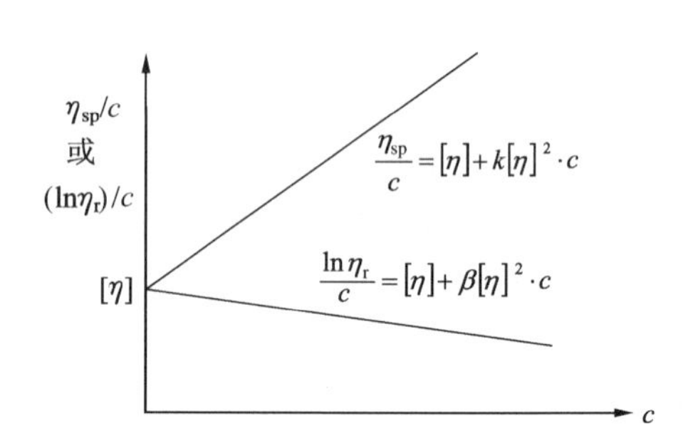


**图 1　外推法求特性黏度$[\eta]$**

(3) 若求 $\eta_r$，则测水和溶液在黏度计流经的时间 $t$。

可用毛细管黏度计分别测定溶液和溶剂在毛细管中的流出时间($t$ 和 $t_0$)，求算相对黏度 $\eta_r$：

$$\eta_r=\frac{\eta}{\eta_0}=\frac{t}{t_0} \tag{8}$$

**三、仪器与试剂**

(1) 仪器：超级恒温槽 1 台，电子天平 1 台，乌氏黏度计 1 支(图 2)，秒表 1 块，铁架台，容量瓶(50 mL)1 个，移液管(10 mL)1 支，烧杯(50 mL)1 个，3 号砂芯漏斗 2 个(过滤水和聚合物)，恒温瓶 2 个，洗耳球，洗瓶，搅拌棒。

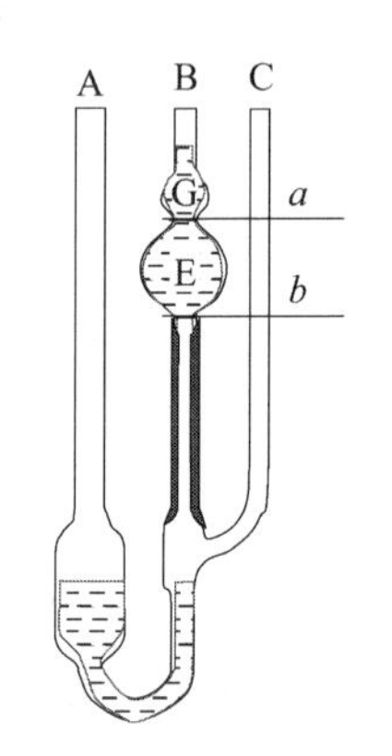


**图 2　乌氏黏度计**

(2) 试剂：聚乙二醇 6000 等。

**四、实验步骤**

1. 配制溶液

(1) 称取 1.2 g 聚乙二醇 6000 于 50 mL 烧杯中，加 30 mL 蒸馏水，溶解后于 50 mL 容量瓶中定容(溶解时可能要搅拌、加热，定容时与不起泡处相切)，然后用 3 号砂芯漏斗过滤至干燥的恒温瓶中。

(2) 另取蒸馏水 50 mL 过滤到恒温瓶中。将两恒温瓶接通恒温水浴，开启恒温水浴恒温于 25 ℃。

2. 测定溶液的流出时间

(1) 将预先干燥好的黏度计垂直置于恒温水浴中,使毛细管部位完全浸没在水中,固定好。

(2) 用移液管移取 10 mL 溶液至黏度计 A 管中,尽量不要让溶液粘在管壁上,等待恒温。

(3) 用手按住 C 管,再用洗耳球由 B 管上端将溶液经毛细管反复缓慢吸入 E 球和 G 球中,使混合均匀。松开洗耳球和手,让溶液依靠重力自由流下,当液面到达刻度线 $a$ 时,立刻按秒表开始计时,当液面下降到刻度线 $b$ 时,再按停秒表,记录溶液流经毛细管的时间 $t$,重复三次,每次相差不超过 1 s,求其平均值。

(4) 然后分别小心加入 2.0 mL、3.0 mL、5.0 mL 和 10.0 mL 蒸馏水,同法测定流出时间。同样每个数据平行测定三次,取平均值。

3. 溶剂流出时间的测定

将黏度计取出,倒去溶液,用已经恒温的蒸馏水洗涤黏度计,每次 2~3 mL,洗 5~6 次。注意要将各管均洗干净。装配好后加 10 mL 蒸馏水,同样测定流出时间。

4. 黏度计的洗涤

实验结束时,将用过的黏度计用 10 mL 无水乙醇淋洗后,倒置固定于铁架台上(三支管都要洗,手按住其中一管,荡洗),使其自然晾干,以备下组同学实验用。

**五、数据记录与处理**

(1) 将实验数据记录在表 2 中。

**表 2 根据测定的时间计算各种黏度值**

| $c/(g\cdot mL^{-1})$ | $t/s$ | $\eta_r$ | $\eta_{sp}$ | $\eta_{sp}/c$ | $(\ln\eta_r)/c$ |
|---|---|---|---|---|---|
| | | | | | |
| | | | | | |
| | | | | | |
| | | | | | |
| | | | | | |
| 溶剂 $H_2O$ | | | | | |

(2) 以 $\eta_{sp}/c$-$c$ 或 $(\ln\eta_r)/c$-$c$ 作图,外推到 $c\rightarrow0$ 的截距值即为$[\eta]$,两条线汇于一点。

(3) 由$[\eta]=KM^{\alpha}$ 求出聚乙二醇 6000 的平均相对分子质量。

### 六、注意事项

(1) 实验前不要洗涤黏度计，实验结束后用乙醇润洗，再倒置晾干，以便给下一组同学使用。

(2) 黏度计要尽量置于恒温水浴中，防止测定溶液的温度发生较大的波动。

(3) 在黏度计中吸取溶液进入毛细管的后期，不要将液体吸到洗耳球中。

(4) 加水稀释后，溶液需要混合均匀，将溶液吸入支管再放下几次，使之充分混匀。

### 七、思考题

(1) 聚合物在稀溶液中的黏度是它在流动过程所存在的内摩擦(溶剂分子与溶剂分子之间、聚合物分子与聚合物分子、聚合物分子与溶剂分子之间三种内摩擦)的反映。纯溶剂的黏度、相对黏度、增比黏度、特性黏度反映的分别是何种内摩擦?

(2) 乌氏黏度计由 A、B、C 三管相连而成，它们各起什么作用?

(3) 毛细管黏度计法测定所得到的直接结果是什么黏度?

(4) 在不断向黏度计内加水的过程中，溶液的浓度如何变化? 流出时间如何变化? 如果测定前黏度计未干燥，对测定结果可能有何影响?

### 八、拓展应用

乌氏黏度计不仅可以测聚乙二醇溶液的黏度，还适合于测定其他可溶性聚合物的黏度，如聚乙烯醇水溶液的黏度，从而算出黏均相对分子质量。

聚合物的相对分子质量具有如下特点：① 相对分子质量大，在 $10^4 \sim 10^7$ 范围内；② 相对分子质量具有多分散性，即成分相同、相对分子质量不等的多个高分子混合后，组成聚合物；③ 相对分子质量的分布曲线呈现正态分布。

在相对分子质量逐渐增加的过程中，物质从气态逐渐过渡到固态，强度或韧性增强，如纤维和薄膜。但黏度的增加又给加工带来困难。为兼顾使用性能和加工性能，需要控制相对分子质量。由于聚合物的相对分子质量对其溶解速度、黏度、反应性、机械性能等有着重要的影响，因此，测定各种聚合物的相对分子质量具有重要的意义。

目前最常用以测定数均或重均相对分子质量的方法是采用凝胶色谱法(GPC)。GPC 的核心部件是一根装有多孔性载体的色谱柱，孔的内径不等，如图 3 所示。测定的原理是利用体积排除效应，先将试样溶液注入柱子中，再用溶剂以恒定的流速淋洗柱子，尺寸小的分子先被洗提出来，尺寸大的分子较晚被洗提出来，分子尺寸按从大到小的次序进行分离。得到的谱图是保留时间(淋洗体积)与聚合物相对浓度的曲线，如图 4 所示。

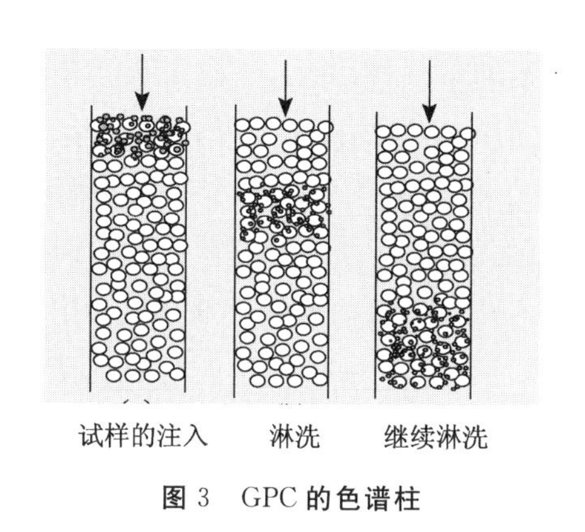


图 3　GPC 的色谱柱

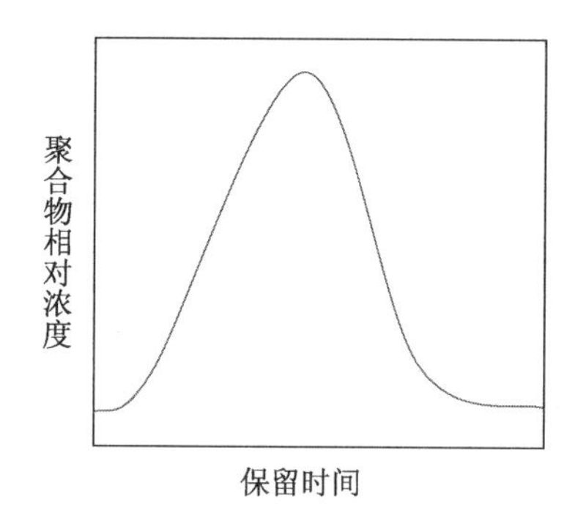


图 4　聚苯乙烯/四氢呋喃溶液的 GPC 谱图

# 实验 21　电导法测定表面活性剂的临界胶束浓度

## 一、实验目的

(1) 用电导法测定十二烷基硫酸钠的临界胶束浓度。

(2) 了解表面活性剂的特性及胶束形成原理。

(3) 掌握电导率仪的使用方法。

## 二、实验原理

表面活性剂是具有明显“两亲”性质的分子，即分子中既含有亲油的足够长(大于10～12 个碳原子)的非极性烃基，又含有亲水的极性基团(通常是离子化的)。若按离子的类型分类，表面活性剂可分为三大类：① 阴离子型表面活性剂，如羧酸盐(肥皂，$C_{17}H_{35}COONa$)、烷基硫酸盐[十二烷基硫酸钠，$CH_3(CH_2)_{11}SO_4Na$]、烷基磺酸盐[十二烷基苯磺酸钠，$CH_3(CH_2)_{11}C_6H_5SO_3Na$]等；② 阳离子型表面活性剂，主要是胺盐，如十二烷基二甲基叔胺[$RN(CH_3)_2HCl$]和十二烷基三甲基氯化胺[$RN(CH_3)_3Cl$]；③ 非离子型表面活性剂，如聚氧乙烯类[$R—O—(CH_2CH_2O)_nH$]。

表面活性剂溶于水后，在低浓度时呈分子状态，并且三三两两地把亲油基团聚拢而分散在水中。当溶液浓度增大到一定程度时，许多表面活性剂分子立刻结合成很大的集团，形成“胶束”。以胶束形式存在于水中的表面活性剂是比较稳定的。表面活性物质在水中形成胶束所需的最低浓度称为临界胶束浓度，以 CMC(Critical Micelle Concentration)表示。在 CMC 点上，由于溶液的结构改变导致其物理及化学性质(如表面张力、电导率、渗透压、浊度、光学性质等)与浓度的关系曲线出现明显的转折。这个现象是测定 CMC 的实验依据，也是表面活性剂的一个重要特征。这个特征行为可用生成分子聚集体或胶束来说明：当表面活性剂溶于水后，不但定向地吸附在溶液表面，而且达到一定浓度时还会在溶液中发生定向排列而形成胶束。表面活性剂为了使自己成为溶液中的稳定分子，有可能采取的两种途径：一是把亲水基留在水中，亲油基伸向油相或空气；二是让表面活性剂的亲油基团相互靠在一起，以减少亲油基与水的接触面积。前者使表面活性剂分子吸附在界面上，其结果是降低界面张力，形成定向排列的单分子膜；后者就形成了胶束。由于胶束的亲水基方向朝外，与水分子相互吸引，使表面活性剂能稳定溶于水中。随着表面活性剂在溶液中浓度的增加，球形胶束可能转变成棒形胶束，以至层状胶束。层状胶束可用来制作液晶，它具有各向异性的性质。

本实验利用 DDSJ-308A 电导率仪测定不同浓度的十二烷基硫酸钠水溶液的电导率（或摩尔电导率），并作电导率（或摩尔电导率）与浓度的关系图，从图中的转折点即可求得 CMC。

**三、仪器与试剂**

(1) 仪器：DDSJ-308A 电导率仪 1 台，DJS-1C 电导电极 1 支，恒温水浴 1 套，100 mL 容量瓶 12 个，1 000 mL 容量瓶 1 个，恒温瓶 1 个。

(2) 试剂：0.01 $mol \cdot L^{-1}$ 氯化钾溶液、0.04 $mol \cdot L^{-1}$ 十二烷基硫酸钠溶液、电导水。

**四、实验步骤**

(1) 调节恒温水浴温度至 25 ℃或其他合适温度。

(2) 电导率仪预热 20～30 min 后用 0.01 $mol \cdot L^{-1}$ 的氯化钾标准溶液标定电导池常数。

(3) 洗净电导池和电极，注入 50 mL 电导水，恒温 5～10 min，测定电导率，以校正电导水对溶液电导率的影响，重复三次，取平均值。

(4) 将 0.04 $mol \cdot L^{-1}$ 的十二烷基硫酸钠溶液准确稀释至浓度分别为 0.002～0.02 $mol \cdot L^{-1}$ 的溶液，用电导率仪由稀到浓分别测定各溶液的电导率。用后一种溶液荡洗盛有前一种溶液的电导池，恒温后重复测定三次，取平均值。列表记录各溶液对应的电导率，换算成摩尔电导率。

(5) 实验结束后，关闭电源，清洗电导池和电极。

**五、数据记录与处理**

(1) 将实验测得的水的电导率记于表 1。

**表 1　水的电导率**

| 实验数据 | 第 1 次 | 第 2 次 | 第 3 次 | 平均值 |
| --- | --- | --- | --- | --- |
| $\kappa_{水}$ | | | | |

(2) 将不同浓度十二烷基硫酸钠溶液的电导率记于表 2。

**表 2　不同浓度十二烷基硫酸钠溶液的电导率**

| $c/(\mathrm{mol\cdot L^{-1}})$ | $\kappa/(\mathrm{S\cdot m^{-1}})$ | | | $\kappa_{平均}/(\mathrm{S\cdot m^{-1}})$ | $\kappa_{平均}-\kappa_{水}/(\mathrm{S\cdot m^{-1}})$ | $\Lambda_m/(\mathrm{S\cdot m^2\cdot mol^{-1}})$ |
|---|---|---|---|---|---|---|
| | 第 1 次 | 第 2 次 | 第 3 次 | | | |
| 0.002 | | | | | | |
| 0.004 | | | | | | |
| 0.006 | | | | | | |
| 0.007 | | | | | | |
| 0.008 | | | | | | |
| 0.009 | | | | | | |
| 0.010 | | | | | | |
| 0.012 | | | | | | |
| 0.014 | | | | | | |
| 0.016 | | | | | | |
| 0.018 | | | | | | |
| 0.02 | | | | | | |

(3) 以 $\Lambda_m$ 对 $c$ 作图，确定 CMC 值。

## 六、注意事项

(1) 电极不使用时应浸泡在蒸馏水中，用时用滤纸轻轻沾干水分，不可用纸擦拭电极上的铂黑(以免影响电导池常数)。

(2) 配制溶液时，由于有泡沫，应保证表面活性剂完全溶解，否则影响浓度准确性。

(3) CMC 值有一定的范围。

## 七、思考题

(1) 若要知道所测得的临界胶束浓度是否准确，可用什么实验方法验证？

(2) 溶解的表面活性剂分子与胶束之间的平衡同温度和浓度有关，其关系式可表示为 $\mathrm{d}\ln c_{\mathrm{CMC}}/\mathrm{d}T=-\Delta H/(2RT^2)$。试问如何测出其热效应 $\Delta H$ 值？

(3) 非离子型表面活性剂能否用本实验方法测定临界胶束浓度？为什么？若不能，可用何种方法测定？

(4) 试说出电导法测定临界胶束浓度的原理。

(5) 实验中影响临界胶束浓度的因素有哪些？

## 八、仪器介绍

DDSJ-308A 型电导率仪的介绍见实验 9 的“仪器介绍”部分。

## 九、拓展应用

表面活性剂的渗透、润湿、乳化、去污、分散、增溶和起泡作用等基本原理广泛应用于石油、煤炭、机械、化工、冶金材料及轻工业、农业生产中。研究表面活性剂溶液的物理化学性质——表面性质(吸附)和内部性质(胶束形成)有着重要的意义。而 CMC 可以作为表面活性剂表面活性的一种量度。CMC 越小,表示这种表面活性剂形成胶束所需浓度越低,达到表面饱和吸附的浓度越低,因而改变表面性质起到润湿、乳化、增溶和起泡等作用所需的浓度越低。另外,CMC 又是表面活性剂溶液性质发生显著变化的一个“分水岭”。因此,表面活性剂的大量研究工作都与各种体系中的 CMC 测定有关。

测定 CMC 的方法很多,常用的有表面张力法、电导法、染料法、增溶作用法和光散射法等。这些方法原则上都是从溶液的物理化学性质随浓度变化关系出发求得的。其中表面张力法和电导法比较简便准确。表面张力法除了可求得 CMC 之外,还可以求出表面吸附等温线。表面张力法无论对于高表面活性还是低表面活性的表面活性剂,其 CMC 的测定都具有相似的灵敏度。此法不受无机盐的干扰,也适合非离子型表面活性剂。电导法是经典方法,简便可靠,但只限于离子型表面活性剂。此法对于有较高活性的表面活性剂准确性高,但过量无机盐存在会降低测定灵敏度,因此配制溶液应该用电导水。

## 十、参考文献

[1] 复旦大学. 物理化学实验[M]. 3 版. 北京:高等教育出版社,2004.

[2] 孙尔康,张剑荣,刘勇健,等. 物理化学实验[M]. 南京:南京大学出版社,2009.

[3] 冯霞,朱莉娜,朱荣娇. 物理化学实验[M]. 北京:高等教育出版社,2015.

[4] 傅献彩,沈文霞,姚天扬,等. 物理化学(下册)[M]. 5 版. 北京:高等教育出版社,2006.

# 实验 22 偶极矩的测定

## 一、实验目的

(1) 了解偶极矩与分子极性的关系。

(2) 掌握溶液法测定分子偶极矩的原理和方法。

(3) 测定有机液体乙酸乙酯的分子偶极矩。

## 二、实验原理

1. 偶极矩与极化度

分子结构中电子云的分布造成正、负电荷中心可能重合，也可能不重合，分别称为极性分子和非极性分子。

德拜提出，以偶极矩 $\mu$ 来衡量分子极性的大小，偶极矩的大小为正、负电荷所带电荷量 $q$ 与正、负电荷中心距离 $d$ 的乘积，即 $\mu = q \cdot d$。它的大小反映了分子结构中电子云的分布和分子对称性等情况，还可以用它来判断几何异构体和分子的立体结构。如反式结构的对称性比顺式结构的对称性大，偶极矩就比较小。

极性分子具有永久偶极矩，但由于分子的热运动，偶极矩的统计值等于零。如将极性分子置于均匀电场中，则偶极矩在电场的作用下趋向于电场方向排列，称分子被极化。极化程度用摩尔转向极化度 $P_{转向}$ 来衡量。它的大小与永久偶极矩的平方成正比，与热力学温度 $T$ 成反比：

$$P_{转向} = \frac{4}{3}\pi L \frac{\mu^2}{3kT} \tag{1}$$

其中，$L$ 为阿伏加德罗数，$k$ 为玻耳兹曼常数。

在外电场作用下，分子中的电子云会发生相对移动，分子骨架也会变形，这种情况称为诱导极化或变形极化，用摩尔诱导极化度 $P_{诱导}$ 来衡量。它分为摩尔电子极化度和摩尔原子极化度两部分，大小与外电场强度成正比，而与温度无关。

$$P_{诱导} = P_{电子} + P_{原子} \tag{2}$$

对于交变电场，分子极化情况与交变电场的频率有关。当交变电场频率较低时，极性分子的摩尔极化度 $P$ 为摩尔转向极化度、摩尔电子极化度、摩尔原子极化度的总和。

$$P = P_{转向} + P_{电子} + P_{原子} \tag{3}$$

当交变电场频率达到 $10^{12} \sim 10^{14}\ s^{-1}$（红外线频率）时，极性分子来不及沿电场定向，则 $P_{转向} = 0$。此时摩尔极化度等于摩尔诱导极化度。

当交变电场频率达到 $10^{15}\ s^{-1}$（可见、紫外光频率）时，分子的转向和分子骨架变形都跟不上电场的变化，此时的摩尔极化度等于摩尔电子极化度。

测定出极性分子的摩尔极化度，再测出它的摩尔诱导极化度，相减后忽略摩尔原子极化度，可得到摩尔转向极化度，就可以求出分子的偶极矩了。

2. 极化度的测定

摩尔极化度与介电常数 $\varepsilon$ 有关：

$$P = \frac{\varepsilon - 1}{\varepsilon + 2} \cdot \frac{M}{\rho} \tag{4}$$

式中，$M$ 为物质的摩尔质量，$\rho$ 为物质的密度。但这个关系式是假定分子间无相互作用时推导而得的，必须使物质处于气相才适用，而这是比较困难的，因为气相中的介电常数与真空中的介电常数相差太小，测定的误差太大。为此，提出了溶液法，在无限稀释的非极性溶剂溶液中，溶质分子处于类似于在气相中的状态，因此，无限稀释溶液中溶质的摩尔极化度可看成式(4)中的 $P$。

在稀溶液中：

$$\varepsilon_{溶}=\varepsilon_1(1+\alpha x_2) \tag{5}$$

$$\rho_{溶}=\rho_1(1+\beta x_2) \tag{6}$$

式中，$\varepsilon_{溶}$、$\rho_{溶}$ 分别为溶液的介电常数和密度，$\varepsilon_1$、$\rho_1$ 分别为溶剂的介电常数和密度，$x_2$ 为溶质的摩尔分数，$\alpha$、$\beta$ 为常数。由此可推出无限稀释时溶质摩尔极化度的公式：

$$P=P_2^{\infty}=\lim_{x_2\to 0}P_2=\frac{3\alpha\varepsilon_1}{(\varepsilon_1+2)^2}\cdot\frac{M_1}{\rho_1}+\frac{\varepsilon_1-1}{\varepsilon_1+2}\cdot\frac{M_2-\beta M_1}{\rho_1} \tag{7}$$

式中，$M_1$、$M_2$ 分别为溶剂和溶质的摩尔质量。

在红外频率条件下可测量摩尔诱导极化度，但实验条件不太容易做到，可以在高频电场下测定极性分子的摩尔电子极化度而忽略摩尔原子极化度。

根据光电理论，同频率高频电场作用下，透明物质的介电常数等于折射率 $n$ 的平方，即

$$\varepsilon=n^2 \tag{8}$$

因此，如果用摩尔折射度 $R_2$ 来表示高频区测得的极化度，则

$$R_2=P_{电子}=\frac{n^2-1}{n^2+2}\cdot\frac{M}{\rho} \tag{9}$$

在稀溶液中，溶液的折射率 $n_{溶}$ 与溶质的摩尔分数有关：

$$n_{溶}=n_1(1+\gamma x_2) \tag{10}$$

式中，$n_1$ 为溶剂的折射率，$\gamma$ 为常数。

可以推得无限稀释时溶质的摩尔折射度公式为

$$P_{电子}=R_2^{\infty}=\lim_{x_2\to 0}R_2=\frac{n_1^2-1}{n_1^2+2}\cdot\frac{M_2-\beta M_1}{\rho_1}+\frac{6n_1^2 M_1\gamma}{(n_1^2+2)^2\rho_1} \tag{11}$$

3. 偶极矩的测定

考虑到摩尔原子极化度只有摩尔电子极化度的 5%～10%，而摩尔转向极化度比摩尔电子极化度大得多，因此常忽略摩尔原子极化度，即

$$P_{转向}=P-P_{电子} \tag{12}$$

而

$$P_{转向}=P_2^{\infty}-R_2^{\infty}=\frac{4}{9}\pi L\frac{\mu^2}{kT} \tag{13}$$

由式(7)、式(11)及式(13)可知,物质的微观性质偶极矩可与它的宏观性质介电常数、密度、折射率联系起来。进一步简化后,可用式(14)计算偶极矩:

$$\mu=0.042\ 74\times10^{-30}\sqrt{(P_2^{\infty}-R_2^{\infty})T} \tag{14}$$

这种测定方法称为溶液法。由于极性溶质分子与非极性溶剂分子之间存在相互作用,所测得的值与实际值有一定的偏差,称为溶剂效应。

4. 介电常数的测定

在平板电容器两极板之间加入一定的介质,则电容量会发生变化,发生这种变化的原因是介质分子在电场中定向排列(极化)而使得两端所加的电压与存储的电荷之间的关系发生变化。

本实验通过测定电容池中充以空气状态和充以样品状态的电容值来计算样品的介电常数。对电容池和测试系统来说,有一个本底值 $C_d$(分布式电容)与测定值相关联,在测定时要加以扣除:

$$C'_{标}=C_{标}+C_d \tag{15}$$

$$C'_{空}=C_{空}+C_d \tag{16}$$

$$C_{空}\approx C_0 \tag{17}$$

$$\varepsilon_{标}=\frac{C_{标}}{C_0}=\frac{C'_{标}-C_d}{C'_{空}-C_d} \tag{18}$$

$$C_d=\frac{\varepsilon_{标}\cdot C'_{空}-C'_{标}}{\varepsilon_{标}-1} \tag{19}$$

式中,$C'_{标}$ 和 $C'_{空}$ 分别为充以标准样品和空气时的电容测量值,$C_{标}$ 和 $C_{空}$ 分别为扣除本底值的标准样品和空气的电容值,$C_0$ 为电容池两极间为真空时的电容,$\varepsilon_{标}$ 为标准物质的介电常数。

## 三、仪器与试剂

(1) 仪器:PGM-Ⅱ型数字小电容测试仪(小电容池)、阿贝折射仪、容量瓶、干燥箱、电吹风、四氯化碳滴瓶、乙酸乙酯滴瓶、四氯化碳回收瓶、比重瓶、吸取各溶液的滴管等。

(2) 试剂:乙酸乙酯、四氯化碳等。

## 四、实验步骤

1. 溶液配制

配制四种不同浓度的乙酸乙酯的四氯化碳溶液,乙酸乙酯的摩尔分数分别约为0.05、0.10、0.15、0.20。从体积上计,摩尔分数约等于体积分数。因此,配 20 mL 溶液,取 1 mL、2 mL、3 mL、4 mL 乙酸乙酯加入 19 mL、18 mL、17 mL、16 mL 四氯化碳中,可配得摩尔分数约为上述数值的溶液(具体的摩尔分数 $x_2$ 值需重新精确计算)。

操作时要防止溶质和溶剂的挥发，并防止吸收水汽。

2. 折射率的测定

测定纯四氯化碳及各乙酸乙酯-四氯化碳溶液的折射率，测定时加样三次，每次读取三个数据，取平均值。注意应在 25 ℃恒温条件下进行测量。

3. 介电常数的测定

(1) 电容值 $C'_{空}$ 和 $C'_{标}$ 的测定。

用电吹风将电容池两极间吹干，旋上金属盖，在室温条件下测定电容值 $C'_{空}$。用滴管将纯四氯化碳加入电容池，使液面超过两电极，盖上塑料塞以防液体挥发，在室温下测定电容值 $C'_{标}$。倾去四氯化碳，重新装样再次测量电容值，取两次测量的平均值。

作为标准物质的四氯化碳，其介电常数的温度公式为

$$\varepsilon_{标}=2.238-0.0020(t-20) \tag{20}$$

(2) 溶液电容值的测定。

测定方法同纯四氯化碳，在每次测定前要用电吹风将电容池两极间吹干，并测量以空气为介质时的电容值 $C'_{空}$。只有当残余液已经除净，电容值与 $C'_{空}$ 相等时方可测定下一种溶液。每种溶液应重复测量两次，数据的差值应小于 0.05 pF，否则要复测。注意：为了防止溶液挥发而使浓度改变，加样要迅速，加样后要塞紧塑料盖。

在室温条件下测定乙酸乙酯时，可用式(21)对温度进行校正：

$$\varepsilon=6.02-0.015(t-25) \tag{21}$$

4. 溶液密度的测定

将比重瓶及瓶塞洗净后，装满蒸馏水，盖上瓶塞，置于 25 ℃的恒温槽中恒温 10 min，取出用滤纸擦干外壁，称取其质量。根据水的密度计算比重瓶的真实体积。

倒去比重瓶中的水，用少量无水乙醇荡洗比重瓶，再用待测液荡洗，然后加满待测液，在 25 ℃下恒温 10 min，取出擦干外壁后称取质量，根据体积求算溶液密度。

## 五、数据记录与处理

1. 数据记录

将实验数据记于表 1～表 4。

**表 1　溶液的配剂**

| 乙酸乙酯的摩尔分数 | 0.05 | 0.10 | 0.15 | 0.20 |
|---|---|---|---|---|
| 空瓶质量/g | | | | |
| 加四氯化碳后质量/g | | | | |
| 加乙酸乙酯后质量/g | | | | |
| 准确计算 $x_2$ | | | | |

表 2　折射率的测定

| 物质 | 四氯化碳 | 乙酸乙酯的摩尔分数 | | | |
|---|---|---|---|---|---|
| | | 0.05 | 0.10 | 0.15 | 0.20 |
| 折射率的测定值 | | | | | |
| | | | | | |
| | | | | | |
| $n_{溶}$ | | | | | |

表 3　电容的测定

| 物质 | 空池 | 四氯化碳 | 乙酸乙酯的摩尔分数 | | | |
|---|---|---|---|---|---|---|
| | | | 0.05 | 0.10 | 0.15 | 0.20 |
| 电容的测定值 | | | | | | |
| | | | | | | |
| $\varepsilon_{溶}$ | | | | | | |

表 4　密度的测定

| 乙酸乙酯的摩尔分数 | 0.05 | 0.10 | 0.15 | 0.20 |
|---|---|---|---|---|
| 空瓶的质量/g | | | | |
| 加水的质量/g | | | | |
| 加四氯化碳的质量/g | | | | |
| $\rho_{溶}$ | | | | |

2. 数据处理

(1) 按溶液配制的实测质量计算四种溶液的实际浓度 $x_2$。

(2) 根据测定结果计算 $C_0$、$C_d$ 和各溶液的 $C_{溶}$ 值，并以此求算各溶液的介电常数 $\varepsilon_{溶}$，作 $\varepsilon_{溶}-x_2$ 图，由直线斜率求算 $\alpha$ 值。

(3) 计算纯四氯化碳及各溶液的密度，作 $\rho-x_2$ 图，由直线斜率求算 $\beta$ 值。

(4) 作 $n_{溶}-x_2$ 图，由直线斜率求算 $\gamma$ 值。

(5) 由 $\rho_2$、$\varepsilon_1$、$\alpha$ 和 $\beta$ 计算 $P_2^{\infty}$。

(6) 由 $\rho_1$、$n_1$、$\beta$ 和 $\gamma$ 计算 $R_2^{\infty}$。

(7) 由 $P_2^{\infty}$、$R_2^{\infty}$ 计算乙酸乙酯分子的偶极矩 $\mu$ 值。

**六、注意事项**

(1) 溶液的浓度应该满足稀溶液的条件，本实验中控制乙酸乙酯的摩尔分数为 0.05、0.10、0.15、0.20。

(2) 配制溶液时动作应迅速，以免因挥发而影响浓度。

(3) 本实验溶液中为防止含有水分，所配制溶液的器具需干燥，溶液应透明而不浑浊。

(4) 电容池每个部件的连接应注意绝缘,正确使用电容仪测定空气和溶液的电容。严禁用热风吹样品室。

**七、思考题**

(1) 分析本实验误差的主要来源,如何改进?

(2) 本实验中,为什么要将被测的极性物质溶于非极性的溶剂中配成稀溶液?

**八、仪器介绍**

小电容测试仪如图1所示。

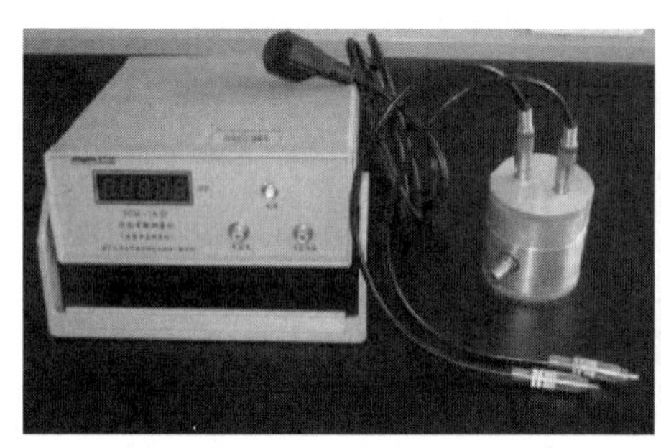

图1 小电容测试仪

小电容测试仪使用和维护注意事项:

(1) 测量空气介质电容或液体介质电容时,须首先拔下电容池外电极C1插座一端的测试线,再进行采零操作,以清除系统的零位漂移,保证测量的准确度。

(2) 带电电容请勿在测试仪上进行测试,以免损坏仪表。

(3) 对易挥发的液体介质进行测试时,加入液体介质后,必须将盖子盖紧,以防液体挥发影响测试的准确度。

(4) 仪表应放置在干燥、通风及无腐蚀性气体的场所。

(5) 一般情况下,尽量不要拆卸电容池,以免因拆卸时不慎损坏密封件,造成漏气(液),从而影响实验的顺利进行。

**九、拓展应用**

(1) 从偶极矩的数据可以了解分子的对称性,判别其几何异构体和分子的主体结构等。偶极矩一般是通过测定介电常数、密度、折射率和浓度来求算的。对介电常数的测定,除电桥法外,还有拍频法和谐振法等。溶液法测得的溶质偶极矩和气相中测得的真空值之间存在偏差,造成这种偏差现象的主要原因是在溶液中存在溶质分子与溶剂分子以及溶剂分子与溶剂分子间作用的溶剂效应。

(2) 两个相距很近的等量异号点电荷组成的系统称为电偶极子。电偶极子在外电场中受力矩作用而旋转,使其电偶极矩转向外电场方向。有一类电介质分子的正、负电荷中心不重合，形成电偶极子，称为极性分子；另一类电介质分子的正、负电荷中心重合，称为非极性分子，但在外电场作用下会相对位移，也形成电偶极子。在电介质物理学和原子物理学中，电偶极子是很重要的模型，其应用有偶极子天线等。

铁电体是在居里温度以下电偶极子自发排列形成电畴，并可以随外加电场而使自发极化反向的一种材料。有极轴且无对称中心是铁电体的必要条件，因此，居里温度以下的铁电体必然也具有压电性。铁电材料对电信号表现出高介电常数，对温度改变表现出大的热释电响应，在应力或声波作用下具有强的压电效应和声光效应，在强电场作用下具有显著的电光效应。另外，铁电材料在强光辐照下，电子被激发引起自发极化的变化，从而出现许多新的现象，如光折变效应等。铁电材料具有优良的铁电、介电、热释电及压电等特性，在铁电存储器、红外探测器、声表面波和集成光电器件等固态器件方面有着非常重要的应用。

**十、参考文献**

[1] 朱方，陈建梅，罗士平，等. 偶极矩的测定实验中剩余液的回用[J]. 广西轻工业，2007，23(11)：28-29.

[2] 刘先昆，张骏，潘虹兵，等. 偶极矩测定实验中介电常数的锁定测量法[J]. 实验技术与管理，2002，19(1)：75-77.

[3] 王亚琴，吴世彪，徐玲，等. "偶极矩的测定"实验教学中的几点思考与改进[J]. 合肥师范学院学报，2011，29(3)：80-81.

# 实验 23　配合物磁化率的测定

**一、实验目的**

(1) 掌握古埃(Gouy)法测定物质磁化率的基本原理和实验方法。

(2) 通过对一些配合物磁化率的测定，推算其不成对电子数，判断这些分子的配位键类型。

**二、实验原理**

1. 磁介质的磁化及分类

由于物质的分子(或原子)中存在着运动的电荷，所以当物质放到磁场中时，其中运动的电荷受到磁力的作用而使物质处于一种特殊的状态中，这种现象叫作磁化。磁化后的物质反过来又对磁场产生影响，我们称这种能影响磁场的物质为磁介质。实验表明，不同的物质对磁场的影响差异很大。假设没有磁介质时磁场的磁感应强度为 $B_0$，放入磁介质后，介质磁化产生附加磁感应强度 $B'$。根据 $B_0$ 和 $B'$ 关系的不同，可将磁介质分为顺磁、抗磁和铁磁三类(表 1)。

**表 1　磁介质分类**

| 磁性介质 | | $B'$ | $B$ |
|---|---|---|---|
| 弱磁性 | 顺磁 | $B'$与$B_0$同向 | $B>B_0$ |
| | 抗磁 | $B'$与$B_0$反向 | $B<B_0$ |
| 强磁性 | 铁磁 | $B'$与$B_0$同向 | $B\gg B_0$ |

2. 磁介质的磁化

各类物质磁性的差异可以由它们分子电结构的不同而得以解释。任何物质的分子中，每个电子都在做环绕原子核的轨道运动，它们都可看成是一个很小的圆形电流，具有一定的磁矩，电子本身还自旋，自旋也有磁矩，它们都要产生磁效应。如果把分子作为一个整体，每个分子中各个电子对外界产生的磁效应的总和可以用一个等效的圆电流来表示，称为分子电流，这些分子电流所具有的磁矩称为分子磁矩 $\mu_m$。

原子核也有磁矩，它是质子在核内的轨道运动以及质子和中子的自旋运动所产生的磁效应，但是它比电子的磁矩差不多要小三个数量级，在计算分子或原子的总磁矩时，核磁矩的影响可以忽略。外磁场对磁介质的作用如下：

(1) 分子电流在磁场中受到力矩的作用，使分子磁矩 $\mu_m$ 在一定程度上克服热运动而转向与磁场一致的方向，分子电流产生一个与外磁场 $B_0$ 方向一致的附加磁场 $B'$，如图 1 所示。

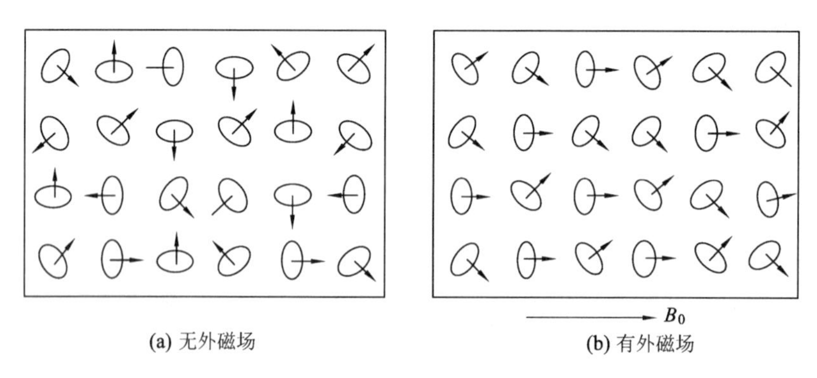


(a) 无外磁场　　(b) 有外磁场

**图 1　分子电流**

(2) 磁场 $B_0$ 还会引起分子磁矩的变化，在分子上产生附加磁矩 $\Delta\mu_m$。当加上外加磁场 $B_0$ 时，分子中电子环绕原子核的轨道运动的转动速度改变，但轨道半径保持不变。当电子原有磁矩 $\mu_m$ 与 $B_0$ 方向一致时，$B_0$ 对运动电子的磁场力 $f$ 沿着轨道半径指向外，使电子所受的向心力减小，电子的转动速度 $v$ 减慢，电子磁矩减小，相当于在与 $B_0$ 相反的方向上产生了一个附加磁矩 $\Delta\mu_m$，如图 2(a)所示。当电子原有磁矩 $\mu_m$ 与 $B_0$ 方向相反时，$B_0$ 对运动电子的磁场力 $f$ 沿着轨道半径指向圆心，使电子所受的向心力增加，电子的转动速度 $v$ 增加，电子磁矩增加，相当于在与 $B_0$ 相反的方向上产生了一个附加磁矩 $\Delta\mu_m$ 如图 2(b)所示。

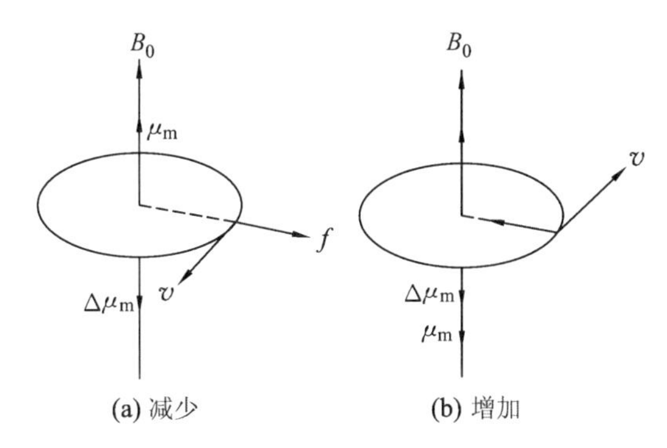


**图 2　转动电子所受的磁力使向心力减小或增加**

3. 弱磁质的磁化机理

介质的磁化实质是分子磁矩的取向和外磁场作用下产生磁矩的结果。

(1) 顺磁质：

磁矩$\begin{cases}\text{分子磁矩 } \mu_m \\ \text{附加磁矩 } \Delta\mu_m\end{cases}$ $(\Delta\mu_m \ll \mu_m) \rightarrow$ 磁矩 $= \mu_m$

无外磁场：分子的热运动 $\rightarrow \Sigma\mu_m = 0 \rightarrow$ 对外场不显磁性。

有外磁场：外磁场的作用 $\rightarrow \Sigma\mu_m \neq 0 \rightarrow$ 磁矩将转向外磁场的方向。

(2) 抗磁质：

磁矩$\begin{cases}\text{分子磁矩 } \mu_m \\ \text{附加磁矩 } \Delta\mu_m\end{cases}$ $(\mu_m = 0) \rightarrow$ 磁矩 $= \Delta\mu_m$

4. 描述磁化的物理量及其相互关系

为了定量地表述物质的宏观磁性或介质的磁化程度，引入了宏观物理量——磁化强度 $M$。磁化强度 $M$ 是单位体积内分子磁矩的矢量和。顺磁质磁化后，$M$ 的方向与该处磁场的磁感应强度 $B$ 一致。抗磁质磁化后，$M$ 的方向与该处磁场的磁感应强度 $B$ 相反。磁场强度 $H$ 的作用总是相互的，磁场对磁介质有磁化作用，反过来被磁化后的磁介质也将影响原来的磁场分布。$B$、$M$、$H$ 的关系如下：

$$B = \mu_0 H + \mu_0 M \tag{1}$$

式中，$\mu_0 = 4\pi \times 10^{-7}\ \mathrm{T \cdot m \cdot A^{-1}}$，称为真空磁导率。

$$M = \chi H \tag{2}$$

$$\chi_m = \frac{\chi}{\rho}(\mathrm{m^3 \cdot kg^{-1}}) \tag{3}$$

$$\chi_M = M \cdot \chi_m = \frac{M\chi}{\rho}(\mathrm{m^3 \cdot mol^{-1}}) \tag{4}$$

式中，$\chi$ 为体积磁化率，$\chi_m$ 为质量磁化率，$\chi_M$ 为摩尔磁化率，$\rho$ 为密度。

(1) $\chi_M$ 与物质磁性的关系：

对于顺磁性物质(电子自旋未配对的原子或分子)：

$$\chi_M > 0, \chi_M = \chi_\mu + \chi_0 \approx \chi_\mu \quad (\chi_\mu \gg \chi_0) \tag{5}$$

式中，$\chi_\mu$ 为电子自旋未配对的原子或分子的顺磁摩尔磁化率，$\chi_0$ 为电子环绕原子核轨道运动产生的抗磁摩尔磁化率。

对于抗磁性物质(电子自旋已配对的原子或分子)：

$$\chi_M < 0, \chi_M = \chi_0 \tag{6}$$

(2) 顺磁摩尔磁化率 $\chi_\mu$ 和分子磁矩 $\mu_m$ 的关系：

$$\chi_\mu = \frac{L\mu_m^2\mu_0}{3kT} \tag{7}$$

式中，$L$ 为阿伏加德罗常数，$k$ 为玻耳兹曼常数，$T$ 为绝对温度，$\mu_0$ 为真空磁导率。由于 $\chi_M = \chi_\mu$，因此

$$\chi_M = \frac{L\mu_m^2\mu_0}{3kT} \tag{8}$$

该式将物质的宏观磁性质 $\chi_M$ 和其微观性质 $\mu_m$ 联系起来。因此只要实验测得 $\chi_M$，代入上式就可算出分子磁矩。

5. 物质的分子磁矩 $\mu_m$ 与分子结构的关系

电子有两个自旋状态，如果原子、分子或离子中有两个自旋状态的电子数不相等，则该物质在外磁场中就呈现顺磁性。这是由于每一个轨道上成对电子自旋所产生的磁矩是相互抵消的，所以只有存在尚未成对电子的物质才具有分子磁矩，它在外磁场中表现出顺磁性。

物质的分子磁矩 $\mu_m$ 和它所包含的未成对电子数 $n$ 的关系可用下式表示：

$$\mu_m = \mu_B[n(n+2)]^{1/2} \tag{9}$$

式中，$\mu_B$ 称为玻尔磁子(单个自由电子自旋所产生的磁矩)。

$$\mu_B = \frac{eh}{4\pi m_e} = 9.274 \times 10^{-24}\ \text{A} \cdot \text{m}^{-2} \tag{10}$$

由实验测定 $\chi_M$，代入式(8)求出 $\mu_m$，再代入式(9)求出未成对电子数 $n$。

根据未成对电子数判断配合物分子的配键类型：

(1) 电价配合物：中央离子电子结构不受配体的影响(电价配位键)，有较多的自旋平行电子，是高自旋配合物。

(2) 共价配合物：中央离子发生电子重排(共价配位键)，自旋平行的电子相对减少，是低自旋配合物。

$$F=\frac{1}{2}\kappa H^2 A \tag{12}$$

当样品受到磁场的作用力时，在天平的另一臂上加减砝码使之平衡，设 $\Delta W$ 为施加磁场前后的质量差，则

$$F=\frac{1}{2}\kappa H^2 A=g\Delta W \tag{13}$$

式中，$g$ 为重力加速度。

将样品质量 $m=\rho hA$（$\rho$、$h$ 为柱形样品管的密度和高度），以及质量磁化率 $\chi_m=\frac{\kappa}{\rho}$ 和摩尔磁化率 $\chi_M=\frac{\kappa \cdot M}{\rho}$ 代入式(13)得

$$\chi_m=\frac{2\Delta Whg}{mH^2} \tag{14}$$

$$\chi_M=\frac{2\Delta WhgM}{mH^2} \tag{15}$$

一般用已知磁化率的物质校正磁天平。当待测样品和校正样品在同一样品管中的填装高度相同并且在同一场强下进行测量时，可得待测样品的摩尔磁化率为

$$\chi_{M,2}=\chi_{m,1}\cdot\frac{\Delta W_2-\Delta W_0}{\Delta W_1-\Delta W_0}\cdot\frac{m_1}{m_2}\cdot M_2 \tag{16}$$

式中，$\Delta W_0$、$\Delta W_2$、$\Delta W_1$ 分别为空样品管、待测样品、校正样品施加磁场前后的质量变化，$m_2$、$m_1$ 为待测样品和校正样品的质量，$M_2$ 为待测样品的摩尔质量。

**三、仪器与试剂**

(1) 仪器：CTP-Ⅰ磁天平、样品管、研钵。

(2) 试剂：$(NH_4)_2SO_4\cdot FeSO_4\cdot 6H_2O$、$FeSO_4\cdot 7H_2O$、$K_3Fe(CN)_6$、$K_4Fe(CN)_6\cdot 3H_2O$。

**四、实验步骤**

(1) 取一支清洁、干燥的空样品管，悬挂在天平一端的挂钩上，使样品管的底部在磁极中心连线上。准确称取空样品管的质量，然后将励磁电流电源接通，依次称取电流在 2.0 A、4.0 A、6.0 A 时空样品管的质量。

(2) 将电流调至 8.0 A，然后减小电流值，再依次称取电流在 6.0 A、4.0 A、2.0 A 时空样品管的质量。

(3) 将励磁电流降为零，再称一次空样品管的质量。

(4) 取下样品管，装入$(NH_4)_2SO_4\cdot FeSO_4\cdot 6H_2O$(A)，在装填时要不断将样品管底部敲击木垫，使样品粉末填实，直到样品高度约 15 cm 为止。准确测量样品高度 $h$。同上要求测定在电流为 0 A、2.0 A、4.0 A、6.0 A 时的质量。

（5）样品摩尔磁化率的测定。用测标样的样品管分别装入 $FeSO_4 \cdot 7H_2O$(B)、$K_3Fe(CN)_6$(C)、$K_4Fe(CN)_6 \cdot 3H_2O$(D)，同上要求测定电流为 0 A、2.0 A、4.0 A、6.0 A 时的质量。

## 五、数据记录与处理

1. 数据记录

将实验数据记于表 2。

**表 2　数据记录表**

室温 $t$=________℃

| $m$/g | $I$/A | | | | | | | | | | | |
|---|---|---|---|---|---|---|---|---|---|---|---|---|
| | 0 | | | 2.0 | | | 4.0 | | | 6.0 | | |
| | 第 1 次 | 第 2 次 | 平均值 | 第 1 次 | 第 2 次 | 平均值 | 第 1 次 | 第 2 次 | 平均值 | 第 1 次 | 第 2 次 | 平均值 |
| 空管 | | | | | | | | | | | | |
| 管+A | | | | | | | | | | | | |
| 管+B | | | | | | | | | | | | |
| 管+C | | | | | | | | | | | | |
| 管+D | | | | | | | | | | | | |

2. 数据处理

（1）根据实验数据计算样品的摩尔磁化率、磁矩和未成对电子数。

（2）根据 $\mu_m$ 和 $n$ 讨论配合物中心离子最外层电子结构和配位键类型。

已知$(NH_4)_2SO_4 \cdot FeSO_4 \cdot 6H_2O$ 的质量磁化率与温度的关系如下：

$$\chi_m = \frac{9\,500}{T+1} \times 10^{-6} \tag{17}$$

## 六、注意事项

（1）空样品管需干燥洁净。样品先要磨碎，然后均匀填实，且装入的高度要一致。

（2）称量时，样品管应正好处于两磁极之间，其底部与磁极中心线齐平，悬挂样品管的悬线勿与任何物件接触。

（3）测试样品时，应关闭仪器的玻璃门，避免环境对整机的振动，否则实验数据误差较大。

（4）磁天平必须放在水平位置，励磁电流的升降应平稳、缓慢，严防突发性断电，以防止励磁线圈产生的反电动势将晶体管等元件击穿。

（5）实验完毕，应先调节电位器的电流为零后，才可切断电源。

## 七、思考题

（1）本实验为什么要用已知磁化率的物质校正磁天平？

(2) 样品在玻璃管中的填充密度对测量有何影响?

(3) 用古埃磁天平测定磁化率的精密度与哪些因素有关?

(4) 不同磁场强度下测得的样品的摩尔磁化率是否相同?

**八、仪器介绍**

采用古埃法测量顺磁和逆磁磁化率的 CTP-Ⅰ磁天平主要由电磁铁、恒流电源、数字式高斯计、配有照明系统的控制盘构成。它系统采用了 PID 电子调节,全数字电源 0~10 A 无级调节,无须水冷却,使得仪器动态运行更加稳定可靠。

**图 6　CTP-Ⅰ磁天平**

技术指标:

磁铁型式:古埃型、单轭铁。

磁柱直径:$\phi$40 mm;磁隙宽度:0~40 mm(可调)。

磁场强度:0.000~0.85 T($d$=20 mm),分辨率:0.1 mT。

磁场均匀度:<1.5%($D$=20 mm,$d$=20 mm)。

磁场稳定度:<1% $h^{-1}$。

励磁电流范围:0~10 A(可调),分辨率:0.01 A。

励磁线圈工作温度:<60 ℃。

测磁系统:使用霍尔探头的高斯计。

功耗:300 W。

天平灵敏度:<0.1 mg(选配)。

**九、拓展应用**

有机化合物绝大多数分子都是由反平行自旋电子对而形成的价键,因此其总自旋矩等于零,是反磁性的。巴斯卡(Pascol)分析了大量有机化合物的摩尔磁化率的数据,总结得到分子的摩尔反磁化率具有加和性。此结论可以用于研究有机物分子的结构。另外,从磁性的测量中还可以得到一系列其他信息。例对,从对合金磁化率的测定中可以得到合金的组成,也可研究生物体系中血液的成分等。

**十、参考文献**

[1] 师唯,徐娜,王庆伦,等.过渡金属配合物磁化率的测定与分析[J].大学化学,2013,28(1):30-36.

[2] 廖代正,张智勇,姜宗慧,等.草酰胺基桥联的新型 Cu(Ⅱ)-Co(Ⅱ)配合物的合成和性质研究[J].高等学校化学学报,1991,12(6):724-727.

# 仪器分析实验

## 实验 24 邻二氮菲分光光度法测铁

### 一、实验目的

(1) 掌握可见光分光光度计的使用方法。

(2) 学会绘制物质的吸收曲线。

(3) 掌握运用标准曲线法测定微量物质浓度的方法。

### 二、实验原理

邻二氮菲(phen)在 pH=2～9 的溶液中与亚铁离子发生下列显色反应：

$$Fe^{2+} + 3phen = [Fe(phen)_3]^{2+}$$

生成的配合物为橙红色,其稳定常数 $\lg K_{稳} = 21.3$ (20 ℃)。溶液的最大吸收峰波长为 510 nm,摩尔吸光系数 $\varepsilon_{510} = 1.1 \times 10^4\ L \cdot cm^{-1} \cdot mol^{-1}$,铁含量在 0.1～6 $\mu g \cdot mL^{-1}$范围内遵守比尔定律。利用该反应,可以采用分光光度法测定微量铁。

酸度过高时,上述显色反应的反应速率太慢,酸度过低则 $Fe^{2+}$ 将水解,因此通常在 pH 为 5 左右的 HAc-NaAc 缓冲溶液中进行测定。

邻二氮菲与 $Fe^{2+}$ 反应的选择性很高,相当于含铁量 5 倍量的 $Co^{2+}$、$Cu^{2+}$,以及 20 倍量的 $Cr^{3+}$、$Mn^{2+}$、$Mg^{2+}$、$SiO_3^{2-}$、$Sn^{2+}$、$Zn^{2+}$ 都不干扰测定。

显色反应前应以盐酸羟胺为还原剂,将可能存在的 $Fe^{3+}$ 还原为 $Fe^{2+}$,也可用抗坏血酸作还原剂。

利用分光光度法进行定量测定时,一般选择与被测物质(或经显色反应后产生的新物质)最大吸收峰相应单色光的波长为测量吸光度的波长,即最大吸收波长。该波长下的摩尔吸光系数 ε 最大,测定的灵敏度最高。为找出物质的最大吸收峰所在的波长,需测绘有色物质在不同波长单色光照射下的吸光度曲线,即吸收曲线(或称吸收光谱)。

通常采用标准曲线法进行定量测定,即先配制一系列不同浓度的标准溶液,在选定的反应条件下使被测物质显色,测得相应的吸光度,然后以浓度为横坐标、吸光度为纵坐标绘制标准曲线(或称工作曲线)。另取试样溶液经适当处理后,在与上述相同的条件下显色,由测得的吸光度即可从标准曲线上求得被测物质的含量。

## 三、仪器与试剂

(1) 仪器:722 型分光光度计等。

(2) 试剂:0.010 0 mg·mL$^{-1}$铁标准溶液(配制方法:准确称取 0.863 4 g $NH_4Fe(SO_4)\cdot 12H_2O$ 于小烧杯中,然后加水溶解,加入 20 mL 6 mol·L$^{-1}$ HCl 溶液,转移至 1 L 容量瓶中,定容,然后移取该溶液 25.00 mL 至 250 mL 容量瓶中,定容)、0.1%邻二氮菲溶液、1%盐酸羟胺溶液、HAc-NaAc 缓冲溶液(配制方法:称取 136 g 优级纯醋酸钠,加 120 mL 冰醋酸,加水溶解后稀释至 500 mL)。

## 四、实验步骤

1. 显色标准溶液的配制

在序号为 1~6 的 6 个 50 mL 容量瓶中,用吸量管分别准确移取 0.00 mL、2.00 mL、4.00 mL、6.00 mL、8.00 mL、10.00 mL 铁标准溶液(含铁 0.010 0 mg·mL$^{-1}$),分别加入 2.5 mL 1%盐酸羟胺溶液,摇匀后放置 2 min,再各加入 5 mL HAc-NaAc 缓冲溶液、5 mL 0.1%邻二氮菲溶液,以水稀释至刻度,摇匀。

2. 吸收曲线的绘制

在分光光度计上,用 2 cm 吸收池,以步骤 1 中试剂空白溶液(1 号)为参比,在 440~560 nm之间,每隔 10 nm 测定一次待测溶液(4 号)的吸光度 $A$,以波长为横坐标、吸光度为纵坐标,绘制吸收曲线,从而选择测定铁的最大吸收波长。

3. 标准曲线的绘制

以步骤 1 中试剂空白溶液(1 号)为参比,用 2 cm 吸收池,在选定波长下测定 2~6 号各显色标准溶液的吸光度。在 Excel 中,以铁的浓度为横坐标、相应的吸光度为纵坐标,绘制标准曲线。

4. 铁含量的测定

准确移取未知试样溶液 10.00 mL,按步骤 1 显色后,在相同条件下测量吸光度,由标准曲线计算试样中微量铁的质量浓度。

## 五、数据记录与处理

(1) 根据实验步骤 2 绘制 $Fe^{2+}$ 的显色反应的吸收曲线,确定最大吸收波长 $\lambda_{max}$。

(2) 根据实验步骤 3 进行标准曲线的绘制,从而测定未知样品中铁的含量。

## 六、注意事项

(1) 分光光度计要预热 30 min,稳定后才能进行测量。

(2) 使用比色皿时,应用手指拿取毛玻璃面。

(3) 装上待测液后,用擦镜纸擦拭比色皿外表面,切勿用手接触透光面。

(4) 测定标准曲线时,每改变一次试液浓度,比色皿都要洗干净。

(5) 同一组溶液必须在同一台仪器上测量。

(6) 标准曲线的绘制是实验结果准确与否的关键。

(7) 待测溶液一定要在标准曲线线性范围内,如果浓度超出直线的线形范围,则有可能偏离朗伯-比尔定律。

**七、思考题**

(1) 用邻二氮菲测定铁时,为什么要加入盐酸羟胺?其作用是什么?试写出有关反应方程式。

(2) 根据有关实验数据,计算邻二氮菲-Fe(Ⅱ)配合物在选定波长下的摩尔吸收系数。

(3) 测绘 $Fe^{2+}$-phen 吸收曲线时,在 510 nm 附近,测量点间隔为什么要密一些?

(4) 为什么在测绘标准曲线和测定未知液时,要以试剂空白溶液为参比?

**八、仪器介绍**

(1) 分光光度计的构造如图 1 所示。

**图 1　分光光度计的构造**

(2) 使用步骤:

① 仪器预热 20 min。

② 用功能键设置测量方式。

③ 用波长选择旋钮设置所需波长。

④ 将参比样品放入样品室,盖上样品室盖,按“0ABS/100%T”键,直至显示器的“BLA”显示“100%T”或“0.000A”。

⑤ 将 0%T 校具(黑体)置入光路中,盖上样品室盖,按“功能”键,将测试模式转换在 T 方式下,按“0%T”键,此时显示器应显示“0.000T”,然后取出黑体。

⑥ 将参比液(或空白)及测定液分别倒入比色皿 2/3～4/5 处,用擦镜纸擦净外壁,放入样品室内,当参比液(或空白)调成“100.0%T”或“0.000A”后,将被测样品推入光路中,这时显示器上显示出被测样品透射比值或吸光度值。

⑦ 测定完毕,关闭电源,取出比色皿洗净,样品室用软布或软纸擦净。

**九、拓展应用**

由于邻二氮菲与 $Fe^{2+}$ 的显色反应选择性高,显色反应的有色配合物稳定性好,重现性也好,因此在我国的国家标准中,测定钢铁、锡、铅焊料、铅锭等冶金产品和工业硫酸、工业碳酸钠、氧化铝等化工产品中的铁含量多采用邻二氮菲分光光度法。

**十、参考文献**

[1] 晁辉,戴兴德.微量铁光度法测定实验中显色剂的优化选择[J].实验教学与仪器,2017(S1):58-59.

[2] 朱庆珍,夏红.分光光度法测定微量铁实验方法的改进[J].实验科学与技术,2009,7(6):25-27.

# 实验25 有机物紫外吸收光谱的测定

**一、实验目的**

(1) 了解取代基和溶剂极性对有机物紫外吸收光谱的影响。

(2) 掌握有机物紫外吸收与分子结构的关系。

(3) 掌握单波长双光束紫外分光光度计的使用方法。

**二、实验原理**

紫外-可见吸收光谱,由于分子选择性地吸收了紫外区或可见光区某些波长的光,这些光的能量就会降低,将这些波长的光及其所吸收的能量按一定顺序排列起来,即得到该物质的紫外-可见吸收光谱。而电子的跃迁吸收光的波长主要在真空紫外区到可见光区范围内,因而紫外-可见吸收光谱又称电子光谱,广泛用于有机和无机物质的定性和定量分析。电子跃迁类型主要有$\sigma\rightarrow\sigma^*$、$n\rightarrow\sigma^*$、$\pi\rightarrow\pi^*$、$n\rightarrow\pi^*$四种,见图1。

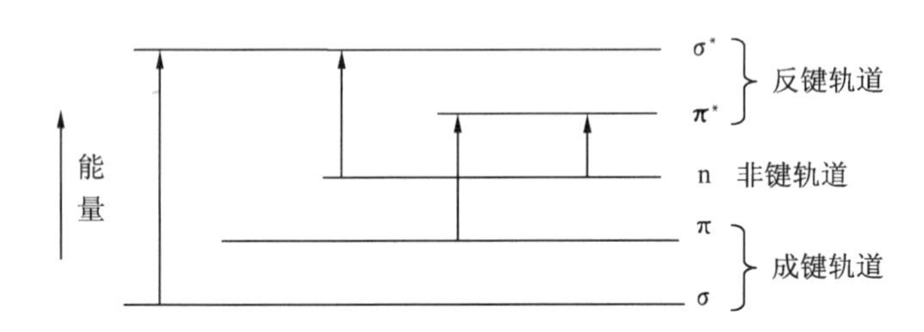


**图1 电子跃迁类型示意图**

其中,$\pi\rightarrow\pi^*$跃迁(不饱和烃、共轭烯烃和芳香烃类)所需能量较小,相应的吸收光波长较长,吸收谱带强度较强。孤立双键位于160～180 nm的远紫外区,但共轭双键体系中,吸收带向长波方向移动进入近紫外区。共轭体系越大,吸收带波长越长。而$n\rightarrow\pi^*$跃迁(含不饱和杂原子的化合物)所需能量较低,相应的吸收光波长最长,处于近紫外区,吸收谱带强度较弱。

紫外-可见吸收光谱主要应用于共轭体系(共轭烯烃和不饱和羰基化合物)及芳

香族化合物的定性和定量分析。电子光谱图比较简单,峰形较宽,因而对吸收谱带做了分类命名。

(1) 由R带:由 $n \rightarrow \pi^*$ 跃迁产生的谱带,须同时具有杂原子和双键,吸收强度小,是弱带。

(2) K带:由 $\pi \rightarrow \pi^*$ 跃迁产生的谱带,吸收强度大,是强带。

(3) B带:由芳香族化合物的 $\pi \rightarrow \pi^*$ 跃迁产生的吸收带,它包括多重峰(或称精细结构),当有取代基与苯环形成共轭时,精细结构消失。如苯的B带在230~270 nm内是一宽峰,其中心在255 nm。

(4) E带:由苯环中三个乙烯组成的环状共轭系统所引起,为 $\pi \rightarrow \pi^*$ 跃迁,也是芳香族化合物的吸收带。E带又分为 $E_1$ 和 $E_2$ 两个吸收带,分别出现在184 nm和204 nm。

溶剂效应是指受溶剂的极性或酸碱性的影响,使溶质吸收峰的波长、强度以及形状产生不同程度的变化。物质紫外-可见吸收光谱的研究一般在溶液中进行,改变溶剂的极性会引起吸收带形状的变化,甚至可使吸收带的最大吸收波长发生变化。因此在紫外-可见吸收光谱图上或数据表中必须注明所用的溶剂。

溶剂极性的一般影响规律如下:使用极性溶剂常会使芳香族化合物B吸收带的精细结构消失,出现平滑的宽吸收峰,且吸收强度明显减弱;一般随着溶剂极性的增大,K带红移(即向长波方向移动),而R带紫移(即向短波方向移动)。这是因为在极性溶剂中,$\pi \rightarrow \pi^*$ 跃迁所需能量减少,而 $n \rightarrow \pi^*$ 跃迁所需能量增大。

另外,助色团(可使生色团吸收峰向长波方向移动并提高吸收强度的一些官能团称为助色团)的存在也对生色团的吸收峰产生影响。常见助色团的助色顺序为:$-F < -CH_3 < -Br < -OH < -OCH_3 < -NH_2 < -NHCH_3 < -NH(CH_3)_2 < -NHC_6H_5 < -O^-$。

**三、仪器与试剂**

(1) 仪器:单波长双光束紫外分光光度计等。

(2) 试剂:苯的环己烷溶液、苯酚的环己烷溶液、苯甲醛的环己烷溶液、苯甲醛的乙醇溶液等。

**四、实验步骤**

(1) 打开仪器电源开关,进行仪器预热。

(2) 测试:以相应溶剂为参比,在200~350 nm波长范围内测绘四种溶液的紫外吸收光谱,比较它们的 $\lambda_{max}$ 变化,并加以解释。

(3) 绘图:根据仪器工作站给出的数据,使用绘图软件自行绘制四种溶液的紫外吸收光谱,关注谱图出峰数目、吸收峰强弱程度、两边及中心的位置,注意是否有精细结构。

## 五、数据记录与处理

(1) 根据紫外吸收光谱，比较在同种溶剂环己烷中苯、苯酚、苯甲醛的紫外吸收光谱，讨论取代基对有机物紫外吸收光谱的影响。

(2) 比较苯甲醛在不同极性溶剂环己烷和乙醇中的紫外吸收光谱，讨论溶剂极性对有机物紫外吸收光谱的影响。

## 六、注意事项

(1) 仪器要充分预热。

(2) 每更换一次溶剂或溶液必须润洗比色皿三次以上。

## 七、思考题

(1) 为什么极性溶剂有助于 $n \rightarrow \pi^*$ 跃迁产生的吸收带向短波方向移动，$\pi \rightarrow \pi^*$ 跃迁产生的吸收带向长波方向移动？

(2) 被测溶液浓度太大或太小会对测量产生怎样的影响？应如何加以调节？

(3) 在本实验中是否可以用去离子水代替各溶剂作参比溶液？为什么？

## 八、仪器介绍

(1) 单波长双光束紫外分光光度计由光源、单色器、吸收池、检测器以及数据处理及记录(计算机)等部分组成。

(2) 紫外分光光度计测定步骤：

① 打开仪器预热 30 min 左右。

② 准备好参比液和样品溶液进行测定。

③ 紫外分光光度计工作站使用步骤如下：

a. 选择“Measurement”→“Initialize Device”。

b. 选择“Parameters”→“Settings”，选中“Reference”，选择“Mode→Range”，范围选择 200～600 nm。

c. 测参比点“Reference”，测样品点“Start Measurement”。

d. 放大或缩小图标，选择“Scale”→“Absorbance”，调节“Minimum Y”和“Maximum Y”。

## 九、拓展应用

使用紫外分光光度计可以进行物质的定性、定量分析，如进行化合物的纯度检验，推测化合物的分子结构，进行氢键强度的测定，进行配合物组成及稳定常数的测定，还可进行反应动力学研究。在国内外的药典中，已将众多药物紫外吸收光谱的最大吸收波长和吸收系数收录，为药物分析提供了很好的手段。

## 十、参考文献

[1] 李克安.分析化学教程[M].北京：北京大学出版社，2005.

[2] 赵晓坤.紫外吸收光谱在有机化合物结构解析中的应用[J].内蒙古石油化工，2007(11)：171-173.

# 实验26　有机物红外光谱的测定

## 一、实验目的

(1) 掌握红外光区分析时固态试样的制备方法。

(2) 掌握红外光谱图解析的方法和思路。

(3) 学会使用FT-IR-7600傅立叶变换红外光谱仪。

## 二、实验原理

红外光谱又称分子振动转动光谱，属于分子吸收光谱。当样品受到频率连续变化的红外光照射时，分子吸收了某些频率的辐射，使相应于这些吸收区域的透射光强度减弱，记录红外光的百分透射比与波数或波长关系的曲线，即得到红外光谱。振动或转动形式引起偶极矩的净变化，才能吸收红外光。红外光谱法可以进行定性和定量分析，用于鉴定分子结构。

苯甲酸具有苯环、羧基、苯环一取代等基团特征，羧基(C＝O，1 700 $cm^{-1}$附近强峰)、羟基(O—H，3 000 $cm^{-1}$附近强峰)、苯环的碳碳双键(C＝C，1 400～1 600 $cm^{-1}$附近2～4个中强吸收峰)以及指纹区的苯环单取代峰(700 $cm^{-1}$附近两个中等强度吸收峰)。溴化钾压片法制样完成，测得苯甲酸的红外光谱后，可以从红外谱图中得到各特征吸收峰的归属。

## 三、仪器与试剂

(1) 仪器：FT-IR-7600傅立叶变换红外光谱仪、汞灯、烘箱、压片机等。

(2) 试剂：溴化钾、苯甲酸等。

## 四、实验步骤

1. 开机

开机步骤：打开电源→开主机→开计算机→打开红外测定应用软件(仪器一般至少预热15 min)。

2. 制样(KBr压片法)

取100 mg左右KBr(红外灯下干燥1 h或烘箱105 ℃下干燥3 h，放在干燥器中备用)和1 mg左右苯甲酸试样(与KBr同法干燥)在玛瑙研钵中沿同一方向共同研磨，直至平均粒径为2 μm左右(试样与KBr的比例与试样的结构有关，具有强极性官能团的物质样品与 KBr 的比例可达 1∶600，对于极性小的样品则 KBr 的比例可适当减小)，然后取适量放入模具中用压片机压成平坦、透明的薄片备用。

3. 红外光谱的测绘

将试样薄片样品池插入光路中，在 625～4 000 $cm^{-1}$ 波数范围内，扫描测绘其红外光谱。测定完毕，移出样品，模具放入干燥器保存，保持红外光谱仪的清洁。

**五、数据记录与处理**

(1) 根据红外光谱图确认苯甲酸的各主要吸收峰，并确认其归属。

(2) 通过谱图库，比较标准苯甲酸与样品苯甲酸的谱图。

**六、注意事项**

(1) 试样的研磨操作必须在红外灯下进行，粒径必须在 2 μm 左右。

(2) 所用试样要适量。

**七、思考题**

(1) 用压片法制样时，为什么要将固体试样研磨至粒径 2 μm 左右？研磨时为何要在红外灯下操作？

(2) 芳香烃的红外特征峰在谱图的什么位置？

**八、仪器介绍**

1. 傅立叶变换红外光谱仪

工作原理：光源发出的辐射经干涉仪转变为干涉光，通过试样后，包含的光信息经过数学上的傅立叶变换解析成普通的谱图。傅立叶变换红外光谱仪(图 1)的特点：扫描速度极快(1 s)；适合仪器联用，不需要分光，信号强，灵敏度很高；仪器小巧，测定光谱范围宽。

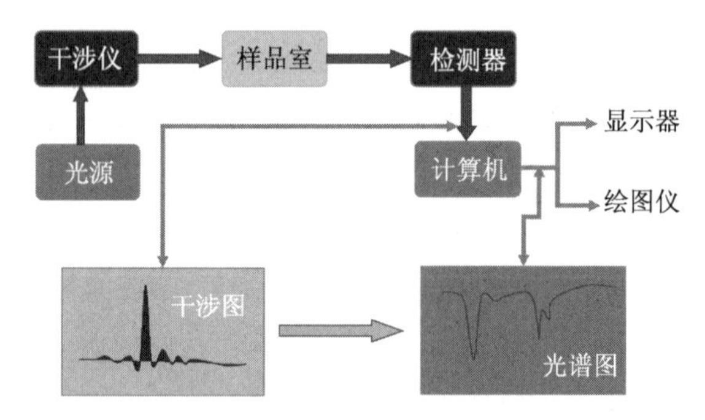


**图 1 FT-IR-7600 傅立叶变换红外光谱仪结构**

2. 仪器操作步骤

(1) 开机前准备：开机前检查实验室电源、温度和湿度等环境条件，当电压稳定，室温为 21 ℃±5 ℃左右，湿度≤65%时才能开机。

(2) 开机：打开仪器电源，稳定半小时，使得仪器能量达到最佳状态。开启计算机，打开工作站，检查仪器的稳定性。

(3) 制样：根据样品特性和状态，制定相应的制样方法并制样。

(4) 扫描和输出红外光谱图：选择"采集"→"采集样品"→ "采集背景"→"确定"，仪器扫描背景，保存背景。

将样品放入样品池中，选择"准备采集样品"→"确定"，仪器开始扫描样品，然后进行数据处理("Process"菜单)及存储("File"菜单)，保存样品谱图。

(5) 关机：先关闭工作站，再关闭仪器电源并移出样品，模具放入干燥器保存，保持红外光谱仪清洁。

### 九、拓展应用

红外光谱对样品的适用范围相当广泛，固态、液态或气态样品都能应用，无机、有机、高分子化合物都可检测。红外光谱具有测试迅速，操作方便，重复性好，灵敏度高，试样用量少，仪器结构简单等特点，在高聚物的构型、构象、力学性质研究以及物理、天文、气象、遥感、生物、医学等领域都有广泛的应用。

### 十、参考文献

[1] 林翔，承强，余徽，等. 本科生红外光谱实验教学改进的探索[J]. 实验科学与技术，2018，16(4)：124-128.

[2] 李红亮，韩宝瑜，高永生，等.《仪器分析》实验课程的教学与实践——以苯甲酸的红外光谱实验为例[J]. 教育教学论坛，2012(9)：233-234.

## 实验27　原子吸收光谱法测定水中钙含量

### 一、实验目的

(1) 掌握原子吸收光谱法的基本原理和原子吸收分光光度计的使用方法。

(2) 掌握标准曲线法测定钙含量的方法。

### 二、实验原理

原子吸收光谱法是基于被测元素基态原子蒸气对其原子共振辐射的吸收进行定量分析的方法。每种元素的基态原子蒸气有不同的核外电子能级，因而有不同的特征吸收波长，其中吸收强度最大的一般为共振线，如 Ca 的共振线位于 422.7 nm。本实验使用火焰原子化法使水中钙离子转变为基态钙原子蒸气，由空心阴极灯辐射出的钙原子光谱锐线在通过钙原子蒸气时被强烈吸收，其吸收的程度与火焰中钙原子蒸气浓度符合朗伯-比尔定律，即

$$A=\lg\frac{1}{T}=KNL$$

式中，$A$ 为吸光度，$T$ 为透射率，$L$ 为钙原子蒸气的厚度，$K$ 为吸光系数，$N$ 为单位体积钙原子蒸气中吸收辐射共振线的基态原子数。

在一定条件下，基态原子数 $N$ 与待测溶液中钙离子的浓度 $c$ 成正比，则

$$A=K'c$$

式中，$K'$为常数。

通过测定一系列不同钙离子含量标准溶液的 $A$ 值，即可获得标准曲线，再根据未知溶液的吸光度值，即可求出未知液中钙离子的含量。

原子化效率是指原子化器中被测元素的基态原子数目与被测元素所有可能存在状态的原子总数之比，它直接影响到原子化器中被测元素的基态原子数目，进而对吸光度产生影响。测定条件的变化（如燃助比、测光高度或称燃烧器高度）和基体干扰等因素都会严重影响钙在火焰中的原子化效率，从而影响钙测定灵敏度。因此在测定样品之前都应对测定条件进行优化，基体干扰则通常采用标准加入法来消除。

**三、仪器与试剂**

(1) 仪器：岛津 AA6601 型原子吸收分光光度计等。

(2) 试剂：100 $\mu g \cdot mL^{-1}$(ppm)钙标准溶液储备液、乙炔、压缩空气等。

**四、实验步骤**

(1) 按程序将原子吸收分光光度计开机预热。

(2) 标准溶液的配制与样品溶液的预处理。

① 标准溶液的配制：分别移取 100 $\mu g \cdot mL^{-1}$ 钙标准溶液 1.00 mL、2.00 mL、3.00 mL、4.00 mL 于 4 个 25 mL 容量瓶中，用去离子水稀释定容，所得标准溶液浓度分别为 4 $\mu g \cdot mL^{-1}$、8 $\mu g \cdot mL^{-1}$、12 $\mu g \cdot mL^{-1}$、16 $\mu g \cdot mL^{-1}$。

② 样品溶液的预处理：准确移取 2.50 mL 自来水于 25 mL 容量瓶中，用二次蒸馏水定容，作未知测定样。以去离子水为参比液。

(3) 样品测定：按浓度由小到大的顺序将进样管插入样品溶液，观察工作站"Real Time Graph"窗口中吸光度值的变化情况，当吸光度值趋于平直时，单击屏幕下方的"Measure"按钮，对吸光度值进行记录。在仪器进行测定时，进样管不可离开样品溶液。

(4) 测定完毕，执行关机程序。

**五、数据记录与处理**

实验数据由随机软件完成，包括绘制标准曲线、得到线性方程、计算未知样浓度等。从"Measured Results"表中所给出的样品液中钙的浓度，计算自来水中钙含量。

## 六、注意事项

(1) 标准溶液要仔细配制，保证浓度的准确性。

(2) 仪器开机后进行第一次系统初始化时有一项气体泄漏检测，会弹出一个对话框，告知在单击“确定”按钮后会有约 15 min 的气体泄漏检测时间。检测期间可进行其他操作，但原子化器不能点火。待没有气体泄漏提示出现后方可正常点火测试。

(3) 点火后应立即进行测定，长时间不测定应关闭火焰。

(4) 空气的恰当压力为 0.42 MPa，点火按钮可能要按数十秒。

(5) 进样时，工作站中“Real Time Graph”窗口中的吸光度值趋于平直时，要立即按“Measure”按钮。

## 七、思考题

(1) 为什么用标准曲线法进行测定，而不是通过一标准溶液求出系数 $K'$ 测定未知样品含量？

(2) 为什么将吸取的 2.50 mL 自来水稀释 10 倍后进行进样测定？

## 八、仪器介绍

(1) 原子吸收分光光度计的构造如图 1 所示。

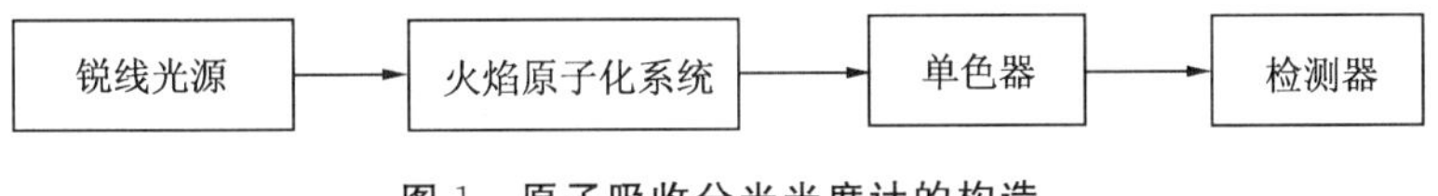


图 1　原子吸收分光光度计的构造

(2) 仪器使用步骤。

① 开机准备。

a. 打开主机电源开关和计算机电源开关，打开乙炔钢瓶的钢瓶阀，调整气体压力为 0.1 MPa，打开空气压缩机的电源开关。

b. 打开随机软件，在弹出的元素周期表中双击 Ca 元素，选择参数项 1，单击“Select”按钮。

c. 在弹出的“Experiment Conditions”窗口中（来自“View”菜单），设置 Lamp Current Low：8 mA，Slit Width：0.5 nm，Wavelength：422.7 nm，Lamp Mode：NON-BGC。

d. 单击屏幕下方的“Line Search”按钮，仪器开始自检，主要检查漏气和波长，需要等待几分钟，检查结束后，单击“Line Search”窗口上的“OK”按钮关闭窗口。

提示：下面的操作仅涉及四个菜单：“View”菜单（六个选项）、“Option”菜单（设定平行测定的次数）、“Report”菜单（打印结果）、“Window”菜单。每个打开的选项卡均不要关闭。

e. “View”菜单中的“Atomizer Conditions”项：设置样品原子化条件。选择“Fuel Flow Rate”，设置 Flame Type：Air-$C_2H_2$，Fuel Gas Flew Rate：1.8。

f. “View”菜单中的“Measurement Parameters”项：设置测量参数。设置 Calibration Curve Order：1st，Zero Intercept：Selected，Concentration Units：ppm。

g. “View”菜单中的“Measured Results”项：在弹出的“Measured Results”窗口中设定进样次序，测定步骤填写如表 1 所示。

**表 1　测定步骤**

| | Type | Sample ID | Conc. [ppm] | Final Conc. Units |
|---|---|---|---|---|
| 1 | BLK | | 0.0000 | |
| 2 | STD | | 4.0000 | |
| 3 | STD | | 8.0000 | |
| 4 | STD | | 12.0000 | |
| 5 | STD | | 16.0000 | |
| 6 | BLK | | 0.0000 | |
| 7 | UNK | Sample-1 | 0.0000 | ppm |

h. “View”菜单中的“Real Time Graph”项：帮助测定观察。

i. “Option”菜单中的“Repeat Conditions”项：设定平行测定次数。在弹出的表格窗口中，除“Blank”外，将其他项的 Num. of Reps 改为 3，Max. Num. of Reps 改为 5，各项的 CV Limits 改为 10%，单击“确定”后关闭。

j. “Window”菜单中的“Tile Vertical”项：使窗口并排排列，以利于观察。

② 进样测定。

a. 按住仪器前面板上的绿色点火按钮不放，直至火焰点着。

b. 按“Measured Results”表中的顺序，将进样管插入样品溶液中，观察“Real Time Graph”窗口中吸光度值的变化情况，当吸光度值趋于平直时，单击屏幕下方的“Measure”按钮，对吸光度值进行记录。在仪器进行测定时，进样管不可离开样品溶液。

c. 当表中的当前数据行向下跳一格时，表示此次测定结束。如果为标样或试样，则当前行为 STD-REP 或 UNK-REP 表示重复测量，此时不更换样品继续按“Measure”按钮进行测定。跳到下一个样品行时，更换样品后测定。

d. 全部测完后会弹出提示，按仪器前面板上的关闭火焰按钮关闭火焰。检查“Measured Results”表中的数据。

e. 在测试过程中如出现错误，会自动提示重新进样(平行五次以内)。

③ 结果打印。

a. 选择“View”菜单中的“Calibration Curve”项，打开标准曲线窗口。在窗口的坐标系中右击，执行快捷菜单中的“Radar-Both Axes”，使标准曲线充满整个窗口。在窗口下方可看到标准曲线方程及误差。

b. 选择“Report”菜单中的“Quick Report”项，在弹出的窗口中选中“Experiment Conditions”“Measurement Parameters”“Calibration Curve”三项后，单击“Print”按钮，再打开该窗口，使只有“Measured Results Table”选项处于选中状态，单击“Print”按钮打印实验结果表。

c. 选择“File”菜单中的“Save As”项，指定一个文件名，将实验内容以文件形式保存。

**九、拓展应用**

原子吸收光谱分析现已广泛用于工业、农业、生化、地质、冶金、食品、环保等各个领域。其中，食品和饮料中的20多种元素测定已有原子吸收分析方法标准，生化和临床样品中必需元素和有害元素分析现已采用原子吸收光谱法。水体和大气等环境样品的微量金属元素分析已成为原子吸收光谱分析的重要领域之一。

**十、参考文献**

[1] 刘志广. 分析化学[M]. 北京：高等教育出版社，2008.

[2] 曾泳淮，林树昌. 分析化学(仪器分析部分)[M]. 2版，北京：高等教育出版社，2004.

[3] 代绍梅. 水质检验中原子吸收光谱法的应用[J]. 中西医结合心血管病杂志(电子版)，2017，5(33)：6.

# 实验28　气相色谱柱效测定及定性分析

**一、实验目的**

(1) 了解气相色谱的结构和组成、工作原理以及数据采集、数据分析等基本操作。

(2) 学习色谱柱有效塔板数和有效塔板高度的测定方法。

(3) 学习测绘色谱柱的 $H$-$u$ 曲线。

(4) 掌握用纯物质对照法进行色谱定性分析。

**二、实验原理**

色谱柱的柱效是色谱柱的一个重要指标，它可以用有效塔板数及有效塔板高度来衡量。塔板数越多，有效塔板高度越小，则该柱的分离效能越好。有效塔板数 $n_{有效}$

和有效塔板高度 $H_{有效}$ 的计算公式为

$$n_{有效}=5.54\left(\frac{t'_R}{Y_{1/2}}\right)^2=16\left(\frac{t'_R}{W_b}\right)^2 \tag{1}$$

$$H_{有效}=\frac{L}{n_{有效}} \tag{2}$$

式中，$t'_R$ 为组分的调整保留时间，$Y_{1/2}$ 为半峰宽，$W_b$ 为峰底宽，$L$ 为柱长。

不同组分在色谱柱中两相间的分配系数不同，柱效不同。因此表示柱效时应注明组分。

色谱柱对混合物的分离能力还与操作条件有关，如不同载气流速时柱效不同。根据范第姆特方程：$H=A+B/u+Cu$，不同载气流速 $u$ 下，有效塔板高度 $H$ 不同。作 $H-u$ 关系曲线即可找出最佳载气流速，见图 1。

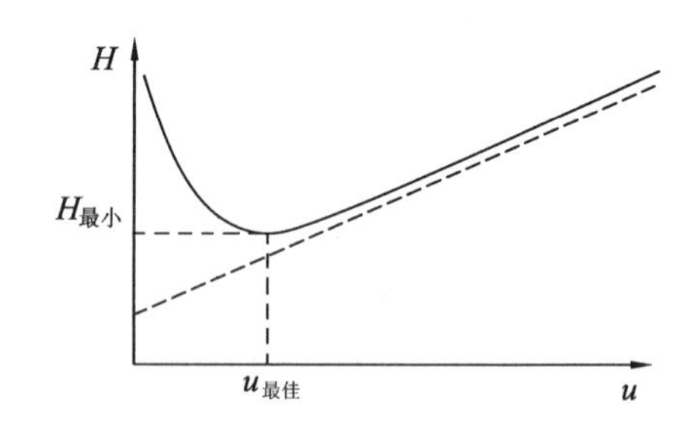

图 1　$H-u$ 关系曲线

采用纯物质对照法进行定性分析的原理是在同一色谱操作条件下，不论采用纯物质进样还是混合物进样，同一种物质的保留时间相同。

## 三、仪器与试剂

(1) 仪器：GC-9790 气相色谱仪（温岭福立分析仪器有限公司）、热导池检测器、色谱柱、微量进样器、秒表、皂膜流量计。

(2) 试剂：正庚烷、甲苯。

## 四、实验步骤

1. 定性分析

(1) 打开载气，调整流速为 40 mL・min$^{-1}$。

(2) 打开汽化室、柱箱、检测器的控温装置，将温度分别调整为 150 ℃、100 ℃、120 ℃。

(3) 打开桥流开关，调至 100 mA。

(4) 打开色谱处理器，输入测量参数。

(5) 用微量进样器注入 1 μL 正庚烷、甲苯标准样品，记录保留时间。

(6) 用微量进样器注入 2 μL 正庚烷和甲苯的混合物，记录保留时间，根据色谱图中各峰的保留时间判断正庚烷和甲苯色谱峰的位置。

2. 柱效及 $H-u$ 曲线的测定

(1) 改变柱前压Ⅰ为 0.14 MPa，用皂膜流量计和秒表测定气体流过 10 mL 所需的时间，计算柱中单位时间的载气流量；用微量进样器取正庚烷和甲苯的混合物

1 μL，并吸取 3 μL 空气，记录色谱图，从色谱工作站上分别记录空气峰的保留时间 $t_M$、正庚烷的 $t_R$ 和 $Y_{1/2}$、甲苯的 $t_R$ 和 $Y_{1/2}$。

（2）改变柱前压Ⅰ为 0.12 MPa、0.10 MPa、0.08 MPa、0.06 MPa 时，分别按实验步骤（1）进行测试并加以记录。

实验结束后，关闭电源，待柱温降至室温后关闭载气。

**五、数据记录与处理**

1. 定性分析原始数据记录

将相关数据记于表 1。

**表 1　定性分析原始数据**

| 试　剂 | 正庚烷 | 甲苯 | 混合物 |
| --- | --- | --- | --- |
| 标准样品保留时间/min | | | |
| 混合物保留时间/min | | | |

2. 柱效测定原始数据记录

将相关数据记于表 2。

**表 2　柱效测定原始数据**

| 柱前压Ⅰ | 空气峰 $t_M$/min | 正庚烷 $t_R$/min | 正庚烷 $Y_{1/2}$/cm | 甲苯 $t_R$/min | 甲苯 $Y_{1/2}$/cm | 载气流速 $t$/(m·s$^{-1}$) |
| --- | --- | --- | --- | --- | --- | --- |
| | | | | | | |
| | | | | | | |
| | | | | | | |
| | | | | | | |
| | | | | | | |
| | | | | | | |

3. $H-u$ 曲线的测定

根据原始实验数据计算各载气流速下的有效塔板数，作正庚烷的 $H-u$ 曲线和甲苯的 $H-u$ 曲线，柱长 $L$ 为 200 cm，寻找最佳载气流速。

**六、注意事项**

（1）进样时要求注射器垂直于进样口，左手扶着针头以防弯曲，右手拿着注射器，右手食指卡在注射器芯子和注射器管的交界处，这样可以避免当针进入气路中时由于载气压力较高把芯子顶出，影响正确进样；进样过程要求操作连续不停顿。

（2）注射器取样时，应先用被测试液润洗 5～6 次，然后缓慢抽取一定量试液。

(3) 先通载气，确保载气通过热导检测器后，方可打开桥流开关。

(4) 注意经常更换进样器上的硅橡胶密封垫片，防止漏气。

## 七、思考题

(1) 根据范第姆特方程，可以从哪些方面提高色谱柱的柱效？

(2) 色谱定性的方法有哪些？

## 八、仪器介绍

本实验使用的是GC-9790气相色谱仪(温岭福立分析仪器有限公司)。

### 1. 主要用途

GC-9790气相色谱仪是一种普及型、高性能的多功能色谱仪器，可根据需要选择多种检测器组合，以满足普通实验室、日常生产、常规检测以及微量、痕量的分析要求。

### 2. 主要性能指标

(1) 温度控制。

① 柱箱温度控制：室温以上8 ℃～350 ℃(指标参数，以1 ℃增量任设)。设定参数上限可达399 ℃，可允许用户使用但不保证技术指标。温度波动：不大于±0.1 ℃(环境温度变化10 ℃或电源电压变化10%)。温度梯度：±1%(温度范围100 ℃～350 ℃)。程序升温阶数：5阶。升温速率：(0.1～30)℃·$min^{-1}$(以0.1 ℃增量任设)。降温速率：柱箱温度从200 ℃降至100 ℃的时间不大于3 min。时间设定：9 999.9 min。

② 热导检测器温度控制：室温以上20 ℃～350 ℃(指标参数)。设定参数上限可达399 ℃，可允许用户使用但不保证技术指标。控温精度：不大于±0.1 ℃。

③ 其余加热区温度：室温以上20 ℃～350 ℃(指标参数)。设定参数上限可达399 ℃，可允许用户使用但不保证技术指标。控温精度：不大于±0.2 ℃。

(2) FID检测器。

检测限：不大于$2\times10^{-11}$ g·$s^{-1}$[$n$-$C_{16}$]。噪声：$2\times10^{-13}$ A(不大于0.02 mV)。漂移：不大于$4\times10^{-12}$ A·$h^{-1}$。启动时间：不大于1.5 h。

### 3. 基本操作步骤

(1) 仪器操作。

① 打开气瓶和减压阀，调节压力至0.5 MPa左右。

② 打开气体净化器开关。

③ 调节总压，使载气压力为0.3 MPa。参照仪器所提供的气体流速曲线调节载气Ⅰ和载气Ⅱ，确定载气流速。使用热导池检测器时，必须先通载气，后通热导桥流。

④ 打开电源开关、加热开关。色谱仪开机后，测定过程中不得打开柱箱门。

例如，$Fe^{2+}$外层电子结构为$3d^6$，在络离子$[Fe(H_2O)_6]^{2+}$中形成电价配位键，其电子排布如图3所示。

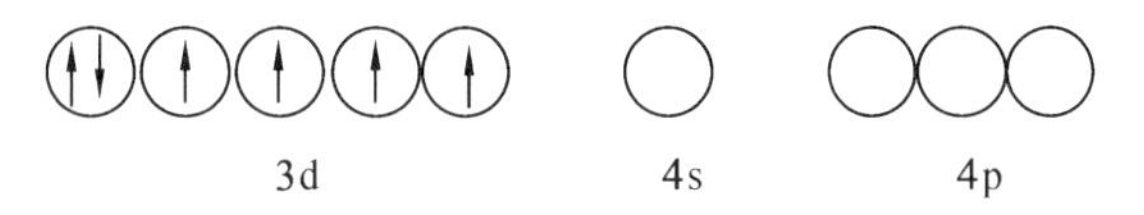


图3　$Fe^{2+}$的在自由离子状态下的电子结构

此时，未配对电子数$n=4$，$\mu_m=4.9\mu_B$。$Fe^{2+}$以上面的结构与6个$H_2O$以静电力相吸引形成电价配合物。而$Fe^{2+}$在$[Fe(CN)_6]^{4-}$中则形成共价配位键，其电子排布如图4所示。

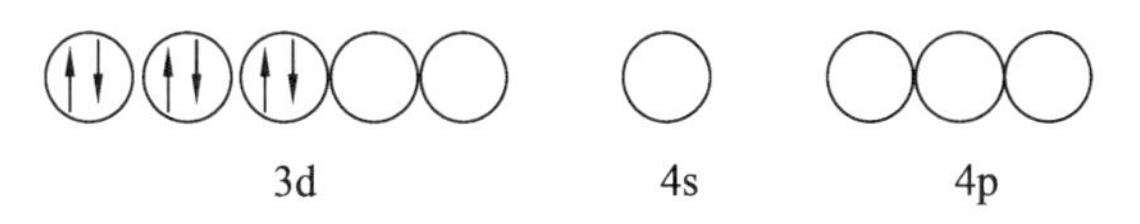


图4　$d^2sp^3$杂化轨道

此时，$n=0$，$\mu_m=0$。$Fe^{2+}$将6个电子集中在3个3d轨道上，6个$CN^-$的孤对电子进入$Fe^{2+}$的6个空轨道，形成共价配合物。

6. 古埃(Gouy)磁天平

古埃(Gouy)磁天平的特点是结构简单，灵敏度高。用古埃磁天平测定物质的磁化率，从而可求得永久磁矩和未成对电子数，这对研究物质结构具有重要意义。

用古埃磁天平测定物质的磁化率时，将装有样品的圆柱形玻璃管悬挂在分析天平的一个臂上，使样品底部处于电磁铁两极的中心，即处于磁场强度最大的区域，而样品的顶端离磁场中心较远，磁场强度很弱，整个样品处于一个非均匀的磁场中。

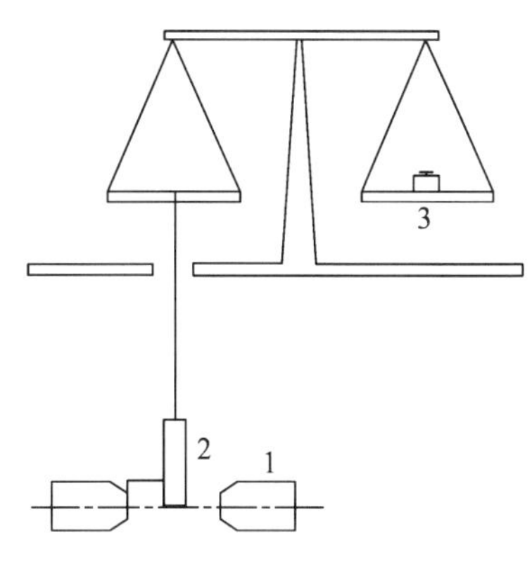


1. 磁铁　2. 样品管　3. 天平

图5　古埃磁天平示意图

由于沿样品轴心方向$z$存在一磁场梯度$\frac{\partial H}{\partial z}$，故样品沿$z$方向受到磁力$dF$的作用：

$$dF=\kappa AH\frac{\partial H}{\partial z}dz \tag{11}$$

式中，$\kappa$为体积磁化率，$A$为柱形样品的截面积。

对于顺磁性物质，作用力指向场强最大的方向；对于反磁性物质则指向场强最弱的方向。若不考虑样品管周围介质的影响，积分得到作用在整个样品管上的力：

⑤ 根据实验条件，输入柱温、热导池温度、进样器温度、桥流。

⑥ 柱温设定：柱箱键＋数字键(温度值)＋输入键。

⑦ 热导池温度设定：热导键＋数字键(温度值)＋输入键。

⑧ 进样器温度设定：进样器键＋数字键(温度值)＋输入键。

⑨ 极性设定：参数键＋0＋输入。

⑩ 桥流设定：参数键＋输入键＋数字键(电流值)＋输入键＋复位＋开关(ON)。

(2) N2000 工作站操作。

① 打开 N2000 在线工作站，单击采样通道 1。

② 采样通道 1 窗口包括“实验信息”“方法”“数据采集”三个功能栏。单击“实验信息”，根据需要输入实验标题、实验人姓名、实验单位等相关信息。

③ “方法”功能栏包括采样控制、积分、组分表、谱图显示、报告编辑及仪器条件，而上述项目中又包括一些选项，可根据实验所需进行编辑。

④ 单击“数据采集”，再单击“查看基线”按钮，待基线平直后即可进样。

⑤ 将试样注入色谱仪，同时单击“采集数据”按钮(或按下遥控开关)。待峰出完后，单击“停止采集”按钮。

⑥ 数据处理(归一法)：选择“方法”→“组分表”→“谱图”→打开自己的文件→全选→填峰名、校正因子→“采用”→“预览”→“打印”。

⑦ 分析完毕后，将柱温、热导池温度、进样器温度设为 50 ℃，桥流设为零。

⑧ 使用热导检测器时，在热导池温度降至 100 ℃以下后，应先关闭主机电源，再关闭载气开关阀。

4. 注意事项

(1) 在开始系列的分析前检查玻璃衬管，注意石英棉的位置以及是否干净。

(2) 定期更换进样垫，推荐每 100 次进样更换一次。

(3) 当更换玻璃衬管或有载气漏气时应更换石墨垫圈。

(4) 如果基线不稳，每半年检查分流流路和进样垫吹扫流路捕获器。

(5) 重复进样会使进样垫劣化，影响其封闭能力并引起载气漏气，这将引起保留时间的漂移和重现性变差。此外，进样垫碎片掉进玻璃衬管会引起鬼峰。因此应定期检查和更换进样垫。

## 九、拓展应用

气相色谱在高分子、生物医学、环境科学、考古学、地球化学、矿物燃料、炸药等领域有广泛应用。

## 十、参考文献

[1] 方惠群，史坚，倪君蒂. 仪器分析原理[M]. 南京：南京大学出版社，1994.

[2] 北京大学化学系仪器分析教学组.仪器分析教程[M].北京：北京大学出版社，1997.

[3] 赵藻藩，周性尧，张悟铭，等.仪器分析[M].北京：高等教育出版社，1990.

# 实验 29 气相色谱法定量分析

## 一、实验目的

(1) 掌握气相色谱各种定性定量方法的优缺点，并根据试样性质和定量要求选择合适的定量方法。

(2) 掌握内标法进行定量分析的方法。

## 二、实验原理

气相色谱是一种强有力的分离技术。在定量分析方面，气相色谱是一种强有力的手段。气相色谱定量分析的依据是在一定色谱条件下，分析试样中组分的量 $m_i$ 与检测器产生的响应信号成正比，响应信号可用峰面积 $A_i$ 表示：

$$m_i = f_i A_i \tag{1}$$

式中，$f_i$ 称为绝对校正因子。

常用的定量方法有峰面积百分比法、归一化法、内标法和外标法等。峰面积百分比法适合于分析响应因子十分接近的组分的含量，它要求样品中所有组分都出峰。归一化法定量准确，但它不仅要求样品中所有组分都出峰，而且要求具备所有组分的标准品，以便测定校正因子。外标法简便易行，但定量精度相对较低，且对操作条件的重现性要求较严。内标法是精度最高的色谱定量方法，它是利用称量样品后，根据样品峰面积的比较来获得结果的。

本实验采用内标法定量。首先获取样品的色谱图，利用定性分析方法确定待测定组分的保留时间。其次，根据实际情况选取内标物，其保留时间应与待测定组分的保留时间相近，且能与样品中所有组分的色谱峰分开。最后，按一定比例称取待测组分的标准物质质量 $m_i$ 和内标标准物质质量 $m_s$，混合后进样，测定待测组分色谱峰面积 $A_i$ 和内标物色谱峰面积 $A_s$，以内标物作为参考物质，则待测定组分的相对校正因子 $f'_i$ 可由式(3)导出：

$$\frac{m_i}{m_s} = \frac{f_i A_i}{f_s A_s} \tag{2}$$

$$f'_i = \frac{f_i}{f_s} = \frac{m_i / A_i}{m_s / A_s} \tag{3}$$

称取一定质量的未知样品的质量 $m_{样品}$，向其中加入一定质量的内标标准物质，混合进样，根据待测组分及内标组分的色谱峰面积、待测定组分的相对校正因子、内标物的质量计算待测组分在混合物中的质量，进而计算其百分含量 $c_i\%$。

$$c_i\%=\frac{m_i}{m_{样品}}=\frac{m_s f_i A_i}{m_{样品} A_s} \tag{4}$$

**三、仪器与试剂**

(1) 仪器：Agilent GC-7890B 气相色谱仪、DB-1701 弹性石英毛细管柱(30 m×0.32 mm×0.25 μm)、微量进样器(10 μm)。

(2) 试剂：正庚烷、甲苯。

**四、实验步骤**

(1) 色谱条件：柱温 90 ℃，汽化室温度 120 ℃，FID 检测器温度 250 ℃，气源：载气(氮气)1 mL·min$^{-1}$，空气 400 mL·min$^{-1}$，氢气 40 mL·min$^{-1}$。

(2) 开机：开载气，开主机，打开工作站，双击“气相色谱定量分析”程序。

(3) 定性：进样正庚烷标准物质溶液、甲苯溶液、混合物溶液。

(4) 测定相对校正因子：在分析天平上，于 1.5 mL 小容量瓶中，准确称取 5 滴正庚烷的质量、5 滴甲苯的质量，稀释至刻度，混匀；仪器稳定后，进样 1 次，记录正庚烷和甲苯的峰面积，计算甲苯对正辛烷的相对校正因子。

(5) 混合物中甲苯含量的测定：准确称取一定质量(5 滴)的正庚烷和一定质量(7 滴)甲苯的混合物于 1.5 mL 小容量瓶中，稀释至刻度，混合均匀。待仪器基线稳定后，进样 1 次，记录甲苯和正庚烷的峰面积，按内标法计算待测混合物中甲苯的质量百分数。

**五、数据记录与处理**

将相关数据记于表 1 和表 2。

**表 1 数据记录表(1)**

| 物质 | 保留时间 |
|---|---|
| 正庚烷 | |
| 甲苯 | |

**表 2 数据记录表(2)**

<table>
<tr><th>测定项目</th><th colspan="2">质量</th><th colspan="2">峰面积</th><th></th></tr>
<tr><td rowspan="2">相对校正因子的测定</td><td>正庚烷 $m_s$</td><td></td><td>$A_s$</td><td></td><td rowspan="2">$f_i'=$</td></tr>
<tr><td>甲苯 $m_i$</td><td></td><td>$A_i$</td><td></td></tr>
<tr><td rowspan="2">混合物中甲苯含量的测定</td><td>正庚烷 $m_s$</td><td></td><td>$A_s$</td><td></td><td rowspan="2">$c_i\%=$</td></tr>
<tr><td>混合物质量 $m_{样品}$</td><td></td><td>$A_i$</td><td></td></tr>
</table>

## 六、注意事项

(1) 试验前检查进样口是否密封不漏气，否则气压不够会使指示灯显红色。

(2) 进样口处隔垫使用200次后需要更换，并检查管路中是否有杂质。若有杂质，应进行清理，以免造成较大误差。

(3) 仪器使用较长时间后应检查衬管，观察里面是否有较多杂质以及玻璃棉变黑的程度，应定期进行更换，以保证实验数据精准。

(4) 使用的载气和氢气应为高纯气体，纯度要达到99.999%，否则实验结果误差较大。

(5) 氢火焰使用的电极阱长期使用变黑后应先用砂纸打磨，再用丙酮超声清洗。

(6) 检查进样口是否有污染；温度要足够，否则会使样品汽化不充分；手动进样时速度要快，尽量减少物质损失。

(7) 色谱仪在整个升温和降温(一般在50 ℃以上)过程中都必须保持通气状态，否则仪器会烧坏。

(8) 通常检测器的设置温度应高于柱温30 ℃～50 ℃。

## 七、思考题

(1) 气相色谱温控部分的温度设置应遵循什么原则?

(2) 常用气相色谱定量方法的适用范围、特点是什么?

(3) 采用内标法定量分析时选择内标的原则是什么?

## 八、仪器介绍

本实验使用的是Agilent GC-7890B气相色谱仪。

1. 主要用途

气相色谱仪在火灾调查、石油、化工、生物化学、医药卫生、食品工业、环保等方面应用很广，是一种对混合气体中各组成成分进行分析检测的仪器。它除了可用于定量和定性分析外，还能测定样品在固定相上的分配系数、活度系数、相对分子质量和比表面积等物理化学常数。

2. 主要性能指标

(1) 柱箱。

① 温度范围：室温以上4 ℃～450 ℃。

② 温度设定：1 ℃。

③ 程序设定升温速率：0.1 ℃。

④ 最大升温速度：120 ℃·$min^{-1}$。

⑤ 温度稳定性：当环境温度变化1 ℃时，小于0.01 ℃。

⑥ 程序升温：6阶7平台。

⑦ 最大运行时间：999.99 min。

⑧ 降温速率：从 400 ℃降至 50 ℃<270 s。

(2) 分流/不分流毛细管柱进样口(带电子气路控制，简称 EPC)。

① 可编程电子参数设定压力、流速、分流比。

② 最高使用温度：400 ℃。

③ 压力设定范围：0～150 psi，控制精度：0.01 psi。

④ 流量设定范围：0～200 $mL \cdot min^{-1}$(以 $N_2$ 为载气时)，0～1 000 $mL \cdot min^{-1}$(以 $H_2$、He 为载气时)。

(3) 流量控制：具有恒流、恒压、程序增加流速、程序升压、脉冲压力进样等操作模式的电子气路控制。

(4) 除柱箱外，可加热控温的区域应不少于 6 个，其最高温度可达 400 ℃。

(5) 电子捕获检测器(u-ECD)。

① 安装隐含阳极和大体积流速，防止污染。

② 最高使用温度：400 ℃。

③ 放射源：<5 mCi $^{63}Ni$ 箔。

④ 最低检测限：<0.008 $pg \cdot s^{-1}$(六氯化苯)。

⑤ 动态范围：>$5\times10^5$(六氯化苯)。

(6) 氢火焰检测器(FID)。

① 最高使用温度：450 ℃。

② 自动点火装置：具有自动灭火检测功能。

③ 最低检测限：<5 $pg \cdot s^{-1}$(丙烷)。

④ 线性动态范围：$\geqslant 10^7$。

⑤ 检测频率：200 Hz。

3. 基本操作步骤

(1) 开机。

① 开启主机，进入联机状态，打开载气及支持气，设置减压阀 0.3～0.5 MPa。

② 打开主机电源，并等待主机通过自检。

③ 打开计算机，进入操作系统，双击计算机桌面上的“Online”图标进入工作站。

(2) 编辑整个“方法”，主要编辑“采集参数”。

① 从“View”菜单中选择“Method and Run Control”。

② 打开“Method”菜单，单击“Edit Entimethod”，进入相关界面，先选择各项，单击“OK”。

③ 写出方法信息，如果使用自动进样器，选择“HPGC Injector”；若手动进样，则

选择“Manual”。

④ 进入仪器控制参数编辑界面，设定相应参数值，每设定一个参数，单击“Apply”，最后一个参数编辑完成，单击“OK”。

⑤ 仪器控制参数设置完成后，即进入积分参数设定界面，单击“OK”，设定积分参数，编辑后进入报告设定画面，设定报告。

⑥ 保存“方法”。打开“Method”菜单，选择“Save as Method”，输入一个新名字即可。

(3) 样品分析。

① 调出在线窗口。如果没有基线显示，单击“Change”按钮，从中选择要观测的信号，单击“OK”后，可见蓝色基线显示。

② 填写样品信息。从“Run Control”中选择“Sumple Info”，填写样品信息后单击“OK”。

③ 待观测到基线比较平坦后，在色谱仪上进样品，在键盘上按“Strat”启动运行。

④ 实验结束时，双击“关机程序”，仪器自动进入降温过程。

(4) 数据分析。

① 启动化学工作站的“Offline”状态，进入数据分析“Data Analysis”界面。

② 调出数据进行图谱优化，从“Graphics”中选择“Signal Operation”，选择“Autocale”，并将时间范围选为 0～3 min 后，单击“OK”。

③ 积分。

④ 打印面积百分比报告。

**九、拓展应用**

(1) 石油和石油化工分析：油气田勘探中的化学分析，原油分析，炼厂气分析，模拟蒸馏，油料分析，单质烃分析，含硫、含氮、含氧化合物分析，汽油添加剂分析，脂肪烃分析，芳烃分析。

(2) 环境分析：大气污染物分析、水分析、土壤分析、固体废弃物分析。

(3) 食品分析：农药残留分析、香精香料分析、添加剂分析、脂肪酸甲酯分析、食品包装材料分析。

(4) 药物和临床分析：雌三醇分析，儿茶酚胺代谢产物分析，尿中孕二醇和孕三醇分析，血浆中睾丸激素分析，血液中乙醇、麻醉剂及氨基酸衍生物分析。

(5) 农药残留物分析：有机氯农药残留分析、有机磷农药残留分析、杀虫剂残留分析、除草剂残留分析。

(6) 精细化工分析：添加剂分析、催化剂分析、原材料分析、产品质量控制。

(7) 聚合物分析：单体分析、添加剂分析、共聚物组成分析、聚合物结构表征、聚合物中的杂质分析、热稳定性研究。

(8) 合成工业：方法研究、质量监控、过程分析。

**十、参考文献**

[1] 戚苓，陈佩琴，翁筠蓉，等. 化学分析与仪器分析实验[M]. 南京：南京大学出版社，1992.

[2] 复旦大学化学系《仪器分析实验》编写组. 仪器分析实验[M]. 上海：复旦大学出版社，1986.

[3] 北京大学化学系分析化学教研室. 基础分析化学实验[M]. 北京：北京大学出版社，1993.

## 实验30 高效液相色谱法定量分析

**一、实验目的**

(1) 熟悉高效液相色谱仪的结构。

(2) 掌握苯酚的高效液相色谱测定方法。

(3) 熟练掌握高效液相色谱仪的操作。

**二、实验原理**

高效液相色谱的基本原理与气相色谱相似，仅流动相为液体，且溶质在流动相中的纵向扩散可以忽略。对于液-液色谱法来说，若流动相极性小于固定相极性，则称为正相液-液色谱法；反之，若流动相极性大于固定相极性，则称为反相液-液色谱法。液相色谱法中，流动相的种类对分配系数有较大的影响。高效液相色谱仪一般由四部分组成：高压输液系统、进样系统、分离系统和检测系统。高效液相色谱法的定性、定量分析方法与气相色谱法基本相同。液相色谱定量分析比较常用的是标准曲线法。该方法简便、快速、准确，不足的是每次试样分析色谱条件和进样量要完全一致。

苯酚是最简单的酚，为无色固体，有特殊气味，显酸性。苯酚是有机化工工业中的基本原料，可通过多种途径对环境水体造成污染，给人类、鱼类以及农作物带来严重危害。根据国家环保部门的有关规定，工作场所苯酚的最高允许质量浓度为 $5\times 10^{-6}\ \mu g\cdot L^{-1}$，饮用水中为 $2\ \mu g\cdot L^{-1}$，地面水中为 $0.1\ mg\cdot L^{-1}$。苯酚的测量方法有溴化容量法、比色法、高效液相色谱法等，但前两种方法分析速度较慢、精度较低。高效液相色谱法是近年来发展起来的一种新技术，具有分析速度快、检测灵敏度高、操作简便、样品用量少等特点。

**三、仪器与试剂**

(1) 仪器：UltiMate 3000 高效液相色谱仪、紫外检测器、$C_{18}$色谱柱。色谱柱为

$C_{18}$柱；流动相为甲醇：二次蒸馏水=70：30（体积比）；检测波长为 270 nm；流速为 1.0 mL·min$^{-1}$；进样量为 10 μL。

（2）试剂：苯酚（分析纯）、甲醇（色谱纯）、二次蒸馏水。

## 四、实验步骤

1. 标准曲线的绘制

称取一定质量的苯酚溶于甲醇中，配制成浓度为 100 mg·L$^{-1}$、200 mg·L$^{-1}$、300 mg·L$^{-1}$、400 mg·L$^{-1}$和 500 mg·L$^{-1}$的苯酚标准溶液。采用高效液相色谱-紫外法测定标准溶液，记录色谱峰面积，以浓度为横坐标、峰面积为纵坐标绘制标准曲线。

2. 样品分析

将水样经过滤（0.45 μm 滤膜）处理后，测定其峰面积值，根据标准曲线进行定量分析。

## 五、数据记录与处理

1. 标准曲线数据

将标准曲线数据记于表 1，并绘制标准曲线。

**表 1 标准曲线数据**

| 苯酚浓度/(mg·L$^{-1}$) | 100 | 200 | 300 | 400 | 500 |
|---|---|---|---|---|---|
| 保留时间/min | | | | | |
| 峰面积 $A$/AU | | | | | |

2. 样品分析数据

将样品分析数据记于表 2。

**表 2 样品分析数据**

| 样品 | 水 样 | | |
|---|---|---|---|
| 峰面积 $A$/AU | | | |
| 浓度/(mg·L$^{-1}$) | | | |
| 平均浓度/(mg·L$^{-1}$) | | | |

## 六、注意事项

（1）应经常使用空调，控制高效液相色谱仪的温度和湿度。

（2）启动泵压力不要过大，一般在 4 MPa 左右。

（3）使用前后要清洗系统和进样针。

（4）流动相和样品溶液一定要经超声过滤处理后使用。

## 七、思考题

(1) 如何在紫外光检测时选择最佳测量波长?

(2) 标准曲线法与内标法、归一化法相比具有哪些优缺点?

## 八、仪器介绍

本实验使用的是 UltiMate 3000 高效液相色谱仪(美国 Thermo-Fisher 公司)。

### 1. 主要用途

高效液相色谱仪可用于药品杂质定性定量分析、食品安全检测分析(三聚氰胺、瘦肉精等化合物检测分析)、临床检测分析(药物和激素检测、新生儿疾病检测)、环境污染物定量分析、化妆品杂质定量分析等。

### 2. 主要性能指标

(1) 流速范围:200~10 000 $\mu L \cdot min^{-1}$。

(2) 流速准确度:0.1% (1 $mL \cdot min^{-1}$)。

(3) 流速精度:<0.1% RSD (1 $mL \cdot min^{-1}$)。

(4) 压力范围:0.1~50 MPa。

(5) 梯度延迟体积:690 μL, 360 μL。

(6) 检测范围:190~900 nm。

(7) 最大采样速度:100 Hz。

(8) 噪音:<±2.5 μAU (254 nm)。

(9) 漂移:<0.1 $mAU \cdot h^{-1}$。

### 3. 基本操作步骤

(1) 按顺序接通所有电源。

(2) 设置泵流速(一般为 1.00 $mL \cdot min^{-1}$)和流动相比例。

(3) 设置 UV 波长。

(4) 色谱条件需要设置柱温时要设置柱温(一般情况下不需要)。

(5) 启动泵,打开在线色谱工作站。

(6) 参数设置:

① 采样控制:采样时间的设置;选择“采样结束后自动积分”。

② 积分:选择面积积分法,设置最小峰面积,最后采用。

③ 谱图显示:设置时间显示范围,最大值与采样结束时间一致,最小值为 0;设置电压显示范围,最大值由峰高决定,最小值一般以 1/10 最大值为宜;最后采用。

(7) 数据采集:开机约半小时后,进行校正零点。

(8) 进样:自动进样,把样品放进指定的区域,在运行栏里填入对应编码。

(9) 积分,把归一化法换成外标法(或其他方法),最后采用。

(10) 校正：选择“校正”，输入标准含量，然后加入标样，进行谱图扫描，校正完毕。

(11) 测试完毕，选择甲醇通道进行清洗。

(12) 关闭系统：先关闭计算机，然后关灯、泵，最后关电源。

**九、拓展应用**

高效液相色谱法具有分辨率高、灵敏度高、速度快、色谱柱可反复使用、流出组分易收集等优点，因而被广泛应用于生物化学、食品分析、医药研究、环境分析、无机分析等各种领域，并已成为解决生化分析问题最有前途的方法。

**十、参考文献**

[1] Sawyer D T, Heineman W R, Beebe J M. 仪器分析实验[M]. 倪君蒂，司元忠，黄印平，等，译. 南京：南京大学出版社，1989.

[2] Sawyer D T, Heineman W R, Beebe J M. Chemistry Experiments for Instrumental Methods[M]. New York: Wiley, 1984.

## 实验31　质谱法测定化合物的结构

**一、实验目的**

(1) 了解质谱分析的基本原理。

(2) 了解质谱仪的基本构造和工作流程。

(3) 掌握利用质谱图推测化合物结构的基本方法。

**二、实验原理**

质谱仪利用电磁学原理，采用高速电子束撞击气态分子，将分解出的阳离子加速导入质量分析器中，然后按质荷比($m/z$)的大小顺序进行收集和记录，即得到质谱图。根据质谱图中峰的位置，可以进行定性和结构分析；根据峰的强度，可以进行定量分析。

本实验采用直接进样法测定对羟基苯甲酸乙酯的电喷雾质谱。

**三、仪器与试剂**

(1) 仪器：质谱仪(电子轰击离子源)。

(2) 试剂：甲醇(色谱纯)、对羟基苯甲酸乙酯(分析纯)。

**四、实验步骤**

(1) 按操作规程使质谱仪正常工作。

(2) 将对羟基苯甲酸乙酯采用直接进样方式进样，记录质谱图。

**五、数据记录与处理**

(1) 判别分子离子峰，以确定相对分子质量。

（2）根据同位素峰的个数、质荷比和相对强度指出分子及碎片离子中是否含氯或溴等特殊元素，以及含几个这样的原子。

**六、注意事项**

（1）质谱仪属大型精密仪器，实验中应严格按操作规程进行操作，以防损坏仪器。

（2）仪器在未达到规定的真空度之前，禁止开机进行操作。

（3）实验过程中，勿用肥皂泡检查气路，包括自己的气路，以防仪器损坏。

（4）一般情况下，质谱仪要保持正常运行状态，除非15天以上不用仪器，方可关闭，因为质谱仪需要一定的稳定期（24 h以上）。停电前应立即关闭质谱仪。

**七、思考题**

（1）用质谱法确定化合物的分子式有哪些方法？

（2）试述利用质谱图推测化合物结构的一般步骤。

**八、仪器介绍**

1. 仪器构造

质谱仪的构造如图1所示。

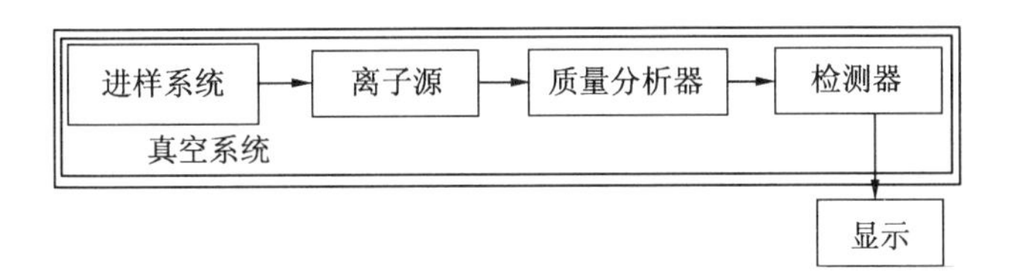


**图1　质谱仪的构造**

2. 仪器使用步骤

（1）打开氮气、氩气瓶开关，检查氮气、氩气压力是否符合要求，$p_{氮气}=0.7$ MPa。

（2）检查仪器电源是否与不间断电源连接（电源中线接地，电流≥13 A）。

（3）依次打开显示器、计算机主机、打印机、质谱仪电源开关，3 min后待质谱仪发出“嘀”声，表示质谱仪自检完成。

（4）双击“Masslynx V4.0”图标进入“Masslynx”主菜单。

（5）单击“MS Tune”进入“Quattro Micro”仪器调谐窗口。单击菜单栏中的“Ion Mode”，选择离子模式。单击菜单栏中的“Options”，选择“Pump”，质谱仪进入抽真空状态，当达到工作真空（$<10^{-4}$）时，质谱仪面板上的Vaccum灯由橙色变绿色，且离子源开始加热。待离子源温度达到设定值后，单击菜单栏中的“API Gas”图标打开氮气阀，单击“Operate”图标打开仪器的高压电源。在内置蠕动泵上用注射器注入调节仪器的标准样品，单击“Syinge Pump”，蠕动泵开始进样，然后进行仪器调节。

(6) 调节灵敏度,可通过调电离源参数使仪器灵敏度达到最佳。在“ES+/ES- Sourse”项下,通过设定“Capillary(kV)”“Cone(V)”“Sourse Temp(℃)”“Desolvation Temp(℃)”“Gas Flow”等参数值,并调整进样探头的位置,使仪器达到最佳灵敏度。一般情况下,“Capillary(kV)”为 2.5～3.5 kV,“Cone(V)”为 30～50 V,“Sourse Temp(℃)”为 80 ℃～120 ℃,“Desolvation Temp(℃)”为 150 ℃～300 ℃,“Gas Flow”为 450～650 $L \cdot h^{-1}$。

(7) 调节分辨率,可通过调四级杆参数使仪器的分辨率与待测样品相适宜。在“Analyser”项下,设定“LM Resolution 1”“HM Resolution 1”“Ion Energy”“Entrance”“Collision”“Exit”等参数值,使灵敏度和分辨率均适宜,且仪器处于最佳工作状态。

(8) 测定样品。在内置蠕动泵上用注射器装入被测样品(样品配制方法同高效液相色谱法中样品配制),单击“Syinge Pump”,蠕动泵开始进样。

(9) 单击“Acquire”,输入“Data File Name”“Founction”“Start Mass”“End Mass”等参数,然后单击“Start”开始正式采集质谱图。

(10) 数据采集过程中的谱图处理。在“Masslynx”主菜单中,单击“Chromatogram”,进入“Chromatogram”窗口,单击主菜单栏中的“Display”,选择“Real-Time Update”,出现实时监测的总离子色谱图,右键拉“|—|”,将这一时间的质谱图叠加并显示在质谱图窗口中。在质谱图窗口中,可以对谱图进行 Smooth(平滑)、Subtract(扣底)、Center(棒图)等处理。单击主菜单栏中的“File”,选择“Print”,即可打印报告。

(11) 取出注射器,倒出样品并清洗干净。

(12) 仪器关机。在“MS Tune”窗口中,将“Desoluration Temp(℃)”降至室温。单击“Press for Standby”“API Gas”,关闭高压和气源。

(13) 单击主菜单栏中的“Options”,选择“Vent”,使仪器放真空,待放真空后关闭质谱仪电源,然后依次关闭计算机主机、显示器、打印机。

**九、拓展应用**

由于质谱分析具有灵敏度高、样品用量少、分析速度快、分离和鉴定同时进行等优点,质谱技术现已广泛地应用于化学、化工、环境、能源、医药、生命科学、材料科学等各个领域。

**十、参考文献**

[1] 李中权,张芳,苏越,等.质谱直接定量分析技术的应用进展[J].质谱学报,2018,39(2):129-140.

[2] 李克安.分析化学教程[M].北京:北京大学出版社,2005.

# 实验32 核磁共振波谱分析

## 一、实验目的

(1) 掌握核磁共振波谱法测定化合物结构的方法。

(2) 掌握核磁共振波谱仪的使用方法。

(3) 掌握核磁共振波谱图的解析方法。

## 二、实验原理

原子核除具有电荷和质量外,约有半数以上的元素的原子核还能自旋。由于原子核是带正电荷的粒子,它自旋就会产生一个小磁场。能自旋的原子核处于一个均匀的固定磁场中,它们就会发生相互作用,结果会使原子核的自旋轴沿磁场中的环形轨道运动,这种运动称为进动。

核磁共振现象来源于原子核的自旋角动量在外加磁场作用下的进动。自旋核的进动频率 $\upsilon_0$ 与外加磁场强度 $B_0$ 成正比,即 $\upsilon_0=\gamma B_0$,式中 $\gamma$ 为旋磁比,是一个以不同原子核为特征的常数,即不同的原子核各有其固有的旋磁比 $\gamma$,这就是利用核磁共振波谱仪进行定性分析的依据。因此,如果自旋核处于一个磁场强度为 $B_0$ 的固定磁场中,设法测出其进动频率 $\upsilon_0$,就可以求出旋磁比 $\gamma$,从而达到定性分析的目的。同时,还可以保持 $\upsilon_0$ 不变,测量 $B_0$,求出 $\gamma$,实现定性分析。核磁共振波谱仪就是在这一基础上,利用核磁共振的原理进行测量的。

根据量子力学原理,原子核与电子一样,也具有自旋角动量,其自旋角动量的具体数值由原子核的自旋量子数决定。实验结果显示,不同类型的原子核自旋量子数也不同:质量数和质子数均为偶数的原子核,自旋量子数 $I=0$,如 $^{12}C$、$^{16}O$。质量数为奇数的原子核,自旋量子数为半整数,如 $^{1}H$、$^{13}C$、$^{17}O$。质量数为偶数,质子数为奇数的原子核,自旋量子数为整数,如 $^{2}H$、$^{14}N$。原则上,只要自旋量子数 $I\neq0$ 的原子核都可以得到 NMR 信号。但目前有实用价值的仅限于 $^{1}H$、$^{13}C$、$^{19}F$、$^{31}P$ 及 $^{15}N$ 等核磁共振信号,其中氢谱和碳谱的应用最广。

$I\neq0$ 的原子核做自旋运动时产生磁矩,在外磁场 $B_0$ 中有 $2I+1$ 个不同的空间取向,分别对应于 $2I+1$ 个能级。根据选择定则,能级之间的跃迁只能发生在 $\Delta m=1$ 的能级之间,此时跃迁的能量变化为

$$\Delta E=\frac{B_0\gamma h}{2\pi} \tag{1}$$

式中,$h$ 为普朗克常量,$B_0$ 为外加静磁场的强度,$\gamma$ 为原子核的旋磁比。

当射频辐射的能量与跃迁所需能量相等时,就发生共振跃迁,这就是裸核在磁场

中的行为。实际上，核外有电子绕核运动，电子的屏蔽作用抵消一部分外加磁场，原子核实际感受到的磁场强度为$(1-\sigma)B_0$（$\sigma$为屏蔽常数），核磁共振的条件为

$$\Delta E=\frac{(1-\sigma)B_0\gamma h}{2\pi} \tag{2}$$

由于屏蔽作用，原子的共振频率与裸核的共振频率不同，即发生了位移，称为化学位移。

化学位移用$\delta$表示。$\delta$为无量纲常数，是一个与磁场强度无关的数值。常选用的标准物质是四甲基硅烷（TMS），在氢谱和碳谱中，把它的化学位移定为零，在谱图的右端。大多数有机化合物核磁吸收信号在谱图上都位于它的左边。

磁性核之间的相互作用使共振峰分裂成多重线，这一现象称为自旋-自旋偶合。偶合强度$J$用多重谱线的间隔（以 Hz 为单位）表示。多重谱线的数目为$2nI+1$（式中，$n$为被讨论的核相邻的磁性核的数目，$I$为相邻磁性核的核自旋量子数）。对于质子来说，因为$I=1/2$，所以谱线数目等于$n+1$，多重线内各峰的强度可根据简单的统计方法求出，与二项展开式的系数成比例。也就是说，一个邻近质子使被讨论核的共振峰分裂成双线（1∶1），两个邻近质子产生三重线（1∶2∶1），三个邻近质子产生四重线（1∶3∶3∶1）等。

**三、仪器与试剂**

（1）仪器：核磁共振波谱仪。

（2）试剂：乙酸乙酯、氘代氯仿（含 1%TMS）。

**四、实验步骤**

（1）打开仪器以及计算机，预热，准备测试。

（2）样品制备：一般采用 5 mm 的标准样品管，样品量为十几毫克至几十毫克（对于 PFT-NMR 而言，$^1$H-NMR 谱一般只需要 1 mg 左右甚至更少）。根据样品性质，选择氘代试剂，溶解后加入样品管。塞好样品管，擦拭干净后放入转子中，用量筒调节转子位置，即可放入磁场中心的样品腔中。打开气流开关，使样品管旋转。

（3）设置实验合适的参数，采集信号，进行相应调整，确定化学位移，积分，得到乙酸乙酯$^1$H-NMR 谱。

（4）分析谱图。

**五、数据记录与处理**

（1）根据乙酸乙酯核磁共振波谱图，解析谱图上各峰的归属。

（2）判断峰的分裂与自旋-自旋偶合规则是否相符。

## 六、注意事项

(1) 要得到高分辨率的谱图,样品溶液中绝不能有悬浮的灰尘和纤维,一般情况下用棉花和滤纸把样品直接过滤到样品管中。

(2) 样品在磁场的位置很重要,应保证样品处于磁场的几何中心,除非有其他要求。

(3) 注意将磁性物体远离磁体,因为它们可能对磁体、匀场线圈和探头造成严重损坏,盛装低温液体的同心杜瓦瓶可能被强力撞裂。

## 七、思考题

(1) 在核磁共振中,化学位移是否随外加磁场改变而改变?为什么?

(2) 核磁共振波谱图的峰高能否作为质子比的量度?

## 八、仪器介绍

核磁共振波谱仪(Nuclear Magnetic Resonance Spectroscopy,NMR)的构造如图1所示。核磁共振波谱仪是研究原子核对射频辐射的吸收,对各种有机和无机物的成分、结构进行定性分析的最强有力的工具之一,有时也可进行定量分析。其工作原理是:在强磁场中,原子核发生能级分裂,当吸收外来电磁辐射时,将发生核能级的跃迁,即产生所谓NMR现象。当外加射频场的频率与原子核自旋进动的频率相同时,射频场的能量才能够有效地被原子核吸收,为能级跃迁提供助力。因此某种特定的原子核,在给定的外加磁场中,只吸收某一特定频率射频场提供的能量,这样就形成了一个核磁共振信号。NMR研究的对象是处于强磁场中的原子核对射频辐射的吸收。核磁共振波谱仪有两大类:高分辨率核磁共振波谱仪和宽谱线核磁共振波谱仪。前者只能测液体样品,主要用于有机分析;后者可直接测量固体样品,在物理学领域用得较多。按波谱仪的工作方式可分连续波核磁共振波谱仪(普通波谱仪)和傅立叶变换核磁共振波谱仪。

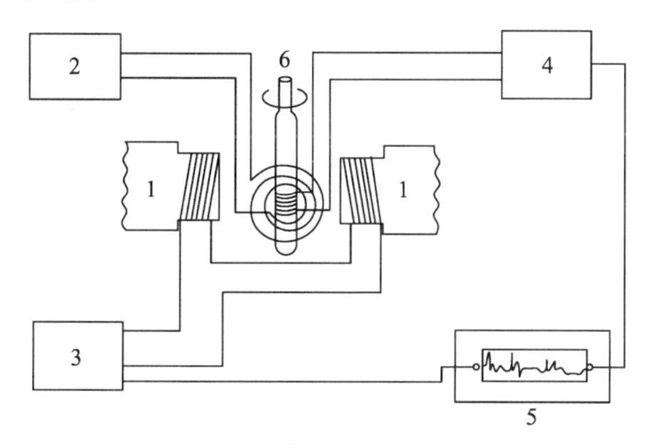


1. 磁铁 2. 射频振荡器 3. 扫描发生器 4. 检测器 5. 记录器 6. 样品管

**图1 核磁共振波谱仪的构造**

(1) 用核磁共振确定样品的化学结构时，样品越纯越好(一般>95%)，包括固体样品中原有的溶剂也应除掉。

(2) 样品需要均匀地溶于整个溶液，无悬浮颗粒(最好用过滤或离心的方法去除悬浮的固体颗粒)，保证溶液中不能含有 Fe、Cu 等顺磁性粒子，否则会影响匀场和谱图质量。

(3) 一般的有机物须提供样品量：$^1$H 谱>5 mg，$^{13}$C 谱>15 mg，聚合物量需适当增加。

(4) 开放实验样品需自备样品管，要求管内外壁干净，管壁无划痕破损(防止样品管在仪器探头内发生断裂，一旦断裂将造成重大仪器故障)。不规范的核磁管包括：① 外径过粗或过细；② 管壁有刮痕或裂缝；③ 核磁管弯曲变形及上下粗细不均匀；④ 帽子有裂缝或与核磁管不吻合；⑤ 经超声波清洗或多次使用已出现磨损。

(5) 目前核磁测试中大多只能测液体样品，因而要求样品在氘代试剂中有良好的溶解性。常用的氘代溶剂有氯仿、重水、甲醇、丙酮、二甲基亚砜(DMSO)、苯、邻二氯苯、吡啶、醋酸、三氟乙酸等。有些溶剂(如 DMSO、吡啶等)，具有较强的吸水性，配成样品溶液后，应保持干燥或尽量与空气中的水分隔绝。

### 九、拓展应用

核磁共振实验是一种连续非时限性的研究方式。必要时，实验可以连续几天，对样品无任何破坏。可进行$^1$H、$^{13}$C 等常规测量，可进行活性肽、多肽类蛋白的溶液结构研究，可进行化合物的结构、组分的鉴定，也可进行多维梯度实验。

### 十、参考文献

[1] 邓小娟，丁国生，陈小平. 现代核磁共振波谱技术教学实践与人才培养探索[J]. 分析测试技术与仪器，2017，23(3)：139-142.

[2] 王聪，王远红，王义，等. 核磁共振波谱仪引入仪器分析实验教学的探索[J]. 实验技术与管理，2016，33(7)：160-162.

[3] 王桂芳，马廷灿，刘买利. 核磁共振波谱在分析化学领域应用的新进展[J]. 化学学报，2012，70(19)：2 005-2 011.

## 实验 33 荧光分析

### 一、实验目的

(1) 掌握荧光物质的定量测定方法。

(2) 熟悉荧光光谱仪的结构及操作。

## 二、实验原理

物质分子或原子在一定条件下吸收辐射能而被激发到较高电子能态后，在返回基态的过程中将以不同的方式释放能量。例如，在分子吸收分光光度法中，受激分子以热能的形式释放多余的能量，测量的是物质对辐射的吸收，属吸收光谱法；而发光分析是受激分子或原子以发射辐射的形式释放能量，测量的是物质分子或原子自身发射辐射的强度，属发射光谱法。

电子跃迁到不同激发态能级，吸收不同波长的能量，产生不同吸收带，但均回到第一激发单重态的最低振动能级，再跃迁回基态，产生波长一定的荧光，所以发射光谱的形状与激发波长无关。

荧光的产生与分子结构的关系如下：

(1) 跃迁类型：$\pi^* \rightarrow \pi$ 的荧光效率高，系间跨越过程的速率常数小，有利于荧光的产生。

(2) 共轭效应：提高共轭度有利于增加荧光效率并产生红移。

(3) 刚性平面结构：可降低分子振动，减少与溶剂的相互作用，故具有很强的荧光。例如，荧光素和酚酞具有相似的结构，但荧光素有很强的荧光，酚酞却没有。

(4) 取代基效应：芳环上有供电基，使荧光增强。

荧光分析可应用于物质的定性及定量分析。由于物质结构不同，所吸收的紫外-可见光波长不同，所发射荧光波长也不同，利用这个性质可鉴别物质。在一定频率和一定强度的激发光照射下，荧光物质（稀溶液体系）所产生的荧光强度与浓度呈线性关系，可进行定量分析。

激发光谱曲线：固定测量波长（选择最大发射波长），化合物发射的荧光强度与激发光波长的关系曲线。

荧光（发射）光谱曲线：固定激发光波长（选择最大激发波长），化合物发射的荧光强度与发射光波长的关系曲线。

## 三、仪器与试剂

(1) 仪器：荧光光谱仪。

(2) 试剂：5 $\mu g \cdot mL^{-1}$荧光素储备液、荧光素未知溶液。

## 四、实验步骤

(1) 标准溶液的配制：移取一定体积的储备液配制荧光素的 0.01 $\mu g \cdot mL^{-1}$、0.02 $\mu g \cdot mL^{-1}$、0.03 $\mu g \cdot mL^{-1}$、0.04 $\mu g \cdot mL^{-1}$标准溶液。

(2) 选取其中一种溶液，测绘荧光素的激发光谱和荧光光谱。固定激发波长，扫描发射波长，得到最大发射波长 $\lambda_{em}$。固定发射波长 $\lambda_{em}$，扫描激发波长，可以得到最大激发波长 $\lambda_{ex}$。

(3) 以荧光素的最大激发波长 $\lambda_{ex}$ 和最大发射波长 $\lambda_{em}$ 测定标准溶液的荧光强度，在相同条件下测定未知样品的荧光强度。

## 五、数据记录与处理

(1) 记录荧光素的 $\lambda_{em}$ 和 $\lambda_{ex}$。

(2) 在各自的测定条件下进行标准曲线的测定，记录数据，绘制标准曲线，计算未知溶液中荧光素的含量。

## 六、注意事项

(1) 荧光比色皿四面均透光，用手拿取时应拿棱边，避免碰到透光面。

(2) 在测定荧光发射光谱时，扫描波长上限应小于激发波长的 2 倍，避免出现倍频峰。

(3) 在测定荧光发射光谱，选择最灵敏的激发光波长时，应避免倍频峰与所测波长重叠，导致所测结果不准确。

## 七、思考题

(1) 在测量荧光光谱曲线时，如何区分荧光发射峰和激发光散射峰？

(2) 为什么荧光光谱仪要配备两个单色器？为什么光源与检测器通常成直角？

## 八、仪器介绍

1. 仪器构造

荧光光谱仪主要由四个部分组成：激发光源、样品池、双单色器系统、检测器(图 1)。特殊点：有两个单色器，光源与检测器通常成直角。

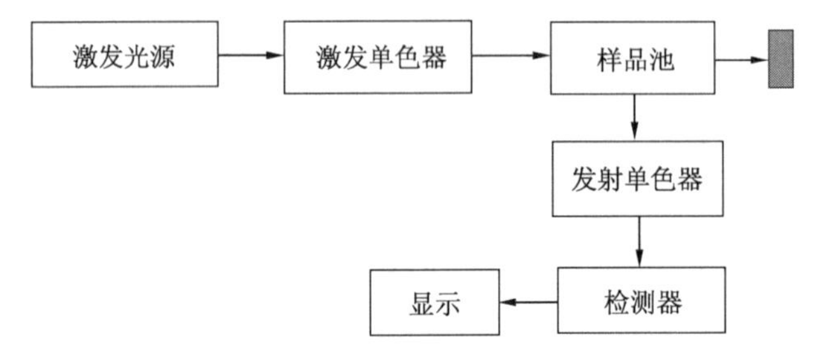


**图 1　荧光光谱仪的构造**

2. 使用步骤

(1) 开机：开启计算机。开启仪器主机电源，同时观察主机正面面板右侧的“Xe LAMP”和“RUN”指示灯，依次显示绿色为正常。双击工作站，主机自行初始化。初始化结束后，须预热 15～20 min，出现操作主界面，显示为“Ready”。

(2) 参数设定：单击扫描界面右侧的“Method”，在“General”选项的“Measurement”中选择“Wavelength Scan”测量模式，在“Instrument”选项中设置仪器参数和扫描参数。选择扫描模式“Scan Mode”为“Emission/Excitation”(发射光谱/激发光谱),选择数据模式“Data Mode”为“Fluorescence”(荧光测量),设定波长扫描范围。扫描荧光激发光谱(Excitation),需设定激发光的起始/终止波长(EX Start/End WL)和荧光发射波长(EM WL)。扫描荧光发射光谱(Emission),需设定发射光的起始/终止波长(EM Start/End WL)和荧光激发波长(EX WL)。

(3) 扫描测试:打开盖子,放入待测样品后盖上盖子(请勿用力)。单击扫描界面右侧的“Measure”,窗口在线出现扫描谱图。

(4) 数据处理与保存:选中自动弹出的数据窗口。右击并选择“Trace”,进行读数并寻峰等操作。选择“File”→“Save as”,对数据进行保存。

(5) 关机顺序:关闭工作站,关闭 Xe 灯,10 min 后关闭主机电源和计算机。

**九、拓展应用**

荧光光谱仪对经光源激发后产生荧光的物质或经化学处理后产生荧光的物质成分分析具有灵敏度高、选择性强、用样量少、方法简便、标准曲线线性范围宽等优点,可以广泛应用于生命科学、医学、药学、化学、环境化工等领域。

**十、参考文献**

[1] 陈国松,陈昌云. 仪器分析实验[M]. 南京:南京大学出版社,2009.

[2] 王海涛,曲志勇,王莉,等. 分子荧光光谱法测定食品接触材料中荧光增白剂[J]. 中国无机分析化学, 2016, 6(2): 4-8.

## 实验 34　阳极溶出伏安法测定水中的微量铅和镉

**一、实验目的**

(1) 熟悉溶出伏安法的基本原理。

(2) 掌握汞膜电极的使用方法。

(3) 了解一些新技术在溶出伏安法中的应用。

**二、实验原理**

溶出伏安法的测定包含两个基本过程,即首先将工作电极控制在某一条件下,使被测定物质在电极上富集,然后施加线性变化电压于工作电极上,使被测物质溶出,同时记录电流与电极电位的关系曲线,根据溶出峰电流的大小来确定被测定物质的含量。

溶出伏安法主要分为阳极溶出伏安法、阴极溶出伏安法和吸附溶出伏安法。木实验采用阳极溶出伏安法测定水中的 Cd(Ⅱ)和 Pb(Ⅱ),其过程可表示为

$$Cd^{2+} + 2e^- + Hg \xlongequal{} Cd(Hg)$$

$$Pb^{2+} + 2e^- + Hg \xlongequal{} Pb(Hg)$$

本法使用汞膜电极为工作电极，铂电极为辅助电极，甘汞电极为参比电极。在被测物质所加电压下富集时，汞与被测物质在工作电极的表面上形成汞齐，然后在反向电位扫描时，被测物质从汞中“溶出”，而产生“溶出”电流峰。

在酸性介质中，当电极电位控制为－1.0 V(vs. SCE)时，$Cd^{2+}$、$Pb^{2+}$与$Hg^{2+}$在工作电极上富集形成汞齐膜，然后当阳极化扫描至－0.1 V时，可得到两个清晰的溶出电流峰。镉的波峰电位约为－0.6 V(vs. SCE)，铅的波峰电位约为－0.4 V(vs. SCE)。

**三、仪器与试剂**

(1) 仪器：CHI760E电化学工作站；汞膜电极(作工作电极)、甘汞电极(作参比电极)、铂电极(作辅助电极)组成三电极系统。

(2) 试剂：$1.0\times10^{-2}$ mol・$L^{-1}$ $Cd^{2+}$标准溶液、$1.0\times10^{-2}$ mol・$L^{-1}$ $Pb^{2+}$标准溶液、1 mol・$L^{-1}$ HCl溶液、0.02%抗坏血酸溶液、1 mol・$L^{-1}$ KCl溶液等。

**四、实验步骤**

(1) 配制试液。取两份50.00 mL水样置于2个100 mL容量瓶中，分别加入1 mol・$L^{-1}$HCl溶液10 mL和0.02%抗坏血酸溶液0.5 mL，在其中一个容量瓶中加入$1.0\times10^{-2}$mol・$L^{-1}$ $Cd^{2+}$标准溶液0.5 mL和$1.0\times10^{-2}$ mol・$L^{-1}$ $Pb^{2+}$标准溶液0.5 mL，均用蒸馏水稀释至刻度，摇匀。

(2) 将未添加$Cd^{2+}$、$Pb^{2+}$标准溶液的水样置于电解池中，放入清洁的搅拌磁子，插入电极系统。

① 准备：置“准备”位置。

② 清洗：置“清洗”位置，调节清洗电位为＋3 V，计时为30 s～1 min，清洗完毕，退回“工作”，置“准备”位置。

③ 富集：拨回初始，校正电位，开机搅拌，在置“工作”位置的同时，计时3～5 min，“富集”完毕。

④ 静止：将旋转搅拌停止，使溶液静止1 min左右。

⑤ 溶出：静止完毕，记录伏安图。

⑥ 清洗：将电极在－0.1 V处停留，搅拌1 min，解脱电极上的残留物，如上述重复测定一次。

按上述操作步骤测定加入$Cd^{2+}$、$Pb^{2+}$标准溶液的水样，同样进行两次测定。测定完成后，置工作电极电位在＋0.1 V处，开动电磁搅拌器，清洗电极3 min，以除掉电极上的汞，取下电极清洗干净。

## 五、数据记录与处理

(1) 列表记录所测定的实验结果。

(2) 取两次测定的平均峰高,按以下公式计算水样中 $Cd^{2+}$、$Pb^{2+}$ 的浓度:

$$c_x = \frac{c_s V_s H}{H(V+V_s) - hV}$$

式中,$h$ 为测得水样的峰电流高度,$H$ 为水样加入标准溶液后测得的总高度,$c_s$ 为标准溶液的浓度($mol \cdot L^{-1}$),$V_s$ 为标准溶液的体积(mL),$V$ 为所取水样的体积(mL)。

## 六、注意事项

(1) 汞膜电极:将银电极浸于 1 ∶ 1 $HNO_3$ 中,至刚发白,立即用大量蒸馏水冲洗,擦干,用一滴汞涂均匀;再浸于 1 ∶ 1 $HNO_3$ 中,用蒸馏水冲洗,擦干,用一滴汞涂均匀。

(2) 铂电极:将铂电极浸于 1 ∶ 1 $HNO_3$ 中,用大量蒸馏水冲洗。

## 七、思考题

(1) 阳极溶出伏安法为什么有较高的灵敏度?

(2) 实验中为什么要使实验条件严格保持一致?

## 八、仪器介绍

阳极溶出伏安法设置界面如图 1 所示。

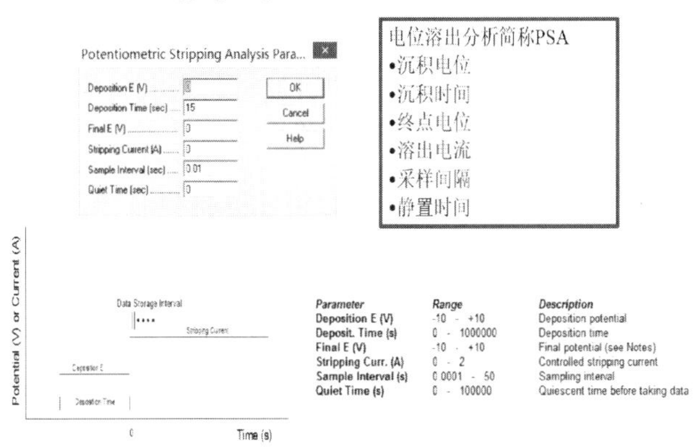


图 1　阳极溶出伏安法设置界面

## 九、拓展应用

溶出伏安法最大的优点是灵敏度非常高,阳极溶出法的检出限可达 $10^{-12}$ $mol \cdot L^{-1}$,阴极溶出法的检出限可达 $10^{-9}$ $mol \cdot L^{-1}$。溶出伏安法测定精度良好,能同时进行多组分测定,且不需要贵重仪器,可广泛应用于环境监测、食品、生物试样等领域。

## 十、参考文献

[1] 朱日龙,胡军,易颖.阳极溶出伏安法快速测定地表水中镉[J].环境监测管理与技术,2010,22(4):50-52.

[2] 慕鹏涛,沈庆峰,俞小花,等.阳极溶出伏安法测定氯化锌-氯化铵电解制锌体系中铅和镉[J].冶金分析,2016,36(4):17-22.

# 实验 35 离子选择性电极法测定水中的氟离子

## 一、实验目的

(1) 掌握直接电位法的测定原理及实验方法。

(2) 学会正确使用氟离子选择性电极和酸度计。

## 二、实验原理

氟离子选择性电极是以氟化镧单晶片为敏感膜的指示电极,对溶液中的氟离子具有良好的选择性。氟电极与饱和甘汞电极组成的电池可表示为

$$\mathrm{Ag,AgCl}\left|\begin{pmatrix}10^{-3}\ \mathrm{mol\cdot L^{-1}\ NaF}\\10^{-3}\ \mathrm{mol\cdot L^{-1}\ NaCl}\end{pmatrix}\right|\mathrm{LaF_3}\,|\,\mathrm{F^-}(\text{试液})\,\|\,\mathrm{KCl}(\text{饱和}),\mathrm{Hg_2Cl_2}\,|\,\mathrm{Hg}$$

电池的电动势为

$$E=\varphi_{\mathrm{SCE}}-\varphi_{\mathrm{F^-}}=\varphi_{\mathrm{SCE}}-k+\frac{RT}{F}\ln a_{\mathrm{F^-}}=K+\frac{2.303RT}{F}\lg a_{\mathrm{F^-}} \tag{1}$$

通常定量分析需要测量的是离子的浓度,不是溶度所以必须控制溶液的离子强度。如果溶液的离子强度维持一定,则式(1)可表示为

$$E=K+\frac{2.303RT}{F}\lg c_{\mathrm{F^-}} \tag{2}$$

氟电极的优点是对 $F^-$ 响应的线性范围宽($10^{-6}\sim1\ \mathrm{mol\cdot L^{-1}}$),响应快,选择性好。但能与 $F^-$ 生成稳定配合物的阳离子(如 $Al^{3+}$、$Fe^{3+}$ 等)以及能与 $La^{3+}$ 形成配合物的阴离子会干扰测定,通常可用柠檬酸钠、EDTA、磺基水杨酸或磷酸盐等加以掩蔽。使用氟电极测定溶液中氟离子浓度时,通常将控制溶液酸度、离子强度的试剂和掩蔽剂结合起来考虑,即使用总离子强度调节缓冲溶液(Total Ionic Strength Adjustment Buffer,简称 TISAB)来控制最佳测定条件。本实验中 TISAB 的组成为 NaCl、HAc-NaAc 和柠檬酸钠。

## 三、仪器与试剂

(1) 仪器:pH 计、电磁搅拌器、氟离子选择性电极、饱和甘汞电极等。

(2) 试剂：

① 氟离子标准溶液：0.1 mol·$L^{-1}$，$1.0\times10^{-3}$ mol·$L^{-1}$。

② 总离子强度调节缓冲溶液(TISAB)：在 1 000 mL 烧杯中加入 500 mL 去离子水，再加入 57 mL 冰醋酸、58 g NaCl、12 g 柠檬酸钠($Na_3C_6H_5O_7\cdot2H_2O$)，搅拌至溶解。将烧杯放冷后，缓慢加入 6 mol·$L^{-1}$NaOH 溶液(约 125 mL)，直到 pH 为 5.0～5.5，冷却至室温，转入 1 000 mL 容量瓶中，用去离子水稀释至刻度。

**四、实验步骤**

(1) 预热及电极安装：接通电源，仪器预热 20 min，校正仪器，调节零点。氟电极接仪器负极接线柱，甘汞电极接仪器正极接线柱。将两极插入蒸馏水中，开动搅拌器，电位在 300 mV 即可(若电位不再变化，小于 400 mV 即可)，否则应更换蒸馏水，如此反复几次即可达到电极的空白值。电极在使用前应在 $1.0\times10^{-3}$ mol·$L^{-1}$NaF 溶液中浸泡 1～2 h 进行活化，再用去离子水清洗电极到空白电位。

(2) 标准溶液的配制及测定：取 4 个 100 mL 容量瓶。用 10 mL 移液管移取 0.1 mol·$L^{-1}$氟离子标准溶液于第一个 100 mL 容量瓶中，加入 TISAB 10 mL，用去离子水稀释至标线，摇匀，配成 0.01 mol·$L^{-1}$氟离子标准溶液；在第二个 100 mL 容量瓶中加入 0.01 mol·$L^{-1}$氟离子溶液 10 mL 和 TISAB 10 mL，用去离子水稀释至标线，摇匀，配成 0.001 mol·$L^{-1}$氟离子溶液。按上述方法依次配制 $1.0\times10^{-5}$～$1.0\times10^{-2}$ mol·$L^{-1}$氟离子标准溶液。

将标准溶液分别倒出部分于塑料烧杯中，放入搅拌磁子，插入经洗净的电极，开动搅拌器 5～8 min 后，停止搅拌，读取平衡电位值(注意：测定时，须由低浓度到高浓度依次测定，每测一份试液，无须清洗电极，只需用滤纸沾去电极上的水珠)。将测量结果列表记录。

(3) 水样的测定：用去离子水清洗电极至空白电位 300 mV。取水样 50.00 mL，置于 100 mL 容量瓶中，加入 10 mL TISAB 溶液，用去离子水稀释至刻度并摇匀。将溶液倒入塑料烧杯中，放入搅拌磁子，插入干净的电极进行测定，读取稳定电位值 $E_1$。

**五、数据记录与处理**

(1) 用系列标准溶液的数据，在坐标纸上绘制 $E\text{-}\lg c_{F^-}$ 曲线。

(2) 根据水样测得的电位值 $E_1$，从标准曲线上查到其氟离子浓度，计算水样中氟离子的含量(以 mol·$L^{-1}$计)。

**六、注意事项**

(1) 操作前必须清洗电极至电位稳定在 300～400 mV。

(2) 电位稳定才能读数。若波动大，则应该更换仪器。

(3) 两个电极高度应平齐，且应避免被搅拌子打到，电极不能靠底或靠壁。

(4) 搅拌速率不宜过快，以防形成漩涡和激流冲击电极，造成不稳定和不精确。

(5) 测定必须按从稀到浓的次序进行。

(6) 电极在使用前应该活化、清洗，使用结束后应该清洗至空白电位，并擦干保存。

**七、思考题**

(1) 采用标准加入法时为什么要加入比欲测组分浓度大很多的标准溶液？

(2) 氟电极在使用前应该怎样处理？使用后应该怎样保存？

(3) TISAB 溶液包含哪些组分？各组分的作用是什么？

**八、仪器介绍**

氟离子单电极和复合电极是一种固体膜的离子选择性电极，用于测试水中游离的氟离子，能够做到快速、简单、精确和经济。

1. 设备要求

(1) 离子测试仪表或者 pH/mV 表。

(2) 参比电极(测试单电极时用)。

(3) 磁力搅拌器和搅拌子。

(4) 周期半对数纸(用于标定曲线)。

2. 溶液要求

(1) 1 000 $\mu g \cdot mL^{-1}$氟离子标准溶液。

(2) 参比填充溶液(用于加液式)。

(3) TISAB(F-ISA)。

3. 电极的准备

(1) 将电极头部的保护帽去除。注意：不要用手指碰敏感部位。

(2) 单电极：将参比溶液加入与之配套的参比电极中。

(3) 可加液式复合电极：将参比溶液加入参比腔体内，并保证测试过程中加液孔开放。

4. 电极操作标定(斜率)

(1) 连接电极与仪表(如果是单电极，同时将参比电极接上)。

(2) 将 50 mL 去离子水倒入 150 mL 烧杯内，加入 50 mL TISAB，彻底搅拌均匀，将仪表调到 mV 挡。

(3) 用去离子水漂洗电极，用清洁纸巾吸干水分，并将电极放入第 2 步配制好的溶液中。

(4) 移取 1 mL 1 000 μg·$mL^{-1}$的氟离子标准溶液，放入上述烧杯内，彻底搅拌均匀。当显示的读数稳定后，记录该数值($E_1$)。

(5) 移取 10 mL 相同的标准溶液，放入同一个烧杯内，彻底搅拌均匀。当显示的读数稳定后，记录该数值($E_2$)。

(6) 两个数值的差值($E_2-E_1$)就是该电极的斜率，这个值在 56±4 mV(25 ℃)时为合格。

5. 故障处理

如果电极斜率不在以上所述的范围内，执行以下操作：

(1) 使用抛光带对电极感应元件(电极头部)进行抛光：手指按紧抛光带，以打圈的方式抛光电极感应元件 30 s。

(2) 清洗电极，并在测试前将电极浸泡在标准溶液中 5 min 左右。

(3) 重复操作"电极操作标定"一遍。

6. 电极的存储

氟离子单电极的感应元件必须用去离子水清洗干净，在存储过程中保持干燥。如果存储时间超过 8 h，则应在膜头上套保护瓶。

复合电极的参比液注意不要蒸发而产生结晶。在测试前，如果电极存储时间少于一个星期，可以在 50 mL 去离子水中加入 50 mL TISAB 浸泡；如果存储时间超过一个星期，则应清洗电极并擦干，然后放入原来的包装内。

**九、拓展应用**

氟的检测方法主要有氟试剂分光光度法、氟离子选择性电极法、流动注射光度法、气相色谱法、离子色谱法等。

1. 分光光度法

氟试剂分光光度法是采用氟试剂及硝酸镧反应生成蓝色三元配合物，颜色的强度与氟离子浓度成正比的原理对水中氟含量进行检测的方法。近年来，在分光光度法基础上发展形成了一些高灵敏度的新方法应用于微量氟的检测中。例如，利用游离氟离子与 $Fc^{3+}$ 形成稳定配合物的原理，与流动注射技术相结合，分别在氨基乙酸盐和硫酸介质中通过其化学过程与氟离子浓度的线性关系测定水中微量氟离子浓度，具有分析速度快的优点。

2. 电极法

氟离子选择性电极法是依据氟离子浓度与电位值的线性关系，根据待测样品溶液的电位值来求氟含量的方法。由于该方法所需的样本量较大，研究者对其进行了改进，实验中使用了标准加入微量曲线法与标准加入常量曲线法，解决了微量氟转换为样品含量的数据处理问题。还有学者探讨了温度对测量的影响，提出尽量将测定液的温度平衡至接近 25 ℃条件下测定。离子选择性电极法因具有结构简单、灵敏度高、易于测定、方法简便、结果准确等优点而被广泛使用。但该法也存在一定的局限性，如在样品含痕量氟的时候响应时间过长，测量效率较低。另外，为了消除溶液中 $Al^{3+}$ 和 $Fe^{3+}$ 的干扰，测定时需要加入离子强度调节剂。同时为保持溶液的 pH，难免会降低检测液氟浓度，给检测效率和检测结果带来影响。

3. 色谱法

离子色谱技术是近年发展起来的一种独特有效的微量离子分析技术，该方法灵敏度好、检出限高、准确性优、操作简易，在样品各离子含量相差悬殊时亦可同时测量，是较先进、安全、理想的分析方法。同时也有研究者运用顶空液相色谱技术检测矿泉水中的微量氟，但其检测效果一般，还有待进一步改善。

对几种常用饮用水中氟化物的测定方法进行比较显示，分光光度法、电极法和离子色谱法三种测定水中氟含量方法的精密度、准确度和检测结果无显著性差异，即三种方法均符合相应技术要求。其中氟离子选择性电极法是使用设备最简单、可行性最佳的一种经典的测量方法，但是所需样品量较大，在测定微量浓度样品时所需响应时间比较长；离子色谱法可以同时测量氟、氯、硝酸根、硫酸根等离子的含量，操作简单，既可定性分析又可定量分析，但是仪器昂贵，对样品要求比较高，单个样品测定时间较长。

**十、参考文献**

[1] 郝一莼，孙小单，徐桐，等. 氟离子检测分析方法研究进展[J]. 中国地方病防治杂志，2010，25(6)：412-415.

# 实验 36　硫磷混酸的电位滴定

**一、实验目的**

(1) 了解和掌握电位滴定法的一般原理和操作方法。

(2) 掌握利用电位滴定的方法测定试样的含量。

**二、实验原理**

电位滴定法是根据滴定过程中指示电极电位的变化来确定终点的定量分析方法。用电位滴定法测量硫磷混酸时，随着 NaOH 滴定剂的加入，待测离子的浓度不断发生变化，在化学计量点附近，待测离子的浓度发生突变，指示电极的电位发生相应的突跃。因此，测量滴定过程中电池电动势的变化就能确定滴定反应的终点，求出硫酸与磷酸的浓度。

滴定终点可通过绘制电位滴定曲线来确定，即 $\Delta pH/\Delta V-V$（或 $\Delta E/\Delta V-V$）—

次微商曲线和$\Delta^2 pH/\Delta V^2-V$（或$\Delta^2 E/\Delta V^2-V$）二次微商曲线。但用作图法较烦琐且不准确，因此常用二次微商计算法计算滴定终点（内插法）。

**三、仪器与试剂**

（1）仪器：酸度计、复合电极、容量瓶（100 mL）、吸量管（5 mL，10 mL）、微量滴定管（10 mL）等。

（2）试剂：1.000 mol·$L^{-1}$草酸标准溶液、0.1 mol·$L^{-1}$ NaOH 标准溶液（浓度待标定）、$H_2SO_4$ 和 $H_3PO_4$ 混酸标准试液（两种酸浓度之和低于 0.5 mol·$L^{-1}$）。

**四、实验步骤**

1. 标定

（1）准确移取草酸标准溶液 10.0 mL 于 250 mL 烧杯中，加水至约 80 mL，放入搅拌子，装好电极体系。

（2）将待标定的 NaOH 标准溶液装入滴定管中，调整液面于近零点，读取体积值。

（3）粗测：开动搅拌器，滴加 NaOH 标准溶液，读 pH（或电位），每次 1 mL，初步判断突跃点的体积范围。

（4）细测：重复（1）（2）两步，加液至近突跃体积处，再以每次 0.1 mL 的间隔读取 pH（或电位）-体积关系。

（5）以插值法求终点，计算 NaOH 标准溶液的浓度。

2. 测定

（1）准确移取混酸 10.00 mL 于 250 mL 烧杯中，加水至约 80 mL，放入搅拌子，装好电极体系。

（2）粗测：方法同“标定”中的第（3）步，但要获取两个突跃点的体积范围。

（3）细测：方法同“标定”中的第（4）步，但要在超过第一终点后再加液至近第二突跃体积处，然后测出第二突跃点附近的 pH（或电位）-体积关系。

（4）计算：以插值法求终点，计算混酸中各组分的浓度。

**五、数据记录与处理**

1. NaOH 溶液浓度的标定

（1）分别将 NaOH 溶液的粗测和细测数据记于表 1 和表 2。

**表 1　NaOH 溶液的粗测数据**

| $V$/mL | 1 | | | | | | | | | | |
|---|---|---|---|---|---|---|---|---|---|---|---|
| pH | | | | | | | | | | | |

表 2　NaOH 溶液的细测数据

| $V$/mL | | | | | | | | | | | |
|---|---|---|---|---|---|---|---|---|---|---|---|
| pH | | | | | | | | | | | |
| $\Delta$pH/$\Delta V$ | | | | | | | | | | | |
| $\Delta^2$pH/$\Delta V^2$ | | | | | | | | | | | |

(2) 在方格纸上作 pH-$V$ 和 $\Delta$pH/$\Delta V$-$V$ 曲线，得到终点体积 $V_{ep}$。

(3) 用内插法求出 $\Delta^2\text{pH}/\Delta V^2=0$ 处 NaOH 溶液的体积 $V_{ep}$。

(4) 根据(2)(3)所得的 $V_{ep}$，计算 NaOH 标准溶液的浓度。

2. 混酸的测定

(1) 分别将混酸的粗测和细测数据记于表 3 和表 4。

表 3　混酸的粗测数据

| $V$/mL | 1 | | | | | | | | | | |
|---|---|---|---|---|---|---|---|---|---|---|---|
| pH | | | | | | | | | | | |

表 4　混酸的细测数据

| $V$/mL | | | | | | | | | | | |
|---|---|---|---|---|---|---|---|---|---|---|---|
| pH | | | | | | | | | | | |
| $\Delta$pH/$\Delta V$ | | | | | | | | | | | |
| $\Delta^2$pH/$\Delta V^2$ | | | | | | | | | | | |

(2) 按上述 NaOH 溶液浓度标定的数据处理方法，求出终点体积 $V_{ep1}$ 和 $V_{ep2}$。

(3) 计算原始试液中 $H_2SO_4$ 和 $H_3PO_4$ 的含量，以 $g \cdot L^{-1}$ 表示。

## 六、注意事项

(1) 正确使用自动滴定仪。

(2) 把握数据读取的时机。

## 七、思考题

(1) 本实验所用的酸度计读数前是否应事先进行校正？为什么？

(2) 在标定 NaOH 溶液浓度和测定混酸各组分含量时，为什么都采用粗测和细测两个步骤？

(3) 草酸是一种二元酸，在用它作基准物标定 NaOH 溶液浓度时，为什么只出现一个突跃？

(4) 测定混酸时出现两个突跃，各说明何种物质与 NaOH 发生了反应？生成物是什么？

## 八、仪器介绍

雷磁 ZDJ-4B 型自动电位滴定仪如图 1 所示，安装连接好仪器后，插上电源线，打开电源开关，电源指示灯亮，经 15 min 预热后再使用。

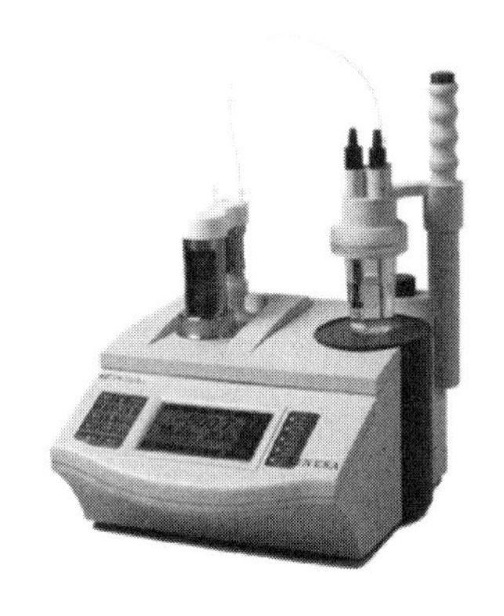

**图 1　雷磁 ZDJ-4B 型自动电位滴定仪**

1. mV 测量

(1) 将“设置”开关置“测量”，“pH/mV”选择开关置“mV”。

(2) 将电极插入被测溶液中，将溶液搅拌均匀后即可读取电极电位(mV)值；如果被测信号超出仪器的测量范围，则显示屏不亮，并进行超载警报。

2. pH 标定及测量

(1) 标定。

在进行 pH 测量之前先要对仪器进行标定。一般来说，仪器在连续使用时，每天需要标定一次。其步骤如下：

① 将“设置”开关置“测量”，“pH/mV”选择开关置“pH”。

② 调节“温度”旋钮，使旋钮白线指向对应的溶液温度值。

③ 将“斜率”旋钮顺时针旋到底(100%)。

④ 将清洗过的电极插入 pH 为 6.86 的缓冲溶液中。

⑤ 调节“定位”旋钮，使仪器显示数值与该缓冲溶液当时温度下的 pH 相一致。

⑥ 用蒸馏水清洗电极，再将其插入 pH 为 4.00(或 pH 为 9.18)的标准缓冲溶液中，调节“斜率”旋钮，使仪器显示数值与该缓冲溶液当时温度下的 pH 相一致。

⑦ 重复步骤⑤⑥直至不用再调节“定位”或“斜率”调节旋钮，至此，仪器完成标定。标定结束后，“定位”和“斜率”旋钮不应再动，直至下一次标定。

(2) pH 测量。

经过标定的仪器即可用来测量 pH，其步骤如下：

① 将“设置”开关置“测量”，“pH/mV”选择开关置“pH”。

② 用蒸馏水清洗电极头部，再用被测溶液清洗一次。

③ 用温度计测出被测溶液的温度值。

④ 调节“温度”旋钮，使旋钮白线指向对应的溶液温度值。

⑤ 将电极插入被测溶液中，将溶液搅拌均匀后，读取该溶液的 pH。

3. 滴定前的准备工作

(1) 安装好滴定装置后，在烧杯中放入搅拌子，并将烧杯放在磁力搅拌器上。

(2) 电极的选择取决于滴定时的化学反应，如果是氧化还原反应，可采用铂电极和甘汞电极；如果是中和反应，可采用 pH 复合电极或玻璃电极；如果是银盐与卤素反应，可采用银电极和特殊甘汞电极。

4. 电位自动滴定

(1) 终点设定：将“设置”开关置“终点”，“pH/mV”选择开关置“mV”，“功能”开关置“自动”，调节“终点电位”旋钮，使显示屏显示所要设定的终点电位值。终点电位选定后，“终点电位”旋钮不可再动。

(2) 预控点设定：预控点的作用是当离开终点较远时，滴定速度很快；当到达预控点后，滴定速度很慢。设定预控点就是设定预控点到终点的距离。设定方法：“设置”开关置“预控点”，调节“预控点”旋钮，使显示屏显示所要设定的预控点数值。例如，设定预控点为 100 mV，仪器将在离终点 100 mV 处转为慢滴。预控点设定后，“预控点”调节旋钮不可再动。

(3) 设定好终点电位和预控点电位后，将“设置”开关置“测量”，打开搅拌器电源，调节转速，使搅拌速度逐渐加快至适当转速。

(4) 按“滴定开始”按钮，仪器即开始滴定，滴定灯闪亮，滴液快速滴下，在接近终点时，滴速减慢。到达终点后，滴定灯不再闪亮，过 10 s 左右，终点灯亮，滴定结束。注意：到达终点后，不可再按“滴定开始”按钮，否则仪器将认为另一极性相反的滴定开始而继续进行滴定。

(5) 记录滴定管内滴液的消耗读数。

5. 电位控制滴定

将“功能”开关置“控制”，其余操作同“电位自动滴定”。到达终点后，滴定灯不再闪亮，但终点灯始终不亮，仪器始终处于预备滴定状态。同样，到达终点后，不可再按“滴定开始”按钮。

6. pH 自动滴定

(1) 按“pH 标定及测量”中的步骤(1)进行标定。

(2) pH 终点设定：将“设置”开关置“终点”，“功能”开关置“自动”，“pH/mV”开关置“pH”，调节“终点电位”旋钮，使显示屏显示所要设定的终点 pH。

(3) 预控点设置：将“设置”开关置“预控点”，调节“预控点”旋钮，使显示屏显示所要设定的预控点 pH。例如，需要设置的预控点为 ΔpH＝2，仪器将在离终点 ΔpH＝2 左右处自动从快滴转为慢滴。其余操作同“电位自动滴定”。

7. pH 控制滴定(恒 pH 滴定)

将“功能”开关置“控制”，其操作同“pH 自动滴定”。

8. 手动滴定

(1) 将“功能”开关置“手动”，“设置”开关置“测量”。

(2) 按下"滴定开始"开关,滴定灯亮,此时滴液滴下,控制按下此开关的时间,即可控制滴液滴下的数量,放开此开关,则停止滴定。

**九、拓展应用**

电位滴定法在药物分析中的应用如下:

1. 不同原理测定方法的运用

选用适当的电极系统,电位滴定法可用于多种不同反应原理的药物含量测定。

进入20世纪90年代后,由于自动滴定仪的出现和国外药典上电位法应用的增加,国内对电位滴定法的应用研究也随之增多。1995年版的《中国药典》将青霉素的含量测定从原来的中和法改为硝酸汞电位滴定法。2000年后,有多篇文献报道推荐以非水中和电位滴定法作为一些弱碱性新药的原料药的含量测定方法。

2. 不同分析对象的运用

文献中对电位滴定法的运用研究主要集中在中药的某些活性成分的测定和有机碱氢卤酸盐类药物的测定。

(1) 中药主要活性成分的测定。有机酸是许多中药材和中药制剂的主要有效成分,因此《中国药典》常以总有机酸的含量作为评价其质量的一项重要指标,测定方法一般多用酸碱滴定法。但由于许多中药的水(或醇)提液常常具有较深的颜色,使指示剂的选择受到了限制,滴定终点不明显,试验结果准确度很大程度上取决于操作者的水平。进入21世纪后,中药中有机酸的研究越来越受到重视,用电位法对中药中总游离有机酸的质量控制方法的研究常见报道。研究者普遍认为电位滴定时突跃明显,方法灵敏,结果准确、可靠。

(2) 有机碱氢卤酸盐类药物的测定。有机碱氢卤酸盐类原料药的含量测定在各国药典中历来都采用加乙酸汞的高氯酸-冰乙酸非水溶液滴定法。但由此引起的汞污染问题近年来已被广泛关注,国外药典中相当数量的此类药物的含量测定法已改为醇中碱滴定的中和法,为2010年版《中国药典》的修订提供了可靠的依据。

**十、参考文献**

[1] 苏克曼,张济新.仪器分析实验[M].2版.北京:高等教育出版社,2005.

[2] 朱明华,胡坪.仪器分析[M].4版.北京:高等教育出版社,2008.

## 实验37 恒电流库仑滴定法测定砷

**一、实验目的**

(1) 学习并掌握库仑滴定法的基本原理。

(2) 学会使用恒电流库仑仪。

(3) 掌握恒电流库仑滴定法测定微量砷的实验方法。

## 二、实验原理

库仑滴定法通过电解产生滴定剂，只要电流效率为100%，电流稳定性高，时间测量精度高，就可不用标准物质而获得准确的结果。本实验是在 $NaHCO_3$ 溶液(pH＝8.0)中，电解 KI 溶液产生 $I_2$，库仑滴定未知样品中的 As(Ⅲ)含量。工作电极上以恒电流电解，发生下列电化学反应：$2I^- \longrightarrow I_2 + 2e^-$(阳极)；$2H^+ + 2e^- \longrightarrow H_2$(阴极)。工作阴极置于隔离室内，隔离室底部有微孔玻璃砂，以保持隔离室内外电路通畅，但可避免阴极产生的氢气返回阳极而干扰 $I_2$ 的产生。阳极产生的 $I_2$ 立即与未知样品中的 As(Ⅲ)发生滴定反应：$I_2 + H_3AsO_3 + H_2O = 2I^- + H_3AsO_4 + 2H^+$。滴定反应用双铂永停法指示终点，根据指示电路中电流的突然出现，表示终点到达。然后停止滴定，记录滴定时间。

## 三、仪器与试剂

(1) 仪器：KLT-1 型恒电流库仑仪、电磁搅拌器、铂片电极(1 cm×2 cm)、铂丝电极、PHS-3C 型雷磁 pH 计、恒温水浴。

(2) 试剂：约 $10^{-4}$ mol·$L^{-1}$亚砷酸溶液(用硫酸微酸化以使之稳定)、$HNO_3$ 溶液(1∶1)、1 mol·$L^{-1}$硫酸钠溶液。

碘化钾缓冲溶液：加水溶解 60 g 碘化钾和 10 g 碳酸氢钠，然后稀释至 1 L，加入亚砷酸溶液 2～3 mL，以防止被空气氧化。

## 四、实验步骤

(1) 将铂电极浸入 $HNO_3$ 溶液(1∶1)中，数分钟后取出，后用蒸馏水吹洗，再用滤纸擦除水珠。

(2) 连接好仪器。打开仪器电源，预热库仑仪。

(3) 量取碘化钾缓冲溶液 70 mL，置于电解池中，滴加 1 滴亚砷酸溶液，放入搅拌磁子，将电解池放在电磁搅拌器上。将电极系统装在电解池上(注意铂片要完全浸入试液中)，在阴极隔离管中注入 1 mol·$L^{-1}$硫酸钠溶液，至管的 2/3 部位。铂片电极接阳极，隔离管中铂丝电极接阴极。启动搅拌器，接好指示电极连线。

(4) “量程选择”置 10 mA，“工作/停止”开关置工作状态，按下“电流”和“上升”开关，再同时按下“极化电位”和“启动”按键，微安表指示值应小于 20，如果较大，调节“补偿极化电位”旋钮，使其达到要求。弹起“极化电位”按键，按“电解”按钮，开始电解。终点指示灯亮，电解停止。mQ 表显示值<50，表明仪器处于正常状态。弹起“启动”按键，再滴加 1～2 滴亚砷酸溶液，按下“启动”按键，按“电解”按钮开始电解，终点指示灯亮时到达终点。为能熟悉终点的判断，可如此反复练习几次。

(5) 准确移取亚砷酸溶液 2.0 mL 于上述电解池中，按下“启动”按键，按“电解”

按钮开始电解，终点指示灯亮时到达终点，记下电解库仑值(mC)。弹起“启动”按键，再加入 2.0 mL 亚砷酸溶液，按下“启动”按键，按“电解”按钮。用同样的步骤测定，重复实验 4～5 次。

## 五、数据记录与处理

根据几次测量的结果，算出毫库仑的平均值。按法拉第定律计算亚砷酸的含量(以 $mol \cdot L^{-1}$计)。

## 六、注意事项

(1) 砷是毒性极大的物质，实验中应注意安全。

(2) 废液必须回收于废液瓶中。

## 七、思考题

(1) 写出滴定过程中工作电极上的电极反应和溶液中的化学反应。

(2) 写出指示电极上的电极反应。

(3) 碳酸氢钠在电解溶液中起什么作用?

## 八、仪器介绍

实验中使用的仪器装置及主要部件如图 1 所示。

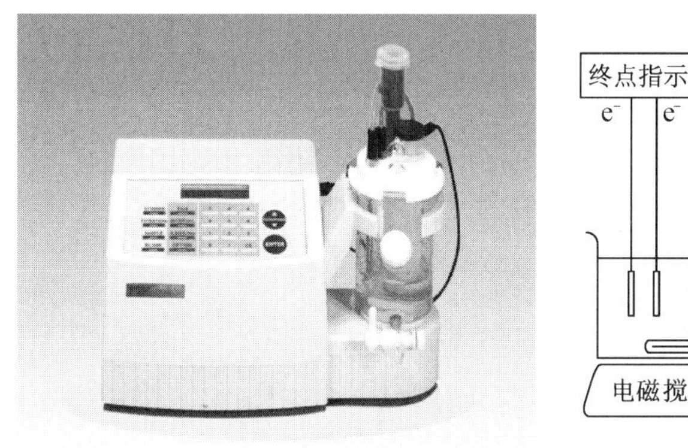

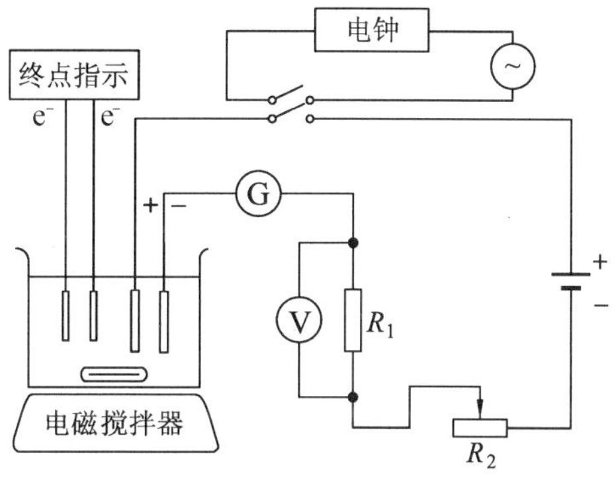


图 1　仪器装置及主要部件

工作原理：

(1) 终点方式选择控制电路：指示电极由用户自己选用，其中有一铂片，电位法和电流法指示时共用，面板设有“电位/电流”“上升/下降”开关，用户可根据需要选择。指示电极的信号经过微电流放大器或者微电压放大器进行放大。放大器采用高输入阻抗的运算放大器，极化电流可以调节并指示，然后经微分电路输出脉冲信号到触发电路，再推动开关执行电路，带动继电器使电解回路吸合或释放。

(2) 电解电流变换电路：由电压源、隔离电路及跟随电路组成。电解电流的大小可通过变换射极电阻的大小来进行调节，电解电流共有 5 mA、10 mA、50 mA 三挡。由于电解回路与指示回路的电流是分开的，故不会产生电解对指示的干扰，电解电极的极电压最大不超过 15 V。

(3) 电量积算电路：由电流采样电路、V-f 转换电路及整型电路、分频电路组成。由于 V-f 转换电路采用高精度、稳定度好的集成转换电路，所以积分精度可达 0.2%～0.3%。这已满足一般通用库仑分析的要求。该电路的电源也采用 15 V 固定集成稳压块，稳定精度高，分频电路由一级 5 分频和二级 10 分频组成。

(4) 数字显示电路：该电路全采用 CMOS 集成复合块，数码管是 4 位 LED 显示。

**九、拓展应用**

库仑滴定法以容量分析中的四大反应类型为基础，可将其拓展至沉淀反应、酸碱反应、氧化还原反应、配位反应，甚至有机反应体系，可应用于原子能、冶金、石油化工、医药、食品和环境监测等领域。

**十、参考文献**

[1] 吴冰，巢静波. 高精密库仑滴定法测定三氧化二砷的纯度[J]. 现代科学仪器，2009(3)：69-72.

[2] 严辉宇. 库仑分析[M]. 北京：新时代出版社，1985.

# 综合实验

## 实验 38　离子液体的热力学性质

### 一、引言

21 世纪是绿色化学的世纪，绿色化学的意义在于整个生产过程产生较少废物，以及对环境造成较少破坏，而不是仅在某一个工艺阶段产生较少废物。为此，选取化学工艺中的绿色溶剂显得尤为重要。

近年来，离子液体迅猛发展起来。离子液体又称低温熔盐，是一类完全由离子组成的物质，具有许多独特的性质，如导电性、极低的蒸气压、良好的热稳定性和化学稳定性、很宽的液态范围、可设计的亲水/亲油性以及对不同物质的选择溶解能力等。离子液体既可以作为化学反应的催化剂，也可作为反应和分离过程的绿色溶剂。作为一种新型物质，其理论和应用研究受到人们的广泛关注，是近年来绿色化学研究的热点之一。因此，含离子液体体系的热力学性质的测定及模型化研究具有重要的理论意义和实际应用价值。

### 二、仪器与试剂

(1) 仪器：DZ3318 型表面张力仪、密度计（恒温）、Q600 热重分析仪（美国 TA 公司）。

(2) 试剂：1-甲基-3-己基咪唑溴盐（[$C_6$mim]Br）、1-甲基-3-辛基咪唑溴盐（[$C_8$mim]Br）。

### 三、实验方法

1. 表面张力测定

利用最大气泡法表面张力仪测定纯离子液体的表面张力，获得表面张力 $\gamma$ 与温度（$T-298.15$）的函数关系：$\gamma=a+b(T-298.15)$，直线斜率的负值 $-b$ 即为离子液体的表面熵 $S_a=-\left(\frac{\partial \gamma}{\partial T}\right)_p$，进而可得到离子液体的表面能 $E_a=\gamma-T\left(\frac{\partial \gamma}{\partial T}\right)_p$。

液态物质表面能的大小取决于其固态的晶格能 $U_{POT}$，离子液体的晶格能可利用

Glasser 经验方程计算：

$$U_{POT}=1\ 981.2\left(\frac{\rho}{M}\right)^{1/3}+103.8 \tag{1}$$

2. 密度测定

将盛有离子液体并安装了温度计的带夹套的测量瓶放在磁力搅拌器上，用恒温浴槽控制温度，通常 30 min 即可达到热平衡。控温精度为±0.1 K，采用恒温比重瓶和分析天平得到 273.15～353.15 K 范围内离子液体的密度(每间隔 5 K 一个值)。通过对 $\ln\rho$ 与($T$－298.15)做直线拟合，可得经验方程：$\ln\rho=c+d(T-298.15)$。

根据恒压热膨胀系数 $\alpha$ 定义：

$$\alpha=\frac{1}{V}\left(\frac{\partial V}{\partial T}\right)_p=-\left(\frac{\partial \ln\rho}{\partial T}\right)_p \tag{2}$$

由上式可知，斜率的负值 $-d$ 为各离子液体的热膨胀系数。

对于离子液体体系，正、负离子的体积加和 $V_m$ 为

$$V_m=\frac{M}{N\rho}=1.66\times10^{-3}\frac{M}{\rho} \tag{3}$$

根据 Glasser 理论，在温度 298 K 下，1－1 价型离子液体的摩尔标准熵可用式(4)计算：

$$S^0=1\ 246.5V_m+29.5 \tag{4}$$

3. 热重分析

利用热重分析仪测定离子液体的分解温度，分析两种离子液体在 350 ℃～400 ℃之间的热稳定性。

## 四、实验结果

1. 数据记录

将实验数据记于表 1。

**表 1　离子液体的密度与表面张力**

| 序号 | $T$/K | $\rho$/(g·cm$^{-1}$) | $\gamma$/(mN·m$^{-1}$) |
|---|---|---|---|
| 1 | | | |
| 2 | | | |
| 3 | | | |
| 4 | | | |
| 5 | | | |
| 6 | | | |
| 7 | | | |
| 8 | | | |

续表

| 序号 | $T$/K | $\rho$/(g·cm$^{-1}$) | $\gamma$/(mN·m$^{-1}$) |
|---|---|---|---|
| 9 | | | |
| 10 | | | |
| 11 | | | |
| 12 | | | |
| 13 | | | |

2. 数据处理

(1) 根据表1的数据计算表2中的热力学数据，并分析各热力学性质随碳链的变化关系。

**表2 离子液体的热力学性质**

| 离子液体 | $\alpha$ /K$^{-1}$ | $V_m$ /cm$^3$ | $S^0$ /(J·K$^{-1}$·mol$^{-1}$) | $S_a$ /(J·K$^{-1}$·m$^{-2}$) | $E_a$ /(J·m$^{-2}$) | $U_{POT}$ /(kJ·mol$^{-1}$) |
|---|---|---|---|---|---|---|
| [$C_6$mim]Br | | | | | | |
| [$C_8$mim]Br | | | | | | |

(2) 根据热重分析仪测定的实验结果分析离子液体的热稳定性。

## 五、注意事项

(1) 为防止离子液体在测定过程中吸收水分，可采用氮气保护。

(2) 测定过程中，应保证温度恒定在设定温度。

## 六、参考文献

[1] 王晓玲，王建英，李小云，等. 离子液体[$C_2$mim]$NO_3$ 与[$C_2$mim][Met$SO_4$]的热力学性能研究[J]. 河北科技大学学报，2011，32(2)：103-105.

[2] Zhu J F，He L，Zhang L，et al. Experimental and theoretical enthalpies of glycine-based sulfate/bisulfate amino acid ionic liquids[J]. J Phys Chem B，2012，116(1)：113-119.

[3] 佟静，张庆国，洪梅，等. 铝基离子液体 BMIAl$Cl_4$ 的热力学性质[J]. 物理化学学报，2006，22(1)：71-75.

# 实验39 高分子膜材料通过扩散渗析分离含酸料液

## 一、引言

草甘膦是一种低毒高效的除草剂，国内主要使用甘氨酸-亚磷酸二甲酯工艺来生产草甘膦。该工艺经过解聚、加成、酯化、脱溶和水解过程后得到草甘膦酸化液。酸化液中包含 2.5～3.0 mol·$L^{-1}$的 HCl、180～250 g·$L^{-1}$的草甘膦、34％～35％的其他有机物以及 38％～40％的水。草甘膦的结构简式如图 1 所示，它具有两性的特点，在 pH＝1.5 的环境中能析出最多量的草甘膦，而在强酸性环境中草甘膦难以析出。因此，传统分离和结晶草甘膦的工艺是：先加碱将酸化液的 pH 调节到等电点 1.5，然后结晶得到草甘膦产品，此外还残余有含高盐浓度的草甘膦母液。母液需要通过浓缩、氧化或双极膜等方法来处理，不仅消耗大量的能源，而且产生大量的废盐，污染环境。为此，人们尝试用离子膜扩散渗析法分离并回收草甘膦酸化液中的 HCl 成分，降低了酸化液的酸度，减少了后期 NaOH 的消耗和废盐的产生，降低了成本和污染。

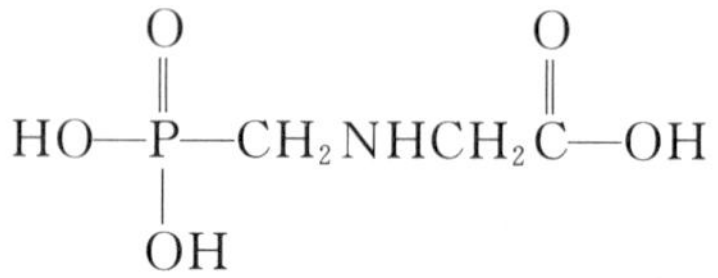

$$HO-\overset{\overset{\displaystyle O}{\|}}{\underset{\underset{\displaystyle OH}{|}}{P}}-CH_2NHCH_2\overset{\overset{\displaystyle O}{\|}}{C}-OH$$

图 1　草甘膦的结构简式

扩散渗析以浓度差为推动力，以离子膜为选择透过的介质。离子膜包括阳膜和阴膜，其中阴膜通过离子交换原理，允许溶液中的阴离子自由透过膜，而阻碍阳离子的透过；阳膜允许溶液中的阳离子自由透过膜，而阻碍阴离子的透过。在离子膜的两侧各放入高浓度的原料液和水，原料液中的溶质由高浓度一侧通过膜向低浓度一侧迁移。由于阴膜对 $H^+$ 传递阻力小，而对同类电荷的其他离子阻碍大，因此可以选择性地透过酸。在环境工程方面，该方法目前主要用于回收酸领域。

扩散渗析可分为静态和动态两类。静态扩散渗析可用于实验室模拟，其装置如图 2 所示。装置主体由有机玻璃板组成，在池内正中有一张阴膜，将池子分成两个隔室。在一个隔室内放入原料液，另一个隔室内放入水。以含 HCl 的原料液为例，原料液中的 $Cl^-$ 可自由通过阴膜进入水侧，阳离子受到阻碍，但为了保持溶液电中性，阳离子必须跟随阴离子进入水侧。$H^+$ 的体积小、所带电荷少、活性高、和水的结合能力强，能与膜内基团形成氢键，传递阻力小，因此 HCl 能顺利透过膜到达水侧，达到分离的目的。

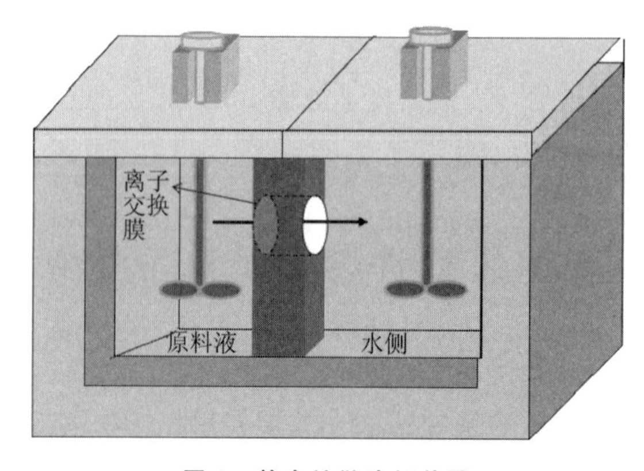


图 2　静态扩散渗析装置

动态扩散渗析可应用于实际分离，其装置如图 3 所示，多张阴膜并联在装置中，向每张膜的两侧通入原料液和水，原料液和水逆向流动，流速通过蠕动泵控制。装置中共有两个进口和两个出口。原料液从装置一个进口进入，经膜分离后，从一个出口流出形成残液；水从另一个进口进入，经膜分离后，从另一个出口流出形成回收液。由于原料液和水连续不断地输入装置，可以连续收集得到残液和回收液。分离草甘膦酸化液后，残液和回收液中的草甘膦可用紫外分光光度法测定，HCl 浓度可用酸碱滴定法测定。

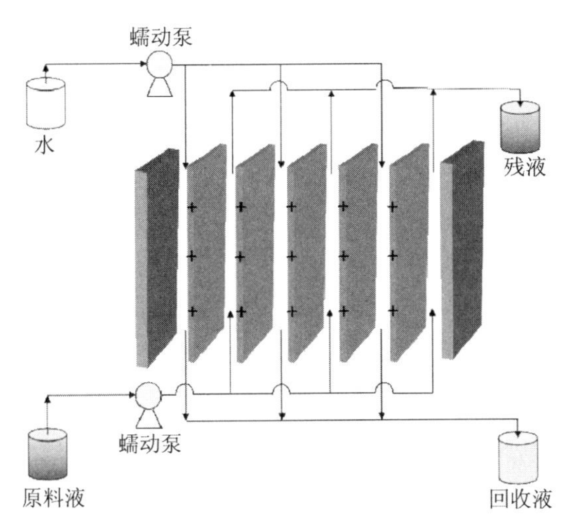


**图 3　动态扩散渗析装置**

根据扩散渗析的分离原理可知，在扩散渗析装置中，控制分离速率和选择性的是离子膜。离子膜是一种半透膜，要具有适当的亲水性，膜允许小分子（如 HCl）透过，阻碍较大的分子（如有机溶剂或草甘膦分子）透过。半透膜的制备方法有多种，其中聚合物溶液的相转化成膜法是较为常用的一种。

BPPO/NMP 相转化制备多孔材料的原理如图 4 所示。先将溴化聚苯醚（BPPO）溶解在 N-甲基吡咯烷酮（NMP）中，得到较高浓度的 BPPO 溶液。将溶液涂覆在玻璃片上，形成一薄层涂层，倒入大量水中，由于溶剂 NMP 和水相容性好，因此 NMP 快速迁移至水中，而 BPPO 和水不相容，不发生迁移，保留而得到多孔结构。为进一步提高膜的亲水性，将多孔膜浸泡在三甲胺溶液中，以增加膜材料的吸水性。

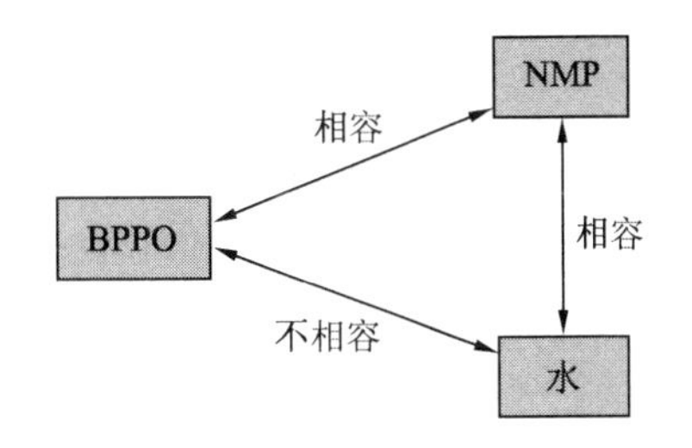


**图 4　BPPO/NMP 相转化制备多孔材料的原理**

## 二、仪器与试剂

(1) 仪器：静态扩散渗析器，电子天平，大烧杯，广口瓶(125 mL 1 个)，镊子，扳手，剪刀，玻璃棒，刻度吸管，量筒(25 mL 和 100 mL)，碱式滴定管，胶头滴管。

(2) 试剂：溴化聚苯醚(BPPO，山东天维膜公司生产)，草甘膦酸化液(采用 DMP 合成法)，三甲胺水溶液(33 wt%)，NaOH 溶液(1 mol・$L^{-1}$和标准 0.1 mol・$L^{-1}$)，1 mol・$L^{-1}$ HCl 溶液，酚酞，蒸馏水或纯净水。

(3) 试剂配制：将 28 g 溴化聚苯醚(BPPO)溶解在 82 mL NMP 溶液中，得到 BPPO 溶液。向 1 体积的三甲胺溶液内加入 3.5 倍体积的水，得到 1∶3.5 的三甲胺水溶液。

## 三、实验方法

(1) 取 8 mL BPPO 溶液(以含 2.25 g BPPO 计算)涂覆在玻璃片上，形成均匀的一层后，放入大量水中，静置 15～20 min，得到相转化的 BPPO，记录产物的形貌和颜色。

(2) 在通风橱中，将相转化 BPPO 浸泡在 100 mL 三甲胺水溶液中，盖上盖子，0.5 h后取出并水洗多次，直至无明显气味。

(3) 将浸泡过三甲胺的 BPPO 膜片剪成一块直径约为 4.5 cm 的圆形材料样品(能盖住扩散渗析池的圆形孔)，装入扩散渗析池，两侧垫上硅胶垫片，装上螺丝，以对角线的方式拧紧装置。

(4) 向池子一侧加入水，等待 2～3 min，检测是否漏水。若漏水，则需要继续夹紧或拆开重装。

(5) 取 100 mL 草甘膦酸化液倒入扩散渗析池的一侧，另一侧加入 100 mL 水，自然静置。1 h 后，从两隔室中取出样品溶液，通过紫外标准曲线法测定样品溶液中草甘膦的浓度，通过酸碱滴定测定溶液中 HCl 的浓度。

(6) 拆开扩散渗析装置，洗净，归回原位，清理台面。

## 四、实验结果

(1) 观察 BPPO 溶液在浸泡水的过程中变色、变硬的情况。

(2) 渗析系数 $U$ 的计算式如下：

$$U=\frac{M}{At\Delta c} \tag{1}$$

式中，$M$ 是渗析侧组分的浓度；$A$ 是膜的有效面积，为 $6.15\times10^{-4}$ $m^2$；$t$ 是运行时间；$\Delta c$ 是扩散室与渗析室组分浓度的对数平均值。$\Delta c$ 是两隔室内溶液的浓度梯度，由于浓度梯度随着时间而不断变化，因此以对数浓度来计算 $\Delta c$：

$$\Delta c=\frac{c_f^0-(c_f-c_d)}{\ln[c_f^0/(c_f-c_d)]} \tag{2}$$

式中，$c_f^0$ 和 $c_f$ 分别是渗析室在 0 时刻与 $t$ 时刻 HCl 的浓度，$c_d$ 是扩散室中 $t$ 时刻 HCl 的浓度。

溶液内两种组分的分离程度以分离因子(S)衡量：

$$S=\frac{U_{HCl}}{U_{草甘膦}} \tag{3}$$

## 五、注意事项

(1) 若没有合成的草甘膦酸化液，也可以用普通的含 HCl、$H_2SO_4$ 或 $HNO_3$ 的酸液来代替草甘膦酸化液，如 HCl - $FeCl_2$ 溶液或 $H_2SO_4$ - $FeSO_4$ 溶液，同样能计算出酸的渗析系数和分离因子。

(2) 若没有 BPPO 相转化制备的膜，也可以用聚乙烯醇(PVA)以流涎法制备的膜。流涎法制备 PVA 膜的方法如下：将 10 g PVA 颗粒加入 90 mL 水中，于室温下浸泡一夜，再从 60 ℃缓慢升温至 100 ℃，直至完全溶解成均匀溶液。取 75 mL PVA 溶液涂覆在玻璃板上，通风环境中自然挥发至干，揭下，放入烘箱中于 60 ℃条件下加热 1 h，90 ℃条件下加热 1 h，110 ℃条件下加热 1 h，最后于 130 ℃条件下加热 1 h。

## 六、参考资料

甘氨酸-亚磷酸二甲酯法工艺由沈阳化工研究院于 1987 年研究完成，通过该工艺可以得到纯度为 95%的草甘膦产品。此工艺具有收率高和操作简单等优点，因此在我国实现了工业化生产。浙江新安股份有限公司、南通江山农药化工股份有限公司等年产万吨草甘膦的龙头企业都采用该合成工艺。该工艺的原料无水甲醇、多聚甲醛、甘氨酸以及亚磷酸二甲酯在三乙胺为催化剂的条件下，经过解聚、缩合、酯化、脱溶、水解等步骤得到草甘膦，总收率为 85%左右，且能得到与纯品外观相同的白色原粉，纯度达到了国际同类产品水平。因此在我国大约有 60%的草甘膦由该工艺合成。该工艺的出现大大推动了我国草甘膦工业的发展，甚至对美国的草甘膦工业都产生了一定的影响。

酸化液的合成主要包括五个步骤：① 解聚：将原料无水甲醇、三乙胺以及多聚甲醛在 35 ℃条件下进行解聚，得到解聚液。② 加成：在 41 ℃条件下向解聚液中加入甘氨酸，进行加成反应，得到加成液。③ 酯化：在 52 ℃条件下，将亚磷酸二甲酯加入加成液中进行酯化反应，得到酯化液。④ 脱溶：对酯化液升温减压进行脱溶处理，该过程中大部分溶剂甲醇以及催化剂三乙胺被回收，三乙胺的回收使得酯化液中的碱含量降低，从而减少了后期水解所消耗的盐酸的量。⑤ 水解：待脱溶后的酯化液冷却到室温，在低温条件下缓慢滴加 30%的盐酸。滴加完成后 35 ℃下保温 12 h 左右，使得水解反应充分进行，最终得到草甘膦酸化液。强酸环境不利于草甘膦产品的析出结晶。所以降低酸化液的酸度达到草甘膦的等电点时，才能够最大限度地析出草甘膦晶体。在传统的工艺操作中，降低酸化液酸度的方法有减压脱酸和加碱中和等。

**七、参考文献**

[1] 苏少泉. 草甘膦述评[J]. 农药，2005，44(4)：145-149.

[2] 高立蕊，胡景焕，李福祥. 甘氨酸-亚磷酸二甲酯法合成草甘膦的研究[J]. 山西化工，2011，31(3)：15-18.

[3] Zou L F，Wang P F，Wu Y H，et al. Membrane cross-linking to restrict water osmosis in continuous diffusion dialysis[J]. Desalination and Water Treatment，2017(87)：109-119.

[4] Wu Y H，Wang P F，Zhang G C，et al. Water osmosis in separating acidic HCl/glyphosate liquor by continuous diffusion dialysis[J]. Separation and Purification Technology，2017(179)：86-93.

[5] Wang P F，Zhang G C，Wu Y H. Diffusion dialysis for separating acidic HCl/glyphosate liquor[J]. Separation and Purification Technology，2015(141)：387-393.

# 实验40　聚苯胺的电化学合成与应用

**一、引言**

聚苯胺是一种高分子化合物，具有特殊的电学、光学性质，经掺杂后可具有导电性及电化学性能。对其进行一定处理后，可制得各种具有特殊功能的设备(如生物或化学传感器的尿素酶传感器、电子场发射源)和材料(如较传统锂电极材料在充放电过程中具有更优异的可逆性的电极材料、选择性膜材料、防静电和电磁屏蔽材料、导电纤维、防腐材料等)。聚苯胺因具有原料易得、合成工艺简单、化学及环境稳定性好等特点而得到了广泛的研究和应用。

聚苯胺的电活性源于分子链中的 p 电子共轭结构：随着分子链中 p 电子体系的扩大，p 成键态和 $p^*$ 反键态分别形成价带和导带，这种非定域的 p 电子共轭结构经掺杂可形成 P 型和 N 型导电态。不同于其他导电高分子在氧化剂作用下产生阳离子空位的掺杂机制，聚苯胺的掺杂过程中电子数目不发生改变，而是由掺杂的质子酸分解产生 $H^+$ 和对阴离子(如 $Cl^-$、$SO_4^{2-}$、$PO_4^{3-}$ 等)进入主链，与胺和亚胺基团中的 N 原子结合形成极子和双极子离域到整个分子链的 π 键中，从而使聚苯胺呈现较高的导电性。这种独特的掺杂机制使得聚苯胺的掺杂和脱掺杂完全可逆，掺杂度受 pH 和电位等因素的影响，并表现为外观颜色的相应变化，聚苯胺也因此具有电化学活性和电致变色特性。导电聚苯胺与金属基材接触，使金属基材的电化学腐蚀电位正移，即容易腐蚀的金属(如钢、铸铁、铝、铜等)由原有的负腐蚀电位向正电位移动,达到或接近贵金属(如金、银等)的电极电位,使金属基材发生钝化,对不同的金属相应地形成一层致密、稳定的氧化层。聚苯胺的催化特性可让聚苯胺在极低的浓度下长期发生作用。

聚苯胺是一种高分子合成材料,俗称导电塑料,为黑色粉末,可溶于四氢呋喃和二甲基甲酰胺等极性有机溶剂中。它是一类特种功能材料,具有塑料的密度,金属的导电性和塑料的可加工性,还具备金属和塑料所欠缺的化学和电化学性能,在国防工业上可用作隐身材料、防腐材料,民用上可用作金属防腐蚀材料、抗静电材料、电子化学品等。聚苯胺广阔的应用前景和市场前景使其成为目前世界各国争相研究、开发的热门材料。2005 年,国际上导电高分子的相关产品产值已达 10 亿美元,其中电子化学品、抗静电材料、聚苯胺金属防腐蚀材料、电磁屏蔽材料占 80%以上。在导电聚苯胺产品的开发中,目前最有成效的是德国的 Ormecon 公司。该公司主要生产导电聚苯胺防腐涂料和抗静电涂料,已经在美国、日本和韩国分别建立了三家子公司,成为全球最有影响力的导电聚苯胺产品公司。

1. 聚苯胺可用作防腐蚀涂料

德国科学家成功研制出一种基本上完全不生锈和腐蚀的塑胶涂料,这意味着以后要制造寿命过百年的汽车、游艇和大桥,将不再是天方夜谭。

研究人员发现,在金属表面涂上聚苯胺涂料后,能够有效阻止空气、水和盐分发挥作用,遏止金属生锈和腐蚀。这种塑胶涂料成本低,用法简便,而且不会破坏环境。简单而言,锈蚀是由金属原子与氧气结合而成的,并会削弱金属的结构。为此人们一般会在金属表面涂上漆油或镀上锌层,以减慢金属被氧化腐蚀的过程。不过,漆油和锌层的耐用程度有限。相对于漆油和锌,聚苯胺的功能大相径庭。它不是用作屏障,而是充当催化剂,以干扰金属被氧化腐蚀这个化学反应。聚苯胺先从金属中吸取电子,然后将之传到氧气中,这两个步骤会形成一层纯氧化物以阻止锈蚀。

在实验室环境下,用聚苯胺制造出了一种“永久耐用的有机金属”,其防锈能力较锌强 10 000 倍。在实际测试中,聚苯胺的防锈效能则下降至锌的 3～10 倍,这已是很大的进步。

纳米聚苯胺还可以制成聚苯胺/环氧共混体系、聚苯胺/聚氨酯共混体系、聚苯胺/聚酰亚胺共混体系、聚苯胺/苯乙烯丙烯酸共聚物(SAA)共混体系以及聚苯胺/聚丁基异丁酸酯共混体系等,这些共混物可用于各种场合的表面保护。与锌相比,这种聚合物不属于重金属,因此对食物链和人体健康的影响较小,而且较锌便宜,更可用于几乎所有金属表面。目前,日本、韩国、意大利、德国和法国等国家都已开始采用聚苯胺。

2. 聚苯胺可用作抗静电和电磁屏蔽材料

由于聚苯胺具有良好的导电性，且与其他高聚物的亲和性优于碳黑或金属粉，可以作为添加剂与塑料、橡胶、纤维结合，制备出抗静电材料及电磁屏蔽材料（如用于手机外壳、微波炉外层防辐射涂料，以及军用隐形材料等）。

3. 聚苯胺可用作二次电池的电极材料

高纯度纳米聚苯胺具有良好的氧化还原可逆性，可以作为二次电池的电极材料。

4. 聚苯胺可用作选择电极

纳米聚苯胺对于某些离子和气体具有选择性识别和透过率，因此可作为离子或气体选择电极。

5. 聚苯胺可用作特殊分离膜

纳米聚苯胺具有良好的氧化还原可逆性，所以它可制成特殊分离膜等。

6. 聚苯胺可用作高温材料

导电聚苯胺纳米材料经测试其热失重温度大于 200 ℃，远远大于其他塑料制品，所以它还可以制成高温材料。

7. 聚苯胺可用作太阳能材料

纳米聚苯胺具有良好的导热性，其导热系数是其他材料的 2～3 倍，所以可作为现有太阳能材料的替代产品。

目前，Ormecon 公司的产品已经被用在各种产业中，如印刷电路制造、替代金和锡的涂装等。造船公司用它来充当船舶抗腐蚀的漆料；而下一代面板显示器公司要用它开发出一种极便宜而且解析度极高的显示器。Ormecon 公司的产品也用作防护电磁波的屏蔽材料。

当前世界上对聚苯胺这种高分子材料的研究和开发正在从实验室走向工业化的初级阶段，聚苯胺的实际工业应用的开发更是处于初始时期，目前我们可知的用途仅仅是其广阔用途的很少一部分。

因此，对聚苯胺的合成机理和导电特性进行原理性研究及应用研究具有重要的意义。本实验室研究人员与盐城利庞新型材料科技有限公司合作，共同开发聚苯胺规模生产和工业应用。

聚苯胺的性能指标如下：

(1) JGT-EB-1 本征态聚苯胺。粒径：小于 30 μm；纯度：大于 99 wt%；相对分子质量：10 000～100 000；溶解度：30 ℃，在 N-甲基吡咯烷酮中高于 5 wt%；可加工温度：低于 150 ℃；熔点：无熔点，超过 300 ℃分解；表观密度：0.25～0.35 $g \cdot cm^{-3}$；吸水性：在空气中吸水(1～3)wt%；化学反应活性：具有可逆的氧化还原性能，可以与酸、氧化剂、还原剂反应；化学结构：由苯二胺和醌二亚胺单元组成。

(2) JGT-ES-1 导电态聚苯胺。电导率：7.5 $S \cdot cm^{-1}$；粒径：小于 30 μm；纯度：99.0 wt%以上；掺杂率：大于 30%(物质的量比)；分散性：在二甲苯、丁醇等溶剂中可分散，浓度超过 10 wt%；可加工温度：低于 150 ℃；分解温度：在空气中超过 300 ℃；表观密度：0.3～0.5 $g \cdot cm^{-3}$；吸水性：在空气中可吸水 3%～5%；化学反应活性：有较高的氧化还原活性，并可以与碱、氧化剂或还原剂反应，失去导电性。

**二、仪器与试剂**

(1) 仪器：恒电位仪、烧杯、导线、导电玻璃、铜棒、多用表、秒表。

(2) 试剂：蒸馏水、3 $mol \cdot L^{-1}$盐酸＋0.5 $mol \cdot L^{-1}$苯胺溶液、0.1 $mol \cdot L^{-1}$盐酸＋0.5 $mol \cdot L^{-1}$氯化钾溶液。

**三、实验方法**

(1) 洗净 3 个烧杯，在 1 号烧杯中放入 25 mL 3 $mol \cdot L^{-1}$盐酸＋0.5 $mol \cdot L^{-1}$苯胺溶液；2 号烧杯中放入 25 mL 0.1 $mol \cdot L^{-1}$盐酸＋0.5 $mol \cdot L^{-1}$氯化钾溶液；3 号烧杯中放入 40 mL 蒸馏水。

(2) 用多用表的欧姆挡判断导电玻璃的导电面(多用表示数为非正无穷的一面即为导电面)。

(3) 将带有铜丝的夹子夹住导电玻璃的一端，放入 1 号烧杯中(应保证夹子没有触碰溶液)。

(4) 将恒电位仪正极连接导电玻璃，负极连接铜棒。打开恒电位仪，选择 200 μA 挡，调节给定数值至－500，接通电流，同时用秒表计时(恒电位仪的输出电流为 50.1 μA。导电玻璃上逐渐出现一层淡绿色薄膜，当淡绿色薄膜颜色不再变化时记录时间。

(5) 分别放开夹两个电极的夹子，将两个电极连盖子一起放在 3 号烧杯中清洗。清洗完后，用纸吸干导电玻璃表面的水，然后将两个电极转移到 2 号烧杯中(溶液浸没淡绿色薄膜，夹子没有触碰溶液)。

(6) 将恒电位仪负极连接导电玻璃，正极连接铜棒，保持 200 μA 挡不变，调节给定数值至－300，接通电流(恒电位仪输出电流为 30.1 μA。一段时间后，导电玻璃表面变为无色)。

(7) 断开电流，保持 200 μA 挡不变，调节给定数值至 300，接通电流，同时用秒表计时(恒电位仪输出电流为－30.0 μA。一段时间后，导电玻璃表面逐渐出现绿色薄膜，然后薄膜变蓝，最后变成紫色)。

(8) 断开电流，保持 200 μA 挡不变，调节给定数值至－300，接通电流，同时用秒表计时(恒电位仪输出电流为 30.0 μA。导电玻璃上的薄膜颜色逐渐由紫色变为蓝色，然后变为绿色，最终变为无色)。

(9) 重复上述(7)(8)两步，分别调节恒电位仪输出电流为50.2 μA和100.1 μA，并记录双向过程变色时间。

## 四、实验结果

(1) 将实验数据记录在表1、表2、表3中。

**表1　第一组数据**

| 阳极过程电流/μA | 时间/min | 颜色 | 备注 |
| --- | --- | --- | --- |
| 30.0 | | 无色→绿色 | |
| 30.0 | | 绿色→蓝色 | |
| 30.0 | | 蓝色→紫色 | |
| 阴极过程电流/μA | 时间/min | 颜色 | 备注 |
| 30.0 | | 紫色→蓝色 | |
| 30.0 | | 蓝色→绿色 | |
| 30.0 | | 绿色→无色 | |

**表2　第二组数据**

| 阳极过程电流/μA | 时间/min | 颜色 | 备注 |
| --- | --- | --- | --- |
| 50.0 | | 无色→绿色 | |
| 50.0 | | 绿色→蓝色 | |
| 50.0 | | 蓝色→紫色 | |
| 阴极过程电流/μA | 时间/min | 颜色 | 备注 |
| 50.2 | | 紫色→蓝色 | |
| 50.2 | | 蓝色→绿色 | |
| 50.2 | | 绿色→无色 | |

**表3　第三组数据**

| 阳极过程电流/μA | 时间/min | 颜色 | 备注 |
| --- | --- | --- | --- |
| 100.1 | | 无色→绿色 | |
| 100.1 | | 绿色→蓝色 | |
| 100.1 | | 蓝色→紫色 | |
| 阴极过程电流/μA | 时间/min | 颜色 | 备注 |
| 100.1 | | 紫色→蓝色 | |
| 100.1 | | 蓝色→绿色 | |
| 100.1 | | 绿色→无色 | |

(2) 以电流强度的倒数为横坐标、总时间为纵坐标，分别作氧化过程和还原过程电流强度与总时间的关系图。

### 五、注意事项

(1) 本实验中盐酸可以用其他酸代替。由 $C_6H_5NH_2$ 电氧化制取聚苯胺在酸性介质中进行。

(2) 实验证明，用于电合成的 $C_6H_5NH_2$ 并非纯度愈高愈好，高纯度 $C_6H_5NH_2$ 反而难以引发耦合反应。

### 六、参考文献

[1] Skothheim T A. Handbook of Conducting Polymers[M]. New York: Marcel, 1986.

[2] 王圣平. 实验电化学[M]. 武汉：中国地质大学出版社，2010.

## 实验 41　石墨烯的电化学制备、表征及其储能特性研究

### 一、引言

石墨烯(Graphene)是一种由碳原子以 $sp^2$ 杂化轨道组成六角形呈蜂巢晶格的二维碳纳米材料，具有优异的光学、电学、力学特性，在材料学、微纳加工、能源、生物医学和药物传递等方面具有重要的应用前景，被认为是一种未来革命性的材料。石墨烯常见的粉体生产的方法为机械剥离法、氧化还原法、SiC 外延生长法，薄膜生产方法为化学气相沉积法(CVD)。化学气相沉积法(CVD)是使用含碳有机气体为原料进行气相沉积制得石墨烯薄膜的方法。用这是目前生产石墨烯薄膜最有效的方法。用这种方法制得的石墨烯具有面积大和质量高的特点，但现阶段成本较高，工艺条件还需进一步完善。由于石墨烯薄膜很薄，因此大面积的石墨烯薄膜无法单独使用，必须附着在宏观器件中才有使用价值，如触摸屏、加热器件等。随着批量化生产以及大尺寸等难题的逐步突破，石墨烯的产业化应用步伐正在加快，基于已有的研究成果，最先实现商业化应用的领域可能会是移动设备、航空航天、新能源电池领域。新能源电池也是石墨烯最早商用的一大重要领域。美国麻省理工学院已成功研制出附有石墨烯纳米涂层的柔性光伏电池板，可极大降低制造透明、可变形太阳能电池的成本，这种电池有可能在夜视镜、相机等小型数码设备中应用。另外，石墨烯超级电池的成功研发，也解决了新能源汽车电池容量不足以及充电时间长的问题，极大加速了新能源电池产业的发展。这一系列研究成果为石墨烯在新能源电池行业的应用铺就了道路。

石墨烯是目前已知的导电性能最出色的材料($10^3$～$10^4$ $S \cdot m^{-1}$)，理论比表面积高达 2 630 $m^2 \cdot g^{-1}$，化学性质稳定。石墨烯具有优良的导电性和导热性、巨大的比

表面积及超级电容特征，这些突出的性能使石墨烯在储能器件领域等方面有着广阔的发展前景。镍氢电池具有绿色无污染、免维护、安全性好、比能量与比功率高、高倍率充放电性能好、循环寿命长、低温性能好等优点，非常适合于混合动力电动车的使用，但当前的动力镍氢电池在高功率性能上仍不能完全满足混合动力电动汽车的需求，尤其是制动能量回收时的大电流充电接受能力较差。近年来，人们开始将石墨烯材料及技术应用到镍氢电池和镍电极的改进方面，也相继研发出镍碳电极和镍碳超级电容器等。

目前，石墨烯在镍氢电池和镍碳超级电容器中的应用皆以浆料或粉末为原料。由于石墨烯浆料或者粉末在贮存和使用过程中存在不稳定和易团聚的问题，不能充分发挥石墨烯材料的高比表面积、高导电和高导热的性能优势，限制了镍氢电池及镍碳超级电容器在更大范围、更广阔领域的应用。为了克服现有技术的不足，本技术提供一种石墨烯材料及其电化学制备方法，以及使用该材料制备的石墨烯电极。

本实验室与江苏超威电源有限公司进行产学研合作，为其铅酸电池提供电极材料改性和性能测试。

**二、仪器与试剂**

(1) 仪器：$Hg/Hg_2SO_4$ 电极，Pt 电极，CHI 电化学工作站，烧杯，量筒。

(2) 试剂：柔性石墨纸，40 g · $L^{-1}$ NaOH 溶液，$H_2SO_4$ 溶液(5 mol · $L^{-1}$、10 mol · $L^{-1}$)。

**三、实验方法**

(1) 取一块柔性石墨纸，将其浸入 60 ℃、40 g · $L^{-1}$的 NaOH 溶液中 3 min，然后将其取出浸泡于蒸馏水中并超声处理 30 min，以保证石墨纸的纯净。然后取出放入真空干燥箱，烘干备用。

(2) 将上述预处理的石墨纸冲成 1 $cm^2$ 的圆片，石墨表面用透明胶带粘掉一层，于 10 mol · $L^{-1}$ $H_2SO_4$ 溶液中插层膨胀。辅助电极为 Pt 电极。

(3) 接好实验装置(绿色夹头接工作电极，红色夹头接辅助电极，白色夹头接参比电极)。

(4) 依次打开电化学工作站、计算机、显示器等的电源，双击启动 CHI 软件。

(5) 在“Setup”菜单中执行“Technique”命令，在显示的下拉菜单栏里选择“Multi-Potential Steps”进入参数设置界面(如果未出现参数设置界面，则在“Setup”菜单中执行“Parameters”命令进入参数设置界面)。

10 mol · $L^{-1}$硫酸电解液膨胀制备工艺参数设置：

Step 1：Step E(V)为 2；Step Time(s)为 20。

Step 2：Step E(V)为 1；Step Time(s)为 10；Init E(初始电位)为 0；No. of Cycles 为 4;Quiet Time(s)为 2。

执行“Control”菜单中的“Run Experiment”命令,开始膨胀实验。

将膨胀后的石墨烯浸入蒸馏水中,反复洗涤 5 次,放入真空干燥箱中,烘干备用。

(6) 为了对比不同电压对膨胀石墨烯的影响,取新的石墨圆片,Step E(V)分别设为 2.4 V、2.7 V,其他参数和过程同步骤(5)。

(7) 电化学性能表征-循环伏安(CV)测试。在“Setup”菜单中执行“Technique”命令,在显示的下拉菜单栏里选择“Cyclic Voltametry”进入参数设置界面。Init E(初始电位)执行“Control”菜单中的“Open Circuit Potential”命令,获得自然电位;High E(最高电位)为 0.7 V,Low E(最低电位)为 0.5 V;扫描速度为 10 $mV \cdot s^{-1}$。执行“Control”菜单中的“Run Experiment”命令,开始循环伏安扫描实验。然后分别测 25 $mV \cdot s^{-1}$、50 $mV \cdot s^{-1}$、100 $mV \cdot s^{-1}$的 CV 曲线。

测试电解液为 5 $mol \cdot L^{-1}$ 硫酸溶液,石墨烯为工作电极,Pt 电极为辅助电极,$Hg/Hg_2SO_4$ 电极为参比电极。

(8) 电化学性能表征-交流阻抗测试。执行“Control”菜单中的“Open Circuit Potential”命令,获得自然电位;在“Setup”菜单中执行“Technique”命令,在显示的下拉菜单栏里选择“A. C. Impedance”进入参数设置界面。Init E(初始电位)为获得的自然电位;High Frequency(高频率)为 100 000 Hz;Low Frequency(低频率)为 0.1 Hz;其他为默认值。执行“Control”菜单中的“Run Experiment”命令,开始交流阻抗实验。

(9) 数据保存。每测完一次,单击“保存”按钮,分别将数据保存为“bin”文件和“txt”文件,并命名。

(10) 测量结束,关闭电源,拆掉导线,取出电极,用蒸馏水冲洗干净备用,清洗电解池。

**四、实验结果**

(1) 对 CV 图的后期处理可以在电化学工作站自带的 Cview 软件中进行。

(2) 利用软件进行数据处理,对比不同电压膨胀得到的石墨烯电极的电化学参数,比较电阻值大小。

**五、注意事项**

(1) 实验前仔细了解仪器的使用方法,预习实验。

(2) 实验过程中用到浓硫酸,应佩戴护目镜和手套,避免受伤。

(3) 在计算机桌面指定文件夹内建立自己的文件目录。实验完毕,及时将自己的数据复制下来。请勿将数据留在实验室的计算机内或删除他人实验数据及其他文件。

### 六、参考文献

[1] 田甜.石墨烯的生物安全性研究进展[J].科学通报,2014,59(20):1 927-1 936.

[2] 来常伟.通过"点击化学"对石墨烯进行功能化改性[J].化学学报,2013,71(9):1 201-1 224.

[3] 刘志涛.不同基底上CVD法制备石墨烯薄膜的工艺及结构表征[D].太原:太原理工大学,2014.

[4] 曹宇臣,郭鸣明.石墨烯材料及其应用[J].石油化工,2016,45(10):1 149-1 159.

## 实验42 化学修饰树脂的制备、表征及对邻苯二甲酸吸附行为

### 一、引言

邻苯二甲酸是制取涤纶、药物、增塑剂及染料等的化工原料,但由于其广泛应用,全球主要工业国的生态环境中均达到了普遍检出的程度,其污染问题已开始受到重视。吸附法具有操作简便、低能耗、可资源化等优点,被认为是一种非常高效的净化、分离废水技术,越来越多地被用于有机废水治理与资源化回收中。近年来,随着高分子材料科学的发展,树脂作为一种可以根据实际运用途径对表面化学性质和孔结构进行调控的人工合成高分子吸附剂,因其具有吸附容量大、吸附选择性好、再生容易等优点,越来越受到人们的青睐。本实验利用后交联及化学修饰反应制备偏苯三酸酐修饰树脂,使用IR和BET对其进行表征,测定其对废水中邻苯二甲酸的吸附等温线和吸附动力学曲线,计算吸附热力学参数和动力学参数,探讨其对邻苯二甲酸的吸附行为,为树脂吸附法应用于邻苯二甲酸废水的治理提供理论依据和实验基础。

### 二、仪器与试剂

(1) 仪器:DHZ-D型恒温振荡器,ASAP2010型比表面及孔径分布测定仪,AVATAR360型傅立叶变换红外光谱仪,600E型高效液相色谱仪。

(2) 试剂:丙酮(分析纯),硝基苯(分析纯),偏苯三酸酐(分析纯),乙醇(分析纯),盐酸(分析纯),氢氧化钠(分析纯),无水三氯化铝(分析纯),邻苯二甲酸(分析纯),甲醇(色谱纯)。

## 三、实验方法

1. 吸附树脂的制备与表征

称取 30 g 经丙酮浸泡、水洗、烘干的氯球，溶胀于硝基苯中静置 6 h。在机械搅拌下加入 5 g 无水三氯化铝，在 353 K 下搅拌 4 h 后，加入 7.5 g 偏苯三酸酐，同时补加 3 g 无水三氯化铝，在 383 K 下继续搅拌 4 h 后停止反应。滤出经偏苯三酸酐修饰的吸附树脂，依次用 4% 的 NaOH 溶液、1% 的盐酸丙酮溶液、去离子水和甲醇清洗，323 K 下烘干备用。采用傅立叶变换红外光谱仪和比表面及孔径分布测定仪对偏苯三酸酐修饰树脂进行表征。

2. 吸附等温线测定

称取 0.1 g 偏苯三酸酐修饰树脂置于 150 mL 具塞锥形瓶中，加入 100 mL 初始浓度分别为 $100\ mg \cdot L^{-1}$、$200\ mg \cdot L^{-1}$、$300\ mg \cdot L^{-1}$、$400\ mg \cdot L^{-1}$ 和 $500\ mg \cdot L^{-1}$ 的邻苯二甲酸溶液。将锥形瓶放在恒温振荡器中，控制转速为 $130\ r \cdot min^{-1}$，依次分别设定实验温度为 288 K、303 K 和 318 K，恒温振荡至吸附平衡。取 10 μL 吸附平衡液用高效液相色谱仪测定吸附质平衡浓度，按下式计算平衡吸附量：

$$Q_e = \frac{V(c_0 - c_e)}{W} \tag{1}$$

式中，$Q_e$ 为树脂的平衡吸附量（$mg \cdot g^{-1}$），$c_0$ 和 $c_e$ 分别为原始溶液和平衡溶液的浓度（$mg \cdot L^{-1}$），$V$ 为溶液体积（L），$m$ 为吸附剂质量（g）。

3. 吸附动力学曲线测定

称取 0.1 g 偏苯三酸酐修饰树脂置于 150 mL 具塞锥形瓶中，加入 100 mL 浓度为 $300\ mg \cdot L^{-1}$ 的邻苯二甲酸溶液，控制温度为 303 K，在恒温振荡器中以 $130\ r \cdot min^{-1}$ 的速度振荡，在不同时刻取样测定溶液中吸附质的浓度，计算相应的吸附量 $Q_t$（$mg \cdot g^{-1}$）。

## 四、实验结果

1. 树脂表征

对比偏苯三酸酐修饰树脂和氯球的红外光谱图，观察 C ═ O、C—Cl 以及—OH 等的特征峰变化情况，说明是否成功制备了偏苯三酸酐化学修饰树脂。利用比表面及孔径分布测定了解偏苯三酸酐化学修饰树脂的比表面积、孔径等性质。

2. 吸附等温线

以平衡浓度 $c_e$ 和平衡吸附量 $Q_e$ 分别作为横、纵坐标绘制化学修饰树脂对邻苯二甲酸的吸附等温线，根据吸附量与温度的增减关系判断属于何种类型的吸附。如果吸附量随着温度的升高而下降，就说明此吸附过程以物理吸附为主，吸附过程放热；如果以化学吸附为主，则吸附量随着温度的升高而升高，表明升高温度对吸附有利，吸附过程吸热。实验中采用 Freundlich 和 Langmuir 等温吸附方程对吸附等温线进行拟合，从理论上进一步认识吸附过程。

Freundlich 等温吸附方程：

$$\ln Q_e = \ln K_F + \frac{1}{n}\ln c_e \tag{2}$$

Langmuir 等温吸附方程：

$$\frac{c_e}{Q_e} = \frac{1}{K_L Q_m} + \frac{c_e}{Q_m} \tag{3}$$

式中，$K_F$ 和 $n$ 是 Freundlich 等温方程的参数，是吸附能力和吸附优惠性的体现；$Q_m$ 是单分子层饱和吸附量，$K_L$ 是 Langmuir 等温方程的参数，代表吸附能力强弱。根据相应的相关系数 $R^2$ 说明拟合度高低，判断更符合何种等温吸附方程。然后根据获得的相关参数衡量化学修饰树脂对邻苯二甲酸的吸附能力大小。

邻苯二甲酸在化学修饰树脂上的吸附焓变 $\Delta H$ 可根据 Van't-Hoff 方程计算：

$$\ln c_e = \frac{\Delta H}{RT} - \ln K \tag{4}$$

不同温度时，$Q_e$ 为某一数值，如 100 $mg \cdot g^{-1}$ 时对应的平衡浓度 $c_e$，可通过 Freundlich 方程求出。以 $\ln c_e$ 对 $1/T$ 作图，由直线斜率计算得到等量吸附焓变 $\Delta H$。

吸附 Gibbs 自由能变 $\Delta G$ 根据下列经验公式计算：

$$\Delta G = -nRT \tag{5}$$

其中，$n$ 为 Freundlich 方程中的常数。

吸附熵变 $\Delta S$ 采用热力学基本公式计算：

$$\Delta S = \frac{\Delta H - \Delta G}{T} \tag{6}$$

分析获得的实验数据，根据 $\Delta H$ 判断吸附过程是放热还是吸热，$\Delta H$ 大于零说明为吸热过程，小于零则为放热过程。根据 $\Delta G$ 和 $\Delta S$ 数值判断过程是否自发，是熵增加还是熵减小过程。

3. 吸附动力学

首先根据吸附动力学曲线测定结果，以吸附量 $Q_t$ 为纵坐标、时间 $t$ 为横坐标绘制化学修饰树脂对邻苯二甲酸的吸附动力学曲线。然后分别利用下列准一级动力学方程和准二级动力学方程进行描述，使用作图法由斜率计算出吸附速率常数。由方程拟合的相关系数 $R^2$ 判断邻苯二甲酸在化学修饰树脂上的吸附过程符合哪一种动力学方程，进而推测吸附行为。

准一级动力学方程：

$$\ln(Q_e - Q_t) = \ln Q_e - K_1 t \tag{7}$$

准二级动力学方程：

$$\frac{1}{Q_e - Q_t} = \frac{1}{Q_e} + K_2 t \tag{8}$$

**五、注意事项**

(1) 无水三氯化铝易吸潮，实验中要迅速称取。

(2) 树脂使用前应浸泡预处理。

(3) 使用高效液相色谱仪测定吸附质平衡浓度时，先采用过滤法对吸附平衡液进行预处理，确保样品中不含固体颗粒。

**六、参考文献**


[1] 孙玉凤，刘总堂，费正皓，等.单宁酸修饰的超高交联吸附树脂对酚类化合物的吸附研究[J].高分子学报，2014(1)：107-114.

[2] 刘总堂，孙玉凤，施卫忠，等.单宁酸修饰的吸附树脂对对甲苯胺和对氯苯胺的吸附行为[J].高分子材料科学与工程，2013，29(3)：47-50.

[3] 沈萍萍，王莹莹，顾继东.活性污泥中细菌对邻苯二甲酸酯的降解及其途径[J].应用与环境生物学报，2004，10(5)：643-646.

[4] 郑文芝，覃石坚，陈殷.环境激素邻苯二甲酸酯的研究进展[J].广州化工，2006，34(5)：14-16.

[5] 费正皓，刘总堂，施卫忠，等.间苯三酚修饰的吸附树脂对水中2，6-二氯苯酚和间苯三酚的吸附机理研究[J].化学学报，2011，69(21)：2 555-2 560.

[6] Long C, Liu P, Li Y, et al. Characterization of hydrophobic hypercrosslinked polymer as an adsorbent for removal of chlorinated volatile organic compounds[J]. Environ Sci Technol, 2011, 45(10): 4 506-4 512.


## 实验43　$TiO_2$的制备、禁带宽度的测试及应用

**一、引言**

石油化工、煤化工、塑料、农药及医药等行业排放的含酚废水是一种常见的有机废水。酚类化合物属极性、可离子化、弱酸性有机化合物，毒性大，难降解，对生物体有毒杀作用，能使蛋白质凝固。长期饮用被酚污染的水可引起慢性积累性中毒，饮用水中即使含酚浓度只有0.002 mg/L，也会影响人体健康。酚对水生生物、农作物都有一定的毒害，如水中含酚0.1～0.2 mg/L时，鱼肉即有臭味而不能食用；浓度增加到1 mg/L时，会影响鱼类产卵；浓度增加到6.5～9.3 mg/L时，鱼类就会大量死亡。含酚浓度高于100 mg/L的废水直接灌田，会引起农作物的减产甚至枯死。

目前，作为一种重要的水处理手段，半导体光催化氧化法引起了诸多研究者的兴趣。该方法的优点在于可以利用部分光能作为反应的驱动力，在常温常压下反应即可进行，具有快速、对污染物治理彻底、没有二次污染等重要优良特征。这使之成为染料净化处理领域的前沿研究课题之一。在各种光催化剂材料中，$TiO_2$ 具有廉价、无毒、氧化能力强、稳定性好等优点，是目前研究最多和应用最广的半导体光催化剂之一。自 1972 年 Fujishima 和 Honda 报道了利用 $TiO_2$ 为光阳极，在紫外光照射下分解水的研究结果后，化学家们便对利用 $TiO_2$ 作为光催化剂的研究进行了一系列卓有成效的探索。

**二、仪器与试剂**

(1) 仪器：光化学反应仪，紫外-可见分光光度计，反应釜，烘箱。

(2) 试剂：钛酸正四丁酯，1-丁基-3-甲基咪唑溴盐([Bmim]Br)，苯酚。

**三、实验方法**

1. $TiO_2$ 制备

利用水热法，一定浓度的钛酸正四丁酯溶液与[Bmim]Br 溶液按物质的量比 1∶1 混合搅拌 20 min，移至反应釜(总体积不得超过其 80%)，水热加热到 120 ℃，恒温 12 h (温度达到120 ℃开始计时)。降温至室温，用水、乙醇分别洗涤离心，移至蒸发皿干燥，得到白色或淡黄色粉末，即为 $TiO_2$。

2. 紫外-可见漫反射光谱(DRS)测试

利用紫外-可见漫反射光谱仪测定 $TiO_2$ 的波长与吸光度的关系，通过 Tauc plot 法计算得到其禁带宽度。

Tauc plot 法：

$$(\alpha h\nu)^2 = A(h\nu - E_g)$$

其中，$\alpha$ 为吸光指数，$h$ 为普朗克常量，$\nu$ 为频率，$A$ 为常数，$E_g$ 为半导体禁带宽度。

具体操作：

(1) 利用紫外漫反射光谱数据分别求$(\alpha h\nu)^2$ 和 $h\nu$，其中 $h\nu = hc/\lambda$，$c$ 为光速，$\lambda$ 为光的波长。$h = 6.63\times10^{-34}$ J·s，$c = 3\times10^{-8}$ m·s$^{-1}$，J 与 eV 的换算关系：1 eV$=1.6\times10^{-19}$ J；另外注意波长 $\lambda$ 换算为以 m 为单位。

说明：实验过程中，通过漫反射光谱所测得谱图的纵坐标一般为吸收值 Abs。$\alpha$ 为吸光系数，两者成正比。通过 Tauc plot 法来求取 $E_g$ 时，不论采用 Abs 还是 $\alpha$，$E_g$ 值是不受影响的(只不过是系数 Abs 与 $\alpha$ 有差异而已)，所以简单起见，可以直接用 Abs 替代 $\alpha$。

(2) 在 Origin 中以$(\alpha h\nu)^2$ 对 $h\nu$ 作图。

(3) 将步骤 2 中所得到图形中的直线部分外推至横坐标轴，交点即为禁带宽度值。

3. 二氧化钛在含酚废水处理中的应用

配制浓度为 0.1 g·$L^{-1}$ 的苯酚模拟废水，将 0.18 g 所制得的 $TiO_2$ 分散到30 mL 0.1 g·$L^{-1}$ 的苯酚溶液中。随后将此悬浮液于黑暗条件下搅拌 30 min 达吸附、脱附平衡。然后将此悬浮液置于光反应器，采用紫外光照射，进行光催化降解实验。实验过程中苯酚水溶液的浓度通过紫外-可见分光光度计来检测。

## 四、数据记录与处理

将相关数据记录在表 1 和表 2 中。

**表 1　二氧化钛的 $E_g$**

| 实验数据 | 第 1 次 | 第 2 次 | 第 3 次 | 平均值 |
|---|---|---|---|---|
| $E_g$/eV | | | | |

注：二氧化钛禁带宽度参考值范围为 3.0～3.2 eV。

**表 2　二氧化钛光催化降解含酚废水**

| 序号 | 降解时间/min | 最大吸收波长/nm | 降解率/% |
|---|---|---|---|
| 1 | | | |
| 2 | | | |
| 3 | | | |
| 4 | | | |
| 5 | | | |
| 6 | | | |
| 7 | | | |

## 五、注意事项

(1) 在反应釜使用过程中注意温度变化，上下浮动不超过 2 ℃。

(2) 测定过程中，保证温度恒定在设定温度。

## 六、参考文献

[1] Pratarn W, Pornsiri T, Thanit S, et al. Adsorption and ozonation kinetic model for phenolic wastewater treatment[J]. Chinese Journal of Chemical Engineer-

ing, 2011, 19 (1): 76－82.

[2] Tauc J,Grigorovici R,Vancu A. Optical properties and electronic structure of amorphous germanium[J]. Phys Status Solidi,1966,15(2): 627－637.

[3] Davis E A, Mott N F. Conduction in non-crystalline systems V. conductivity, optical absorption and photoconductivity in amorphous semiconductors[J]. The Philosophical Magazine, 1970, 22 (179): 903－922.

# 实验 44　废水中 $NH_3$-N 的测定

## 一、实验目的

(1) 掌握纳氏试剂比色法测定水样中 $NH_3$-N 含量的方法。

(2) 掌握 $NH_3$-N 检测水样的前处理方法。

(3) 巩固分光光度法的操作与应用。

## 二、实验原理

氨氮以游离氨($NH_3$)或铵盐($NH_4^+$)的形式存在于水中,两者的组成比取决于水的 pH。pH 高时,游离氨比例较高;反之,铵盐比例较高。

碘化汞和碘化钾的碱性溶液与氨反应生成淡红棕色胶态化合物,其色度与氨氮含量成正比,通常可在波长 410～425 nm 范围内测其吸光度,计算其含量。

本法最低检出浓度为 0.025 mg · $L^{-1}$(光度法),测定上限为 2 mg · $L^{-1}$。采用目视比色法,最低检出浓度为 0.02 mg · $L^{-1}$。对水样做适当的预处理后,本法可用于地面水、地下水、工业废水和生活污水中氨氮的测定。

## 三、仪器与试剂

(1) 仪器: 722 型分光光度计、带氮球的定氮蒸馏装置、500 mL 凯氏烧瓶、氮球、直形冷凝管和导管、50 mL 比色管、PHS-3C 型雷磁 pH 计、电热套等。

(2) 试剂: 无氨水、1 mol · $L^{-1}$ 盐酸溶液、1 mol · $L^{-1}$ 氢氧化钠溶液、轻质氧化镁、0.05%溴百里酚蓝指示液(pH＝6.0～7.6)、石蜡碎片(防沫剂)、硼酸溶液(吸收液)、纳氏试剂、酒石酸钾钠溶液、铵标准贮备溶液、铵标准使用溶液等。

部分试剂的制备方法如下:

① 无氨水: 以下制备方法任选其一。

a. 蒸馏法: 每升蒸馏水中加入 0.1 mL 硫酸,在全玻璃蒸馏器中重蒸馏,弃去 50 mL 初馏液,接取其余馏出液于具塞磨口的玻璃瓶中,密塞保存。

b. 离子交换法: 使蒸馏水通过强酸型阳离子交换树脂柱。

② 轻质氧化镁(MgO): 将氧化镁在 500 ℃下加热,以除去碳酸盐。

③ 硼酸溶液：称取 20 g 硼酸溶于水，稀释至 1 L。

④ 纳氏试剂：以下制备方法任选其一。

a. 称取 20 g 碘化钾溶于约 100 mL 水中，边搅拌边分次少量加入二氯化汞($HgCl_2$)结晶粉末(约 10 g)，至出现朱红色沉淀不易溶解时，改为滴加饱和二氯化汞溶液，并充分搅拌，当出现微量朱红色沉淀不再溶解时，停止滴加二氯化汞溶液。另称取 60 g 氢氧化钾溶于水，并稀释至 250 mL，冷却至室温后，将上述溶液徐徐注入氢氧化钾溶液中，用水稀释至 400 mL，混匀，静置过夜，将上清液移入聚乙烯瓶中，密塞保存。

b. 称取 16 g 氢氧化钠溶于 50 mL 水中，充分冷却至室温。另称取 7 g 碘化钾和碘化汞($HgI_2$)溶于水中，然后将此溶液在搅拌下徐徐注入氢氧化钠溶液中，用水稀释至 100 mL，贮于聚乙烯瓶中，密塞保存。

⑤ 酒石酸钾钠溶液：称取 50 g 酒石酸钾钠($KNaC_4H_4O_6 \cdot 4H_2O$)溶于 100 mL 水，加热煮沸以除去氨，冷却后定容至 100 mL。

⑥ 铵标准贮备溶液：称取 3.819 g 经 100 ℃干燥过的优级纯氯化铵($NH_4Cl$)溶于水中，移入 1 000 mL 容量瓶中，稀释至标线。此溶液每毫升含 1.00 mg 氨氮。

⑦ 铵标准使用溶液：移取 5.00 mL 铵标准贮备溶液于 500 mL 容量瓶中，用水稀释至标线。此溶液每毫升含 0.010 mg 氨氮。

**四、实验步骤**

1. 水样预处理

(1) 絮凝沉淀法(根据水样选用)：取 100 mL 水样于容量瓶中，加入 1 mL 10%硫酸锌和 0.2 mL 25%氢氧化钠溶液，混匀，放置使反应产物沉淀，用中速滤纸过滤，弃去 20 mL 初滤液。

(2) 蒸馏冷凝法：取 250 mL 水样(如氨氮含量较高，可取适量并加水至 250 mL，使氨氮含量不超过 2.5 mg)，移入凯氏烧瓶中，加数滴溴百里酚蓝指示液，用氢氧化钠溶液或盐酸溶液调节至 pH=7 左右。加入 0.25 g 轻质氧化镁和数粒玻璃珠，立即连接氮球和冷凝管，将导管下端插入吸收液液面下。加热蒸馏，至馏出液达 200 mL 时，停止蒸馏，定容至 250 mL。采用酸滴定法或纳氏比色法时，以 50 mL 硼酸溶液为吸收液；采用水杨酸-次氯酸盐比色法时，改用 50 mL 0.01 $mol \cdot L^{-1}$ 硫酸溶液为吸收液。

2. 标准曲线的绘制

吸取 0.00 mL、0.50 mL、1.00 mL、3.00 mL、7.00 mL 和 10.00 mL 铵标准使用溶液分别于 50 mL 比色管中，加水至标线，加入 1.0 mL 酒石酸钾钠溶液，混匀，加入 1.5 mL 纳氏试剂，混匀。放置 10 min 后，在波长 420 nm 处，用光程 20 mm 的比色皿，以水为参比，测定吸光度。由测得的吸光度减去零浓度空白管的吸光度后得到校正吸光度，绘制以氨氮含量($mg \cdot L^{-1}$)对校正吸光度的标准曲线。

3. 水样的测定

(1) 分取适量经絮凝沉淀预处理后的水样(使氨氮含量不超过 0.1 mg)，加入 50 mL比色管中，稀释至标线，加入 1.0 mL 酒石酸钾钠溶液。

(2) 分取适量经蒸馏预处理后的馏出液，加入 50 mL 比色管中，加一定量 1 $mol \cdot L^{-1}$氢氧化钠溶液，以中和硼酸，稀释至标线。加 1.5 mL 纳氏试剂，混匀。放置 10 min 后，按“标准曲线的绘制”部分所述操作方法测量吸光度。

4. 空白试验

以无氨水代替水样，做全程序空白测定。

**五、数据记录与处理**

由水样测得的吸光度减去空白试验的吸光度后，从标准曲线上查得氨氮量(mg)后，按下式计算：

$$\text{氨氮}(\mathrm{N}, \mathrm{mg} \cdot \mathrm{L}^{-1}) = \frac{m}{V} \times 1\,000$$

式中，$m$ 为由标准曲线查得的氨氮量(mg)，$V$ 为水样体积(mL)。

**六、注意事项**

(1) 纳氏试剂中碘化汞与碘化钾的比例对显色反应的灵敏度有较大影响，静置后生成的沉淀应除去。

(2) 滤纸上常含痕量铵盐，使用时注意用无氨水洗涤，所用玻璃器皿应避免实验室空气中氨的玷污。

(3) 蒸馏时要防止发生暴沸和产生泡沫，否则会造成氨吸收不完全。

(4) 蒸馏前一定要先打开冷凝水；蒸馏完毕，先移走吸收液再关闭电炉，以防发生倒吸。

(5) 水样应保存在聚乙烯瓶或玻璃瓶中，并尽快分析。

(6) 水样带色或浑浊时要进行水样的预处理，对污染严重的要进行蒸馏。

**七、思考题**

(1) 轻质氧化镁在本实验中的作用是什么？

(2) 在加入纳氏试剂之前为什么要加入酒石酸钾钠溶液？

(3) 吸收液中的硼酸可以用盐酸替代吗？为什么？

**八、仪器介绍**

1. 分光光度计

分光光度计的相关介绍见“实验 24”中的“仪器介绍”部分。

2. 凯氏定氮装置

凯氏定氮装置如图 2 所示。

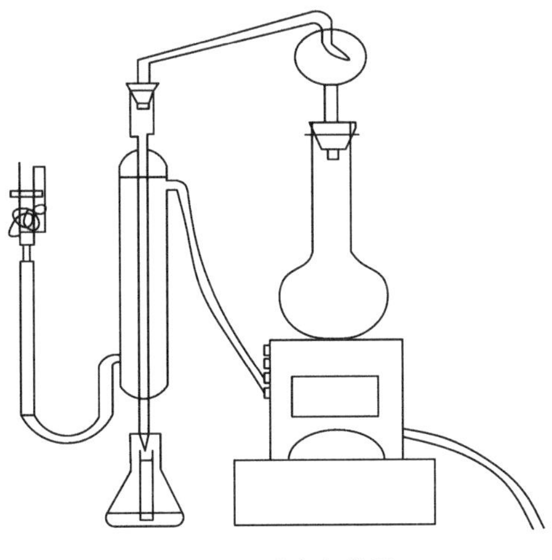

**图 2　凯氏定氮装置**

## 九、拓展应用

其他常用氨氮检测方法如下：

(1) 水杨酸-次氯酸盐分光光度法：灵敏、准确，氨基酸干扰小，操作较简便，易于掌握，适用于实验室测定水体氨氮的含量。

(2) 苯酚-次氯酸盐光度法：反应机理和条件与水杨酸法类同，由于试剂有毒且配制麻烦又不易保存，氨基酸干扰也较大，显色时间过长(90 min)，显然水杨酸法优于本法。

(3) 次卤酸盐氧化法：灵敏度较高，但实验条件较难掌握，重现性差，氨基酸对本法的干扰较大。另外，本法测定结果是氨氮与硝酸盐氮之和，若待测样品含亚硝酸盐，则在上述氧化过程中部分亚硝酸盐也被氧化，致使测定结果产生较大误差。

(4) 纳氏试剂比色法：简便、快速，操作易于掌握，准确度与灵敏度基本上能满足分析要求，故被收录于《中华人民共和国国家环境保护标准》中。

## 十、参考文献

[1] 环境保护部科技标准司. HJ 535—2009 水质 氨氮的测定 纳氏试剂分光光度法[S]. 北京：中国环境科学出版社，2010.

[2] 陈汉银. 几种氨氮检测方法比较[J]. 环境与发展，2017，29(3)：183，185.

# 实验45 废水中挥发酚的测定——4-氨基安替比林分光光度法

## 一、实验目的

(1) 掌握挥发酚检测水样的前处理方法。

(2) 掌握4-氨基安替比林分光光度法测定水样中挥发酚含量的方法。

## 二、实验原理

挥发酚(Volatile Phenolic Compounds)是指随水蒸气蒸馏出并能和4-氨基安替比林反应生成有色化合物的挥发性酚类化合物,结果以苯酚计。

1. 萃取分光光度法原理

用蒸馏法使挥发性酚类化合物蒸馏出,并与干扰物质和固定剂分离。由于酚类化合物的挥发速度随馏出液体积而变化,因此,馏出液体积必须与试样体积相等。被蒸馏出的酚类化合物于pH=10.0±0.2的介质中,在铁氰化钾的存在下,与4-氨基安替比林反应生成橙红色的安替比林染料,用三氯甲烷萃取后,在460 nm波长处测定吸光度。

2. 直接分光光度法原理

用蒸馏法使挥发性酚类化合物蒸馏出,并与干扰物质和固定剂分离。由于酚类化合物的挥发速度随馏出液体积而变化,因此,馏出液体积必须与试样体积相等。被蒸馏出的酚类化合物于pH=10.0± 0.2的介质中,在铁氰化钾的存在下,与4-氨基安替比林显色后,在30 min内,于510 nm波长处测定吸光度。

3. 干扰及消除

氧化剂、油类、硫化物、有机或无机还原性物质和苯胺类均会干扰酚的测定。

(1) 氧化剂(如游离氯)的消除:将样品滴于淀粉-碘化钾试纸上,若出现蓝色,则说明存在氧化剂,可加入过量的硫酸亚铁去除。

(2) 硫化物的消除:当样品中有黑色沉淀时,可取一滴样品于乙酸铅试纸上,若试纸变黑色,说明有硫化物存在。此时样品应继续加磷酸酸化,置通风柜内进行搅拌曝气,直至生成的硫化氢完全逸出。

(3) 甲醛、亚硫酸盐等有机或无机还原性物质的消除:可分取适量样品于分液漏斗中,加入硫酸溶液使其呈酸性,分次加入50 mL、30 mL、30 mL乙醚以萃取酚,合并乙醚层于另一分液漏斗,分次加入4 mL、3 mL、3 mL氢氧化钠溶液进行反萃取,使酚类转入氢氧化钠溶液中。合并碱萃取液,移入烧杯中,置水浴上加温,以除去残余乙醚，然后用水将碱萃取液稀释到原分取样品的体积。同时应用水做空白试验。

(4) 油类的消除：样品静置分离出浮油后，按照操作步骤(3)进行操作。

(5) 苯胺类的消除：苯胺类可与4-氨基安替比林发生显色反应而干扰酚的测定，一般在酸性($pH<0.5$)条件下，可以通过预蒸馏分离。

**三、仪器与试剂**

(1) 仪器：722型分光光度计、蒸馏装置、250 mL蒸馏烧瓶、直形冷凝管和导管、50 mL比色管、电热套。

(2) 试剂：本实验所用试剂除非另有说明，分析时均使用符合国家标准的分析纯化学试剂；实验用水为新制备的蒸馏水或去离子水。

① 无酚水：

a. 于每升水中加入0.2 g经200 ℃活化30 min的活性炭粉末，充分振摇后，放置过夜，用双层中速滤纸过滤。

b. 加氢氧化钠使水呈强碱性，并加入高锰酸钾至溶液呈紫红色，移入全玻璃蒸馏器中加热蒸馏，集取馏出液备用。

② 硫酸亚铁晶体($FeSO_4 \cdot 7H_2O$)。

③ 碘化钾(KI)。

④ 硫酸铜晶体($CuSO_4 \cdot 5H_2O$)。

⑤ 乙醚($C_4H_{10}O$)。

⑥ 三氯甲烷($CHCl_3$)。

⑦ 精制苯酚：取苯酚($C_6H_5OH$)于具有空气冷凝管的蒸馏瓶中，加热蒸馏，收集182 ℃～184 ℃的馏分。馏分冷却后应为无色晶体，将其贮于棕色瓶中，于冷暗处密闭保存。

⑧ 氨水：$\rho(NH_3 \cdot H_2O)=0.90\ g \cdot mL^{-1}$。

⑨ 盐酸：$\rho(HCl)=1.19\ g \cdot mL^{-1}$。

⑩ 磷酸溶液(1∶9)。

⑪ 硫酸溶液(1∶4)。

⑫ 氢氧化钠溶液：$\rho(NaOH)=100\ g \cdot L^{-1}$。称取氢氧化钠10 g溶于水，稀释至100 mL。

⑬ 缓冲溶液：pH=10.7。称取20 g氯化铵($NH_4Cl$)溶于100 mL氨水中，密塞，置冰箱中保存。为避免氨的挥发所引起的pH改变，应注意在低温下保存，且取用后立即加塞盖严，并根据使用情况适量配制。

⑭ 4-氨基安替比林溶液：称取2 g 4-氨基安替比林溶于水，溶解后移入100 mL容量瓶中，用水稀释至标线，然后进行提纯，收集滤液后置冰箱中冷藏，可保

存 7 天。

⑮ 铁氰化钾溶液：$\rho(K_3[Fe(CN)_6])=80\ g\cdot L^{-1}$。称取 8 g 铁氰化钾溶于水，移入 100 mL 容量瓶中，用水稀释至标线。置冰箱内冷藏，可保存 7 天。

⑯ 溴酸钾-溴化钾溶液：$c(1/6KBrO_3)=0.1\ mol\cdot L^{-1}$。称取 2.784 g 溴酸钾溶于水，加入 10 g 溴化钾，溶解后移入 1 000 mL 容量瓶中，用水稀释至标线。

⑰ 硫代硫酸钠溶液：$c(Na_2S_2O_3)\approx0.012\ 5\ mol\cdot L^{-1}$。称取 3.1 g 硫代硫酸钠，溶于煮沸后放冷的水中，加入 0.2 g 碳酸钠，溶解后移入 1 000 mL 容量瓶中，用水稀释至标线。临用前标定。

⑱ 淀粉溶液：$\rho=0.01\ g\cdot mL^{-1}$。称取 1 g 可溶性淀粉，用少量水调成糊状，加沸水至 100 mL。冷却后，移入试剂瓶中，置冰箱内冷藏保存。

⑲ 酚标准贮备液：$\rho(C_6H_5OH)\approx1.00\ g\cdot L^{-1}$。称取 1.00 g 精制苯酚溶于水，移入 1 000 mL 容量瓶中，用水稀释至标线，然后进行标定。置冰箱内冷藏，可稳定保存一个月。

⑳ 酚标准中间液：$\rho(C_6H_5OH)=10.0\ mg\cdot L^{-1}$。取适量酚标准贮备液于 100 mL容量瓶中，用水稀释至标线。使用当天配制。

㉑ 酚标准使用液：$\rho(C_6H_5OH)=1.00\ mg\cdot L^{-1}$。量取 10.00 mL 酚标准中间液于 100 mL 容量瓶中，用水稀释至标线。配制后 2 h 内使用。

㉒ 甲基橙指示液：$\rho$(甲基橙)$=0.5\ g\cdot L^{-1}$。称取 0.1 g 甲基橙溶于水，移入 200 mL容量瓶中，用水稀释至标线。

㉓ 淀粉-碘化钾试纸。

㉔ 乙酸铅试纸。

㉕ pH 试纸：1～14。

## 四、实验步骤

### 1. 样品采集

样品采集按照《地表水和污水监测技术规范》(HJ/T 91—2002)的相关规定执行。在样品采集现场，用淀粉-碘化钾试纸检测样品中有无游离氯等氧化剂存在。若试纸变蓝，应及时加入过量硫酸亚铁去除。样品采集量应大于 500 mL，贮于硬质玻璃瓶中。采集后的样品应及时加磷酸酸化至 pH 约为 4.0，并加适量硫酸铜，使样品中硫酸铜浓度约为 $1\ g\cdot L^{-1}$，以抑制微生物对酚类的生物氧化作用。采集后的样品应在 4 ℃下冷藏，24 h 内进行测定。

### 2. 样品分析步骤

(1) 预蒸馏：取 250 mL 样品移入 500 mL 全玻璃蒸馏器中，加入 25 mL 水，加数粒玻璃珠以防暴沸，再加数滴甲基橙指示液。若试样未显橙红色，则需继续补加磷酸溶液。连接冷凝器，加热蒸馏，收集馏出液 250 mL 至容量瓶中。蒸馏过程中，若发现甲基橙红色褪去，应在蒸馏结束后放冷，再加 1 滴甲基橙指示液。若发现蒸馏后残液不呈酸性，则应重新取样，增加磷酸溶液的加入量，进行蒸馏。

(2) 显色：将馏出液 250 mL 移入分液漏斗中，加入 2.0 mL 缓冲溶液，混匀，pH 为 10.0 ± 0.2，加入 1.5 mL 4-氨基安替比林溶液，混匀，再加 1.5 mL 铁氰化钾溶液，充分混匀后，密塞，放置 10 min。

(3) 萃取：在上述显色分液漏斗中准确加入 10.0 mL 三氯甲烷，密塞，剧烈振摇 2 min，倒置放气，静置分层。用干脱脂棉或滤纸拭干分液漏斗颈管内壁，于颈管内塞一小团干脱脂棉或滤纸，将三氯甲烷层通过干脱脂棉团或滤纸，弃去最初滤出的数滴萃取液后，将余下的三氯甲烷直接放入光程为 30 mm 的比色皿中。

(4) 吸光度测定：于 460 nm 波长处，以三氯甲烷为参比，测定三氯甲烷层的吸光度值。

(5) 空白试验：用水代替试样，按步骤(1)～(4)测定其吸光度值。空白应与试样同时测定。

(6) 标准系列的制备：于一组 8 个分液漏斗中，分别加入 100 mL 水，依次加入 0.00 mL、0.25 mL、0.50 mL、1.00 mL、3.00 mL、5.00 mL、7.00 mL 和 10.00 mL 酚标准使用液，再分别加水至 250 mL。按步骤(1)～(4)进行测定。由校准系列测得的吸光度值减去零浓度管的吸光度值，绘制吸光度值对酚含量(μg)的曲线，校准曲线回归方程相关系数应达到 0.999 以上。

**五、数据记录与处理**

试样中挥发酚的浓度(以苯酚计)按下式计算：

$$\rho=\frac{A_s-A_b-a}{bV} \tag{1}$$

式中，$\rho$ 为试样中挥发酚的质量浓度($mg \cdot L^{-1}$)，$A_s$ 为试样的吸光度值，$A_b$ 为空白试验的吸光度值，$a$ 为校准曲线的截距值，$b$ 为校准曲线的斜率，$V$ 为试样的体积(mL)。

当计算结果小于 0.1 $mg \cdot L^{-1}$ 时，保留小数点后四位；当计算结果大于等于 0.1 $mg \cdot L^{-1}$ 时，保留三位有效数字。

采用直接 4-氨基安替比林分光光度法的操作与以上方法相似，但省却萃取过程。

**六、注意事项**

(1) 无酚水应贮于玻璃瓶中，取用时，应避免与橡胶制品(橡皮塞或乳胶管等)接触。

(2) 乙醚为低沸点、易燃和具麻醉作用的有机溶剂，使用时周围应无明火，并在通风柜内操作。室温较高时，样品和乙醚宜先置冰水浴中降温，再尽快进行萃取操作。

(3) 三氯甲烷为具麻醉作用和刺激性的有机溶剂，吸入蒸气有害，操作时应佩戴防毒面具并在通风处操作。

(4) 使用的蒸馏设备不宜与测定工业废水或生活污水的蒸馏设备混用。每次试验前后，应清洗整个蒸馏设备。

(5) 不得用橡胶塞、橡胶管连接蒸馏瓶及冷凝器，以防对测定产生干扰。

**七、思考题**

(1) 根据实验原理，试阐述铁氰化钾在本实验中的作用。

(2) 简述酚贮备液的标定原理。

**八、仪器介绍**

分光光度计的介绍见实验 24 的“仪器介绍”部分。

**九、拓展应用**

1. 地表水、地下水、饮用水、工业废水和生活污水中挥发酚的4-氨基安替比林分光光度法

地表水、地下水和饮用水宜用萃取分光光度法测定，检出限为 0.000 3 $mg \cdot L^{-1}$，测定下限为 0.001 $mg \cdot L^{-1}$，测定上限为 0.04 $mg \cdot L^{-1}$。工业废水和生活污水宜用直接分光光度法测定，检出限为 0.01 $mg \cdot L^{-1}$，测定下限为 0.04 $mg \cdot L^{-1}$，测定上限为 2.50 $mg \cdot L^{-1}$。对于浓度高于标准测定上限的样品，可适当稀释后进行测定。

2. 4-氨基安替比林溶液的提纯

4-氨基安替比林溶液的质量直接影响空白试验的吸光度值和测定结果的精密度。4-氨基安替比林溶液的提纯方法：将 100 mL 配制好的 4-氨基安替比林溶液置于干燥烧杯中，加入 10 g 硅镁型吸附剂(弗罗里硅土，60～100 目，600 ℃下烘制4 h)，用玻璃棒充分搅拌，静置片刻，将溶液在中速定量滤纸上过滤，收集滤液，置于棕色试剂瓶内，于 4 ℃下保存。也可使用其他方法提纯 4-氨基安替比林溶液。采用上述方法或其他方法提纯后，应对提纯效果进行验证，使方法的检出限、精密度和准确度符合要求。

3. 酚贮备液的标定

吸取 10.0 mL 酚贮备液于 250 mL 碘量瓶中，加水稀释至 100 mL，加 10.0 mL 0.1 $mol \cdot L^{-1}$溴酸钾-溴化钾溶液，立即加入 5 mL 浓盐酸，密塞，徐徐摇匀，于暗处放置 15 min，加入 1 g 碘化钾，密塞，摇匀，放置暗处 5 min，用硫代硫酸钠溶液滴定至溶液呈淡黄色，加入 1 mL 淀粉溶液，继续滴定至蓝色刚好褪去，记录用量。同时以水代替酚贮备液做空白试验，记录硫代硫酸钠溶液用量。

酚贮备液浓度按下式计算：

$$\rho=\frac{(V_1-V_2)\times c\times 15.68}{V} \tag{2}$$

式中，$\rho$ 为酚贮备液的质量浓度（$mg \cdot L^{-1}$），$V_1$ 为空白试验中硫代硫酸钠溶液的用量（mL），$V_2$ 为滴定酚贮备液时硫代硫酸钠溶液的用量（mL），$c$ 为硫代硫酸钠溶液的物质的量浓度（$mol \cdot L^{-1}$），$V$ 为试样体积（mL），15.68 为苯酚（$1/6C_6H_5OH$）的摩尔质量（$g \cdot mol^{-1}$）。

**十、参考文献**

[1] 环境保护部科技标准司. HJ 535—2009 水质 氨氮的测定 纳氏试剂分光光度法[S]. 北京：中国环境科学出版社，2010.

[2] 李万霞，冯洁娉，冯佳和，等. 水体中挥发酚测定方法研究进展[J]. 分析仪器，2012(1)：1-5.

# 实验 46　废水浊度的测定

**一、实验目的**

(1) 掌握 WGZ-800 散射光浊度仪的使用方法。

(2) 掌握浊度定量分析方法。

**二、实验原理**

浊度是一种光学效应，是光线与溶液中的悬浮颗粒相互作用的结果，它表征光线透过水层时受到阻碍的程度。浊度主要用来描述液体里的悬浮固体。浊度测量的是样品透射光的量或散射光的量。透射光强度越小或散射光强度越大，表征水溶液的浊度越大。浊度值是水样中存在的所有物质作用的结果。从某种意义上讲，通过标准化的分析方法，浊度测量完全可以成为定量分析。

本实验采用 WGZ-800 散射光浊度仪测定废水浊度。该仪器属于直角散射类型的光学浊度仪，它由光源、光的准直系统、样品池、光电传感元件和显示部分组成。其工作原理为：由光源发射出的光线经光学系统变为平行光束照射到样品池上，被池中悬浮液的颗粒所散射，在与入射光垂直的方向上设置光电传感元件接收散射光。在一定范围内，散射光的强度正比于待侧悬浮液的浊度。光电传感元件将接收的散射光强信号转换为电信号，经放大及模数转换，由数码管显示出浊度值。

**三、仪器与试剂**

(1) 仪器：WGZ-800 散射光浊度仪、250 mL 锥形瓶、分析天平、烘箱。

(2) 试剂：自来水样品、废水样品、无浊度水（将蒸馏水通过 0.2 μm 滤膜，弃去最初的 250 mL，用以配制浊度标准液）。

二氧化硅浊度溶液的制备：称取约 3 g 纯白陶土置于研钵中，加入少量水充分研磨成糊状，移入 1 000 mL 量筒加水至标线。充分搅拌后静置 24 h，用虹吸法弃去表面 5 cm 深的液层，然后收集 500 mL 中间层的溶液。取 50 mL 此悬浊液置于已恒重的蒸发皿中，用水浴蒸干，随后置于 105 ℃烘箱内烘干 2 h，冷却，称量，求出每毫升悬浊液中所含白陶土的质量(mg)。边振荡边吸取含 250 mg 白陶土的悬浊液于 1 000 mL 容量瓶中，加水至标线，此溶液振摇均匀后的浊度为 250 度。取此溶液 100 mL 于250 mL 容量瓶中，加水至标线，得到浊度为 100 度的标准溶液。在各标准溶液中加入 1 g 氯化汞保存，防止微生物生长。

**四、实验步骤**

(1) 系列标准浊度溶液的配制(1～10 mg・$L^{-1}$)：分别吸取浊度为 100 度的标准溶液 0.00 mL、1.00 mL、2.00 mL、3.00 mL、4.00 mL、6.00 mL、8.00 mL、10.00 mL 置于 100 mL 比色管中，加水至标线，混匀，其浊度依次为 0 度、1.0 度、2.0 度、3.0 度、4.0 度、6.0 度、8.0 度、10.0 度。

(2) 系列标准浊度溶液的配制(10～100 mg・$L^{-1}$)：分别吸取浊度为 250 度的标准溶液 0.00 mL、10.00 mL、20.00 mL、30.00 mL、40.00 mL、50.00 mL、60.00 mL、70.00 mL、80.00 mL、90.00 mL、100.00 mL置于 250 mL 容量瓶中，加水至标线，混匀，其浊度依次为 0 度、10 度、20 度、30 度、40 度、50 度、60 度、70 度、80 度、90 度、100 度。

(3) 仪器准备：仔细清洗比色皿内外，可用清洁剂或洗涤剂清洗，然后用清水冲净，两个透光面用擦镜纸擦干，须无灰质。仪器背面插上电源线，打开电源，预热 10 min。

(4) 取一个比色皿，放入无浊度水，打开试样室盖，放入样品槽，调节“调零”钮使显示器读数为 0.0。取出比色皿，倒去无浊度水，用滴管吸取上层水样，润洗比色皿 2～3 次，再吸取上层水样于比色皿中，重新放入样品槽，合上试样盖，显示器显示的读数即为水样浊度，单位为 NTU。

(5) 进行实际水样检测，方法同步骤(4)。

**五、数据记录与处理**

将相关数据记录在表 1 中。

**表 1　数据记录表**

| 水样名称 | |
|---|---|
| 浊度/NTU | |

据此绘制工作曲线，并计算废水样品的浊度。

## 六、注意事项

(1) 该法适合于分析浊度较大的样品，光束通过试样后，透射光强度应有显著减弱。入射光与透射光强度相差较大，则测量误差较小。

(2) 在制作工作曲线和样品时，应尽可能保持操作条件一致，以保证悬浮质点大小和形状的均匀性，以及生成稳定的胶态悬浮体。反应物的浓度，反应物加入的顺序和速度，介质的酸度、温度、放置时间等对悬浮质点的大小和均匀性都有影响。必要时可加入一些表面活性剂或其他保护胶体以防止悬浮物迅速沉降。

## 七、思考题

(1) 样品倒入样品池后为什么不能静置？

(2) 浊度标准液有哪些配制方法？

## 八、仪器介绍

浊度计是测定水浊度的装置，有透射光式、散射光式和透射散射光式等，通称为光学式浊度计。其原理为：当光线照射到液面上时，入射光强、透射光强、散射光强相互之间的比值和水样浊度之间存在一定的相互关系，通过测定透射光强、散射光强和入射光强，或透射光强和散射光强的比值来测定水样的浊度。光学式浊度计有用于实验室的，也有用于现场进行自动连续测定的。

本实验中使用的是散射光浊度仪。光束射入水样时，水样中的浊度物质使光产生散射，通过测量与入射光垂直方向的散射光强度，即可测出水样中的浊度。与入射光成 90°方向的散射光的强度符合雷莱公式：

$$I_s = \frac{KNV^2}{\lambda^4} \cdot I_0 \qquad (1)$$

式中，$I_s$ 为散射光强度(cd)，$K$ 为比例常数，$N$ 为单位容积的微粒数(mol)，$V$ 为微粒体积($L \cdot mol^{-1}$)，$\lambda$ 为入射光波长(nm)，$I_0$ 为入射光强度(cd)。

在入射光强度 $I_0$ 不变的情况下，散射光强度 $I_s$ 与浊度成正比：

$$I_s = K'TI_0 \qquad (2)$$

式中，$K'$为比例常数，$T$ 为水的浊度(NTU)。因此，浊度测量转化为散射光强度的测量。光源与光电接收器件集成在密封的探头中，使得入射光经过水中颗粒的散射，被与它成 90°角的光电接收器件接收后，即可测出水样的浊度(图 1)。

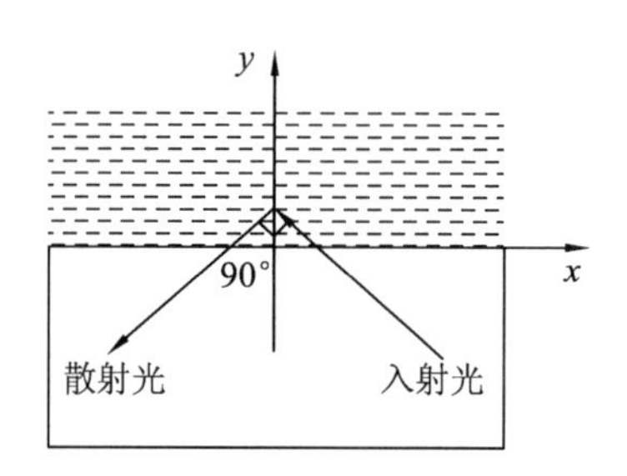


图 1　散射光浊度仪测定原理示意图

### 九、拓展应用

目前，浊度测量方法按光接收方式主要分为透射光式浊度测量法、散射光式浊度测量法、透射光-散射光比较测量法三种。

1. 透射光式浊度测量法

从光源（发光二极管）发出的光束射入水样，水样中的浊度物质会使光的强度衰减，光穿过待测液体并被光敏晶体管接收转换，得到的电信号驱动仪器的后置电路，指示出液体的浑浊程度。光强的衰减程度与水样的浊度之间的关系可用式(3)表示：

$$I_t = I_0 \exp(-KTl) \tag{3}$$

式中，$I_t$ 为透射光强度(cd)，$I_0$ 为入射光强度(cd)，$K$ 为比例常数，$T$ 为浊度(NTU)，$l$ 为水样透过深度(mm)。透射光式浊度测量法比较简便，其原理如图 2 所示。

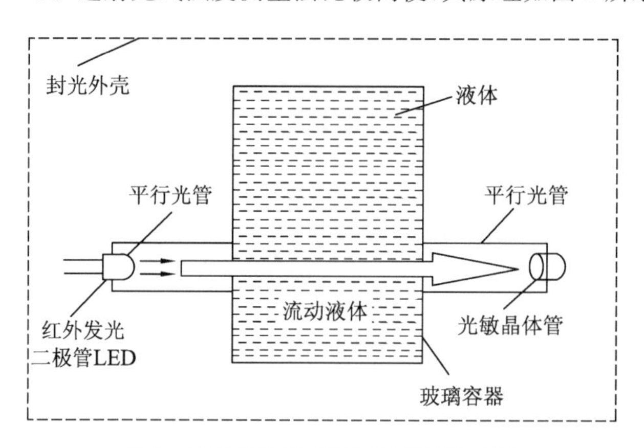


图 2　透射光式浊度测量法原理示意图

2. 透射光-散射光比较测量法

当光源发出的强度为 $I_0$ 的光通过水样时，由于水样中悬浮固体和杂质的吸收和散射作用，使穿过水样的透射光强度减弱到 $I_t$，发光强度的减弱符合朗伯-比尔定律：

$$I_t = I_0 \exp(-\tau L) \tag{4}$$

式中，$I_t$ 为透射光强度(cd)，$I_0$ 为入射光强度(cd)，$\tau$ 为与发光强度无关的衰减系数，$L$ 为透射光程(mm)。

水样颗粒物质与光相互作用时，产生的散射光发光强度及其在空间的分布与微粒直径大小、微粒折射率、入射光强度等诸多因素有关。利用瑞利散射原理和米氏散射原理，散射光与入射光的关系式为

$$I_s = \alpha N I_0 \exp(-\tau l) \tag{5}$$

式中，$I_s$ 为散射光强度(cd)，$\alpha$ 为与散射函数有关的系数，$N$ 为水样中含有的颗粒数(mol)，与浊度成正比，$l$ 为散射光程(mm)。

同时测量投射于水样光束的透射光和散射光强度，再按这两者光强度比值测量其浊度大小：

$$\frac{I_s}{I_t} = \frac{\alpha N I_0 \exp(-\tau l)}{I_0 \exp(-\tau L)} \tag{6}$$

由式(6)可见，浊度只与 $\alpha$ 以及散射透射光程有关，而 $\alpha$、$l$ 和 $L$ 都是被精确固定的，消除了由于 LED 光源老化以及不稳定对浊度测量的影响，有效地提高了测量准确度。

透射光-散射光比较测量法的测量仪器由光源、光电检测设备以及电子放大与计算机数据处理、控制系统等组成。光源发出的光通过测量水样，到达光电检测设备后被接收而转化为电信号，同时测量水样中的样品在光照下产生散射，散射光被与入射光线成 90°放置的另一光电检测器接收并转化为电信号。两信号经电子放大后输入计算机系统，它们分别随样品浊度的增加而减小和增大，计算机将两信号进行适当的计算得到样品的浊度值并显示在液晶屏上。测量原理如图 3 所示。

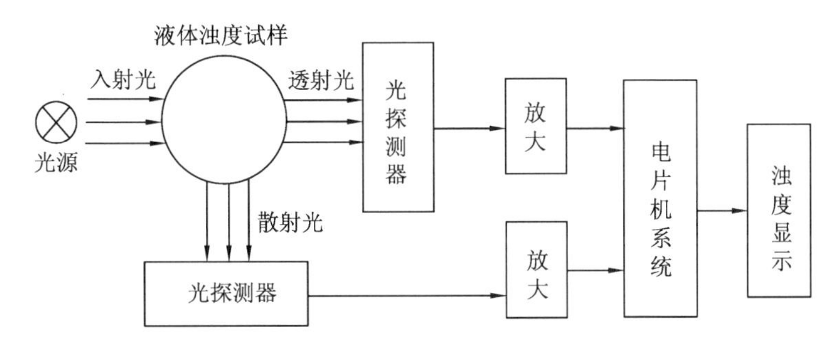


**图 3　透射光-散射光比较测量法原理示意图**

## 十、参考文献

[1] 孙成. 环境监测实验[M]. 北京：科学出版社，2003.

[2] 左辉. 浊度的检测原理及方法[J]. 中国计量，2012(4)：86-88.

# 实验 47 等离子发射光谱法测定人发中的微量铜、铅、锌

## 一、实验目的

(1) 了解等离子发射光谱的原理及其结构。

(2) 学习生化样品的处理方法。

## 二、实验原理

等离子发射光谱(ICP-AES)分析是将试样在等离子体光源中激发,使待测元素发射出特征波长的辐射,经过分光,测量其强度而进行定量分析的方法。等离子光电直读光谱仪是用等离子作光源,用光电检测器(光电倍增管、光电二极管阵列、硅靶光导摄像管、折像管等)检测,并配备计算机自动控制和数据处理系统。它具有分析速度快、灵敏度高、稳定性好、线性范围广、基体干扰小、可多元素同时分析等优点。

用等离子光电直读光谱仪测定人发中的微量元素,可先将头发样品用浓 $HNO_3$ + $H_2O_2$ 硝化处理湿法处理样品的 Pb 损失少。将处理好的样品上机测试,2 min内即可得出结果。

## 三、仪器与试剂

(1) 仪器: OPTIMA 8000DV 电感耦合等离子体发射光谱仪(美国 PE 公司);容量瓶: 1 000 mL 3 个,100 mL 3 个,25 mL 2 个;吸管: 10 mL 3 支;吸量管: 5 mL 3 支;石英坩埚;量筒;烧杯。

(2) 试剂: 铜贮备液、铅贮备液、锌贮备液、浓 $HNO_3$、HCl 溶液、$H_2O_2$ 溶液。

① 铜贮备液的制备: 称取光谱纯铜 1.000 0 g,溶于少量 6 mol · $L^{-1}$ $HNO_3$ 溶液中,移入 1 000 mL 容量瓶,用去离子水稀释至刻度,摇匀。此溶液含 $Cu^{2+}$ 1.000 mg · $mL^{-1}$。

② 铅贮备液的制备: 称取光谱纯铅 1.000 0 g,溶于 20 mL 6 mol · $L^{-1}$ $HNO_3$ 溶液中,移入 1 000 mL 容量瓶,用去离子水稀释至刻度,摇匀。此溶液含 $Pb^{2+}$ 1.000 mg · $mL^{-1}$。

③ 锌贮备液的制备: 称取光谱纯锌 1.000 0 g,溶于 20 mL 6 mol · $L^{-1}$ HCl 溶液,移入 1 000 mL 容量瓶,用去离子水稀释至刻度,摇匀。此溶液含 $Zn^{2+}$ 1.000 mg · $mL^{-1}$。

## 四、实验步骤

1. 配制标准溶液

(1) 铜标准溶液: 用 10 mL 吸管取 1.000 mg · $mL^{-1}$ 铜贮备液至 100 mL 容量瓶中,用去离子水稀释至刻度,摇匀。此溶液含 $Cn^{2+}$ 100.0 $\mu g$ · $mL^{-1}$。

(2) 铅标准溶液: 用 10 mL 吸管取 1.000 mg · $mL^{-1}$ 铅贮备液至 100 mL 容量瓶中,用去离子水稀释至刻度,摇匀。此溶液含 $Pb^{2+}$ 100.0 $\mu g$ · $mL^{-1}$。

(3) 锌标准溶液：用 10 mL 吸管取 1.000 mg · $mL^{-1}$ 锌贮备液至 100 mL 容量瓶中，用去离子水稀释至刻度，摇匀。此溶液含 $Zn^{2+}$ 100.0 μg · $mL^{-1}$。

2. 配制 $Cu^{2+}$、$Pb^{2+}$、$Zn^{2+}$ 混合标准溶液

取 2 个 25 mL 容量瓶，在其中一个瓶中分别加入 100.0 μg · $mL^{-1}$ $Cu^{2+}$、$Pb^{2+}$、$Zn^{2+}$ 标准溶液 2.50 mL，6 mol · $L^{-1}$ $HNO_3$ 溶液 3 mL，用去离子水稀释至刻度，摇匀。此溶液中 $Cu^{2+}$、$Pb^{2+}$、$Zn^{2+}$ 的浓度均为 10.0 μg · $mL^{-1}$。

在另一只 25 mL 容量瓶中加入上述 $Cu^{2+}$、$Pb^{2+}$、$Zn^{2+}$ 混合标准溶液 2.50 mL，6 mol · $L^{-1}$ $HNO_3$ 溶液 3 mL，用去离子水稀释至刻度，摇匀。此溶液中 $Cu^{2+}$、$Pb^{2+}$、$Zn^{2+}$ 的浓度均为 1.00 μg · $mL^{-1}$。

3. 试样溶液的制备

用不锈钢剪刀从后颈部剪取头发试样，将其剪成长约 1 cm 的发段，用洗发香波洗涤，再用自来水清洗多次，将其移入布氏漏斗中，用 1 L 去离子水淋洗，于 110 ℃下烘干。准确称取试样 0.3 g 左右，置于石英坩埚内，加 5 mL 浓 $HNO_3$ 和 0.5 mL $H_2O_2$ 溶液，放置数小时，在电热板上加热，稍冷后滴加 $H_2O_2$ 溶液，加热至近干，再加少量浓 $HNO_3$ 和 $H_2O_2$ 溶液，加热，溶液澄清，浓缩至 1～2 mL，加少许去离子水稀释，转移至 25 mL 容量瓶中，用去离子水稀释至刻度，摇匀，待测定。

4. 测定

将配制的 1.00 μg · $mL^{-1}$ 和 10.0 μg · $mL^{-1}$ $Cu^{2+}$、$Pb^{2+}$、$Zn^{2+}$ 标准溶液和试样溶液上机测试。测试条件如下：

分析线：Cu 324.754 nm，Pb 216.999 nm，Zn 213.856 nm。

冷却气流量：12 L · $min^{-1}$。

载气流量：0.3 L · $min^{-1}$。

护套气流量：0.2 L · $min^{-1}$。

**五、数据记录与处理**

将相关数据记录在表 1 中。

**表 1 数据记录表**

| 项 目 | 铜(Cu) | 铅(Pb) | 锌(Zn) |
|---|---|---|---|
| 标准溶液系列 1 浓度/(μg · $mL^{-1}$) | 1.00 | 1.00 | 1.00 |
| 标准溶液系列 2 浓度/(μg · $mL^{-1}$) | 10.0 | 10.0 | 10.0 |
| 分析线/nm | 324.754 | 216.999 | 213.856 |
| 头发质量/g | | | |
| 发射特征谱线强度 $I$/cd | | | |
| 发样中铜、铅、锌含量/(μg · $g^{-1}$) | | | |

## 六、注意事项

溶样过程中加 $H_2O_2$ 溶液时，要将试样稍冷，且要慢慢滴加，以免 $H_2O_2$ 剧烈分解，将试样溅出。

## 七、思考题

(1) 人发样品为何通常用湿法处理？若用干法处理，会有什么问题？

(2) 通过实验，你体会到 ICP-AES 分析法有哪些优点？

## 八、仪器介绍

OPTIMA 8000DV 电感耦合等离子体发射光谱仪（美国 PE 公司）：

1. 主要性能指标

(1) 分析速度：15 个元素/min，且实施背景校正。

(2) 精密度：1 $\mu g \cdot mL^{-1}$ 混合多元素溶液。CV<0.5%。

(3) 稳定性：1 h RSD<1%，4 h RSD<2%。

(4) 波长范围：165～900 nm。分辨率<0.009 nm。

(5) 双光学系统：独特的双光学系统，具有卓越的分辨率。

(6) 光栅：高色散分级光栅（焦距：0.3 m）。

(7) 光栅密度：79/mm（闪耀角：63.4°）。

(8) 探测器：紫外敏感、双重电耦合器件 CCD 阵列检测器，单级集成 Peltier 冷却器直接冷却。

2. 基本操作步骤

(1) 打开空调设置为 20 ℃（冬天 25 ℃，夏天 18 ℃），打开抽湿机。打开稳压电源总开关、空气压缩机、通风设备和氩气钢瓶总阀门；检查分压阀，使压力在 0.55～0.825 MPa 之间，打开循环冷却水装置，确定电、气、水均正常运行，室内相对湿度低于 60%后，开启主机。

(2) 打开计算机，开启工作软件“WinLab32”，系统进行自检，待“Diagnostics”卡上二组件都自检通过后（打绿钩），方可进行下一步操作。

(3) 待空压机（停止压缩）、循环冷却水（20 ℃左右）稳定后将泵管固定好，将进样管插入去离子水中，单击软件“Plasma Control”快捷键，单击“Pump”开泵冲洗系统，待观察到正常的进出水后依次单击“Plas”“Aux”“Neb”打开各路氩气，没有异常情况则单击“Plasma On”点炬。等离子体成功点燃后选择工具栏“Tool”中的“Spectrometer Control”，单击“Inialize Optics”，选择“OK”，进行温度补偿校正（每变化 3 ℃，会提示校正一次），需时约 10 min。打开“System”菜单中的“Diagnostics”卡，观察“Spectrometer”页上的“Prism”温度，20 ℃是最佳工作温度。

(4) 单击快捷键“Wrkspc”，打开一个工作界面“Auto. frn”，单击“Method”快捷键，出现方法“list”，找到方法“for students-24”，打开后另存为新文件，在此方法的基础上修改建立所需分析方法。在列表中把不需要分析的元素删去，如有新增加元素，在“Spectrometer”“Sampler”“Process”“Calibration”各页上选择合适的分析条件（标准曲线各浓度点、浓度值等）。设置完毕的保存方法：“File”→“Save”→“Method”。选择“Check Method”，显示“OK”，表示方法合格，否则应根据错误提示修改方法直至通过。

(5) 在“Manual Analysis Control”卡上填写保存测试结果的文件名并保存数据。

(6) 先单击“Analyze Blank”分析空白，分析完毕单击“Analyze Standard”分析标准，在“Analyze Samples”栏填入样品名称，单击“Analyze Samples”依次分析待测样品。分析完一个样品后应用去离子水清洗系统 30 s。每测十个样品用 4%硝酸清洗系统 2～3 min。

(7) 分析结束，先用 4% $HNO_3$ 溶液冲洗管路 5 min，再用去离子水冲洗管路 5 min，然后单击“Plasma Off”关炬。把进样管从液体中取出，开泵，将雾化器及管路内液体排空，关泵，并松开泵管。

(8) 退出程序，关闭主机和计算机，并关闭氩气、空气压缩机（注意放水）、水、电、空调、通风设备以及抽湿机。

### 九、拓展应用

等离子发射光谱法主要用于对各类样品中主量、微量及痕量元素的定性、半定量和定量分析，在地质、环保、化工、生物、医药、食品、冶金、农业等领域都有广泛应用。

### 十、参考文献

[1] 杭州大学化学系分析化学教研室. 分析化学手册[M]. 北京：化学工业出版社，1979.

[2] 梁树权，王夔，曹庭礼，等. 现代化学试剂手册[M]. 北京：化学工业出版社，1987.

## 实验 48　固相萃取水样中的多环芳烃并以内标法测定其含量

### 一、实验目的

(1) 学会用固相萃取法处理样品。

(2) 学会用内标法定量。

## 二、实验原理

固相萃取法是色谱法的一个重要应用。其原理为：使一定体积的样品溶液通过装有固体吸附剂的小柱，样品中与吸附剂有强作用的组分被完全吸附；然后用强洗脱溶剂将被吸附的组分洗脱出来，定容成小体积被测样品溶液。使用固相萃取法可以使样品中的组分得到浓缩，同时可初步除去对目标组分有干扰的成分，从而提高分析的灵敏度。固相萃取不仅可用于色谱分析中的样品预处理，而且可用于红外光谱、质谱、核磁共振、紫外和原子吸收等各种分析方法的样品预处理。$C_{18}$ 固相萃取小柱具有疏水作用，对非极性的组分有吸附作用，因此可以从水中将多环芳烃萃取出来，起到浓缩样品的作用。固相萃取小柱还有其他类型，如极性、离子交换等。

内标法的原理是：设在 $V$ mL 样品中含有 $m_i$ g 待测组分 $i$，加入 $m_s$g 内标物，混匀后进样，得组分 $i$ 及内标物的峰面积分别为 $A_i$ 及 $A_s$。由于峰面积与通过检测器的物质量成正比，所以有

$$m_i = f_i A_i \tag{1}$$

$$m_s = f_s A_s \tag{2}$$

式中，$f_i$、$f_s$ 分别为组分 $i$ 和内标 s 的绝对校正因子。

由式(1)、式(2)得

$$m_i = \frac{f_i}{f_s} \cdot \frac{A_i}{A_s} \cdot m_s \tag{4}$$

组分 $i$ 的体积浓度为

$$\frac{m_i}{V} = \frac{f_i}{f_s} \cdot \frac{A_i}{A_s} \cdot \frac{m_s}{V} = f_i' \cdot \frac{A_i}{A_s} \cdot \frac{m_s}{V} \tag{5}$$

相对校正因子 $f_i'$ 可用已知被测物 $i$ 和内标物浓度的样品进样分析得到。内标法是一种相对测量方法，因此进样量不必准确，操作条件稍有变化对结果没有影响。

## 三、仪器与试剂

(1) 仪器：UltiMate 3000 高效液相色谱仪(美国 Thermo-Fisher 公司)；色谱柱：5 cm×4.6 mm I. D.，YWG-$C_{18}H_{37}$(ODS)，10 μm；流动相：甲醇∶水=80∶20，流速：1.0 mL·$min^{-1}$；检测波长：254 nm；$C_{18}$ 固相萃取小柱：2 支；25 mL 移液管：1 支；50 mL 医用注射器：1 支；10 mL 医用注射器：2 支；2 mL 容量瓶：2 个。

(2) 试剂：

样品Ⅰ：内标标准样，含萘(0.010 mg·$mL^{-1}$)、联苯(0.010 mg·$mL^{-1}$)、菲(0.006 mg·$mL^{-1}$)的甲醇溶液。

样品Ⅱ：内标物溶液，含联苯(0.10 mg·$mL^{-1}$)的甲醇溶液。

样品Ⅲ：含萘、菲的被测水样。

## 四、实验步骤

(1) 固相萃取小柱预处理：用 10 mL 注射器将 2 mL 甲醇压过小柱，再将 2 mL 纯水压过小柱。

(2) 用移液管取 25 mL 水样，用 50 mL 注射器压过小柱，这时水样中的萘和菲被吸附在小柱上。在小柱下端承接 2 mL 容量瓶，将约 1.5 mL 甲醇用 10 mL 注射器压过小柱到容量瓶中，加入一定量内标联苯溶液，定容摇匀，得到浓缩的样品。

(3) 进样分析内标标准样和浓缩样品各三次。

## 五、数据记录与处理

将相关数据记于表 1。

**表 1　数据记录表**

| | 萘的甲醇溶液 | 联苯的甲醇溶液 | 菲的甲醇溶液 |
|---|---|---|---|
| 样品Ⅰ<br>内标标准样浓度/(mg・mL$^{-1}$) | 0.010 | 0.010 | 0.006 |
| 峰面积 1 | | | |
| 峰面积 2 | | | |
| 峰面积 3 | | | |
| 平均峰面积 | | | |
| 校正因子 $f_i'$ | | | |
| 样品Ⅱ<br>内标物溶液浓度/(mg・mL$^{-1}$) | | 0.10 | |
| 峰面积 1 | | | |
| 峰面积 2 | | | |
| 峰面积 3 | | | |
| 平均峰面积 | | | |
| 内标物<br>校正因子 $f_i'$ | | | |
| 样品Ⅲ<br>水样峰面积 1 | | | |
| 样品Ⅲ<br>水样峰面积 2 | | | |
| 样品Ⅲ<br>水样峰面积 3 | | | |
| 样品Ⅲ<br>水样平均峰面积 | | | |
| 样品Ⅲ<br>水样浓度/(mg・mL$^{-1}$) | | | |

### 六、注意事项

若内标标样及样品的色谱峰面积的重现性较差，则应多重复几次，待重现性好时再记录。

### 七、思考题

（1）内标法与外标法各有哪些特点？本实验为什么采用内标法为好？

（2）为什么要对色谱分析中的样品进行预处理？简单列出三个以上的原因。

### 八、参考文献

[1] 中国大百科全书总编辑委员会. 中国大百科全书：化学卷[M]. 北京：中国大百科全书出版社，1989.

[2] Buckingham J. Dictionary of Organic Compounds[M]. 5ed. New York: Chapman and Hall，1982.

## 实验 49 可乐、咖啡、茶叶中咖啡因的高效液相色谱分析

### 一、实验目的

（1）理解液相色谱的原理和应用。

（2）掌握标准曲线定量法。

### 二、实验原理

咖啡因又称咖啡碱，属黄嘌呤衍生物，化学名称为 1,3,7-三甲基黄嘌呤，是从茶叶或咖啡中提取而得的一种生物碱。它能兴奋大脑皮质，使人精神兴奋。咖啡中含咖啡因 1.2%～1.8%，茶叶中含咖啡因 2.0%～4.7%，可乐饮料、复方阿司匹林片等中也均含咖啡因。其分子式为 $C_8H_{10}O_2N_4$，结构简式如图 1 所示。

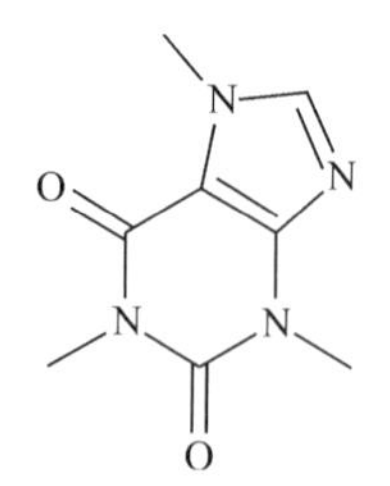


图 1 咖啡因的结构简式

本实验中，样品在碱性条件下，用氯仿定量提取，采用 Econosphere $C_{18}$ 反相液相色谱柱进行分离，以紫外检测器进行检测，以咖啡因标准系列溶液的色谱峰面积对其

浓度作工作曲线，再根据样品中的咖啡因峰面积，由工作曲线计算出其浓度。

**三、仪器与试剂**

(1) 仪器：UltiMate 3000 高效液相色谱仪(美国 Thermo-Fisher 公司)、Econosphere $C_{18}$反相色谱柱(10 cm×4.6 cm)、平头微量注射器。

(2) 试剂：甲醇(色谱纯)、二次蒸馏水、氯仿(A. R.)、1 mol·$L^{-1}$ NaOH 溶液、NaCl(分析纯)、$Na_2SO_4$(分析纯)、咖啡因(分析纯)、可口可乐(1.25 L 瓶装)、雀巢咖啡、茶叶。

1 000 mg·$L^{-1}$咖啡因标准贮备溶液：将咖啡因在 1 100 ℃下烘干 1 h。准确称取 0.100 0 g 咖啡因，用氯仿溶解，定量转移至 100 mL 容量瓶中，用氯仿稀释至刻度。

**四、实验步骤**

(1) 按色谱仪色谱条件进行相关调节。柱温：室温，流动相：甲醇∶水＝60∶40，流动相流速：1.0 mL·$min^{-1}$，检测波长：275 nm。

(2) 咖啡因标准系列溶液配制。分别用吸量管吸取 0.40 mL、0.60 mL、0.80 mL、1.00 mL、1.20 mL、1.40 mL 咖啡因标准贮备液于 6 个 10 mL 容量瓶中，用氯仿定容至刻度，浓度分别为 40 mg·$L^{-1}$、60 mg·$L^{-1}$、80 mg·$L^{-1}$、100 mg·$L^{-1}$、120 mg·$L^{-1}$、140 mg·$L^{-1}$。

(3) 样品处理。

① 将约 100 mL 可乐置于一 250 mL 洁净且干燥的烧杯中，剧烈搅拌 30 min 或用超声波脱气 5 min，以赶尽可乐中的二氧化碳。

② 准确称取 0.25 g 咖啡，用蒸馏水溶解，定量转移至 100 mL 容量瓶中，定容至刻度，摇匀。

③ 准确称取 0.30 g 茶叶，用 30 mL 蒸馏水煮沸 10 min，冷却后，将上层清液转移至 100 mL 容量瓶中，并按此步骤重复两次，最后用蒸馏水定容至刻度。

将上述三份样品溶液分别进行干过滤(即用干漏斗、干滤纸过滤)，弃去前过滤液，取后面的过滤液。

分别吸取上述三份样品滤液 25.00 mL 于 125 mL 分液漏斗中，加入 1.0 mL 饱和氯化钠溶液，1.0 mL 1 mol·$L^{-1}$ NaOH 溶液，然后用 20 mL 氯仿分三次萃取(10 mL、5 mL、5mL)。将氯仿提取液分离后经过装有无水硫酸钠的小漏斗(在小漏斗的颈部放一团脱脂棉，上面铺一层无水硫酸钠)脱水，过滤于 25 mL 容量瓶中。最后用少量氯仿多次洗涤无水硫酸钠小漏斗，将洗涤液合并至容量瓶中，定容至刻度。

(4) 绘制工作曲线。待液相色谱仪基线平直后，分别注入咖啡因标准系列溶液 10 μL，重复三次，记下峰面积和保留时间。

(5) 样品测定：分别注入样品溶液 10 μL，根据保留时间确定样品中咖啡因色谱峰的位置,重复两次,记下咖啡因色谱峰面积。

(6) 实验结束后,按要求关闭仪器。

**五、数据记录与处理**

(1) 根据咖啡因标准系列溶液的色谱图,绘制咖啡因峰面积与其浓度的关系曲线,并将相关数据记录在表 1 中。

**表 1　数据记录(1)**

| 序号 | 1 | 2 | 3 | 4 | 5 | 6 |
|---|---|---|---|---|---|---|
| 咖啡因<br>标准系列溶液的浓度<br>/($mg\cdot L^{-1}$) | 40 | 60 | 80 | 100 | 120 | 140 |
| 峰面积 1 | | | | | | |
| 峰面积 2 | | | | | | |
| 峰面积 3 | | | | | | |
| 平均峰面积 | | | | | | |
| 保留时间 | | | | | | |

(2) 根据样品中咖啡因色谱峰的峰面积,由工作曲线计算可乐、咖啡、茶叶中咖啡因含量(分别用 $mg\cdot L^{-1}$、$mg\cdot g^{-1}$ 和 $mg\cdot g^{-1}$ 表示),并将相关数据记录在表 2 中。

**表 2　数据记录(2)**

| 序号 | 1 | 2 | 3 | 平均 |
|---|---|---|---|---|
| 可乐样品中咖啡因峰面积 | | | | |
| 可乐样品中咖啡因含量 | | | | |
| 咖啡样品中咖啡因峰面积 | | | | |
| 咖啡样品中咖啡因含量 | | | | |
| 茶叶样品中咖啡因峰面积 | | | | |
| 茶叶样品中咖啡因含量 | | | | |
| 咖啡因保留时间 | | | | |

**六、注意事项**

(1) 测定咖啡因的传统方法是先萃取,再用分光光度法测定。由于一些具有紫外吸收的杂质同时被萃取,所以测定结果有一定误差。液相色谱法中,样品先经色谱柱高效分离后再检测分析,测定结果正确。实际样品成分往往比较复杂,如果不先萃取而直接进样，虽然操作简单，但会影响色谱柱寿命。

（2）不同牌号的茶叶、咖啡中咖啡因含量不相同，称取的样品量可酌量增减。

（3）若样品和标准溶液需保存，应置于冰箱中。

（4）为获得良好结果，标样和样品的进样量要严格保持一致。

（5）样品必须经过滤膜过滤后才可以用液相色谱仪测定。

**七、思考题**

（1）用标准曲线法定量的优缺点是什么？

（2）根据结构式，咖啡因能用离子交换色谱法分析吗？为什么？

（3）若用咖啡因浓度对峰高作标准曲线图，能得出准确结果吗？与本实验的标准曲线相比，何者优越？为什么？

（4）在样品干过滤时，为什么要弃去前过滤液？如不弃去，是否会影响实验结果？为什么？

**八、参考文献**

[1] 刘志广. 仪器分析[M]. 北京：高等教育出版社，2008.

[2] 董慧茹. 仪器分析[M]. 3 版. 北京：化学工业出版社，2010.

[3] 丁明洁. 仪器分析[M]. 北京：化学工业出版社，2008.

[4] 梁述忠. 仪器分析[M]. 2 版. 北京：化学工业出版社，2008.

# 实验 50 气相色谱-质谱联用法测定环境样品中的多环芳烃

**一、实验目的**

（1）掌握气相色谱-质谱（GC-MS）工作的基本原理。

（2）了解仪器的基本操作。

（3）初步学会质谱图的解析。

**二、实验原理**

1. 气相色谱（GC）

气相色谱是一种分离技术。在实际工作中要分析的样品通常很复杂，因此，对含有未知组分的样品，首先必须将其分离，然后才能对有关组分做进一步分析。混合物中各个组分的分离性质在一定条件下是不变的，因此，一旦确定了分离条件，就可用来对样品组分进行定量分析。

气相色谱主要利用物质的沸点、极性及吸附性质的差异来实现混合物的分离。

待分析样品在汽化室汽化后被惰性气体（即载气，也叫流动相）带入色谱柱，柱内含有固定相。由于样品中各个组分的沸点、极性或吸附性能不同，每种组分都倾向于在流动相和固定相之间形成分配或吸附平衡。载气的流动使得样品组分在运动中进行反复多次的分配或吸附/解吸，结果是在载气中分配浓度大的组分先流出色谱柱进入检测器。检测器将样品组分的存在与否转变为电信号，电信号的大小与被测组分的量或者浓度成比例，这些信号放大并记录下来就成了通常我们看到的色谱图。气相色谱分析流程图见图1。

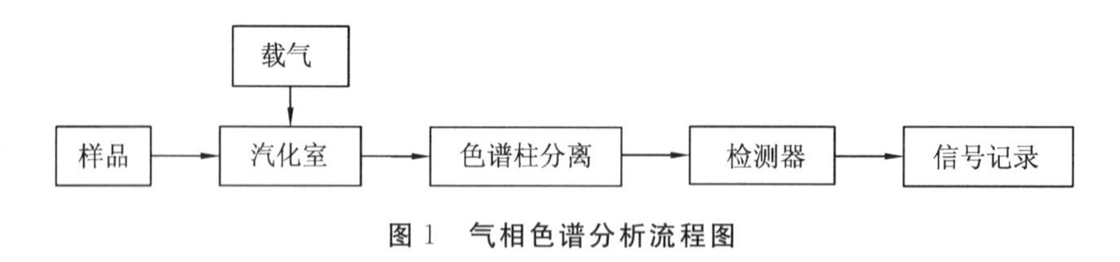


图1　气相色谱分析流程图

2. 质谱(MS)

质谱法是通过将样品转化为运动的气态离子并按照质荷比($m/z$)大小进行分离记录的分析方法。根据质谱图提供的信息可以进行多种有机物及无机物的定性定量及结构分析。其早期主要用于分析同位素，现在已经成为鉴定有机化合物结构的重要工具之一。质谱可以提供相对分子质量信息以及丰富的碎片离子信息，从而根据碎裂方式和碎裂理论深入研究质谱碎裂机理，为分析鉴定有机化合物结构提供数据，对于离子结构对应的分子组成、精确质量的测定可以给出有力的证明。对于一种未知物而言，可以在一定程度上通过质谱来确定其可能的结构特征。

本实验所用仪器的离子源是电子轰击离子源[离子源为灯丝(70 eV)，可以发出电子]。有机化合物在高真空中受热汽化后，受到具有一定能量电子束轰击，可使分子失去电子而形成分子离子。这些离子经离子光学系统聚焦后，进入离子阱质量分析器，通过射频电压扫描，不同质荷比的离子相继排出离子阱而接受电子倍增器检测。

3. 气质联用(GC-MS)

色谱法对有机化合物是一种有效的分离分析方法，但有时候定性分析比较困难；而质谱法虽然可以进行有效的定性分析，但对复杂的有机化合物就很困难了。因此，色谱法和质谱法的结合为复杂的有机化合物的定量、定性及结构分析提供了一个良好的平台。

气质联用仪是分析仪器中较早实现联用技术的仪器。在所有联用技术中，气质联用的发展最完善，应用最为广泛。二者的有效结合既充分利用了气相色谱的分离能力，又发挥了质谱定性的专长，优势互补，结合谱库检索，对容易挥发的混合体系，一般情况下可以得到令人满意的分离及鉴定结果。目前从事有机物分析的实验室几乎都把GC-MS作为主要的定性确认手段之一。另一方面,目前市售的质谱仪均能和气相色谱仪联用。

气相色谱仪分离样品中各个组分,起着样品制备的作用;接口把气相色谱仪流出的各个组分送入质谱仪进行检测;质谱仪对接口引入的各个组分进行分析,成为气相色谱的检测器;计算机系统控制气相色谱仪、接口和质谱仪,进行数据采集和处理。GC-MS联用仪的组成见图2。

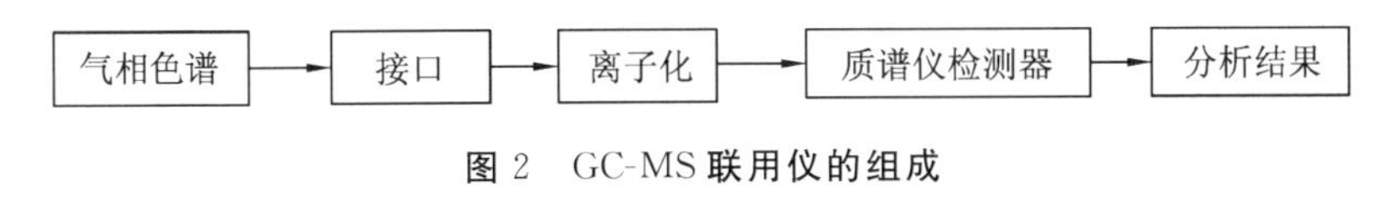


图2　GC-MS联用仪的组成

**三、仪器与试剂**

(1) 仪器:Agilent 7890B-7000C三重串联四级杆气相色谱质谱联用仪、Agilent DB-5 MS毛细管气相柱(30 m×0.25 mm×0.25 μm)。

(2) 试剂:标准样品(多环芳烃混合样品):萘、苊烯、苊、芴、菲、蒽、荧蒽、芘、苯并蒽、屈、苯并(b)荧蒽、苯并(k)荧蒽、苯并芘、茚并芘、二苯并蒽、苯并(g,h,i)芘;测试样品:环境中萃取出来的多环芳烃混合物。

**四、实验步骤**

(1) 进样操作:优化一个气相色谱条件来测定环境中萃取出来的多环芳烃。

(2) 图谱搜索与解析:从标准样品图谱中寻找并确定目标化合物,鉴定实际样品中不同的多环芳烃。

**五、数据记录与处理**

(1) 利用质谱图对色谱流出曲线上的每一个色谱峰对应的化合物进行定性鉴定。

(2) 利用标准样品对环境中萃取出来的多环芳烃混合物中的每一种多环芳烃进行定量分析。

**六、注意事项**

(1) 不要碰到气相色谱进样口,以免烫伤。

(2) 不要随意按动仪器面板上的按钮,以免出现不可预知的故障与危险。

(3) 做实验之前应认真预习相关知识,可参考教材中的色谱法引论、气相色谱法和质谱法中的相关内容。

(4) 进样时要使针头垂直插入进样口,注意不要把进样针弯折。

(5) 多环芳烃大多有致癌作用,实验完毕应及时洗手。

**七、思考题**

(1) 在气相色谱仪上分析的样品有何特点?

(2) 质谱仪的主要功能是什么? 如何达到这个目的?

(3) 本实验有哪些注意事项?

**八、仪器介绍**

Agilent 7890B-7000C 三重串联四级杆气相色谱质谱联用仪是目前较为先进、灵敏度较高的气相色谱平台痕量定量工具。

在分析过程中,目标化合物首先经由 7890B 气相色谱仪汽化并高效分离后依次进入 7000C 三重串联四级杆质谱仪。质谱仪内电子轰击(EI)离子源发射出 70 eV 电子能量,将这些目标化合物击碎成若干质量不同的带电碎片,并由第一段石英镀金四级杆质量分析器筛选出一个母离子。这个母离子进一步经由六级杆碰撞池中导入的氮气分子再次碰撞后,产生若干新的质量碎片。最后第三级四级杆质量分析器会从这些新碎片中重新筛选出特征产物离子,并通过倍增的方式将电信号放大而进行检测。7000C 三重串联四级杆质谱仪就是通过这样的二次碰撞和二次筛选,过滤了大量的背景干扰,获得比普通气相色谱及气相色谱质谱联用仪更高的灵敏度,使大部分化合物的检测限可以达到 ppb 甚至 ppt 的浓度级别。

简要操作步骤如下:

(1) 开载气。先打开钢瓶阀门,再顺时针拧动气表到 500～900 kPa。

(2) 分别打开 GC、MS 电源。

(3) 双击实时分析工作站。

(4) 打开真空控制,抽真空,单击“自动启动”,4～5 min 后自动关闭。

(5) 单击“ETAIL”设定基本实验参数(进样口、柱、MS)。

(6) 稳定 1～2 h。

(7) 单击“TUNING”(调谐),离子源选择“EI”,“MONITOR”选择“water,air”进行峰监测,打开灯丝,观察 $m/z$ 为 18、28、32 处的离子强度,检测是否漏气(28 峰不得高于 18 峰的 2 倍)。输入 69,打开标准品,再打开灯丝(关闭时,先关灯丝,后关标准品)。注意:当开机时间很长时,18 峰可能小于 28 峰,此时可以从 69 峰检测是否漏气,只要 69 峰仍为最高峰,就说明不漏气。

(8) DETECTOR 常用 0.70 kV。

(9) 单击“START AUTO TUNING”(等待约 3 min),且要保存调谐报告(关机重新开机时使用,连续工作时不用自动调谐)。

(10) 开始编辑实验方法,单击“DATA ACQUISITION”打开实验方法编辑参数对话框,分别编辑 GC 和 MS 的参数。

(11) 样品注册。

(12) 单击“STANDBY”,至“READY”时进样。

(13) 后处理样品分析。

(14) 关机(AUTO SHUTDOWN),关闭电源及载气。

**九、拓展应用**

气相色谱-质谱联用法主要用于食品安全分析、农兽药残留分析、环境监测及刑侦法医检测等需要极高灵敏度的定量分析领域。

**十、参考文献**

[1] 中国科学技术大学化学与材料科学学院实验中心.仪器分析实验[M].合肥:中国科学技术大学出版社,2011.

[2] 陈国松,陈昌云.仪器分析实验[M].南京:南京大学出版社,2009.

[3] 陈培榕,李景虹,邓勃.现代仪器分析实验与技术[M].2版.北京:清华大学出版社,2006.

[4] 黄一石.仪器分析[M].2版.北京:化学工业出版社,2009.

[5] 张晓敏.仪器分析[M].杭州:浙江大学出版社,2012.

# 实验51 果汁(苹果汁)中有机酸的分析

**一、实验目的**

(1) 了解高效液相色谱(HPLC)在食品分析中的应用。

(2) 掌握液相色谱外标法测定果汁中有机酸的方法。

**二、实验原理**

食品中主要的有机酸包括乙酸、乳酸、丁二酸、苹果酸、柠檬酸、酒石酸等,这些有机酸在水溶液中有较大的解离度。食品中有机酸的来源有三个:一是从原料中带来的,二是在生产过程中(如发酵)生成的,三是作为添加剂加入的。有机酸在波长 210 nm 附近有较强的吸收。苹果汁中的有机酸主要是苹果酸和柠檬酸。有机酸可以用反相 HPLC、离子交换色谱、离子排斥色谱等多种液相色谱方法进行分析。除液相色谱外,还可以用气相色谱和毛细管电泳等其他色谱方法进行分析。本实验按反相 HPLC 设计。在酸性(如 pH 2～5)流动相条件下,上述有机酸的解离得到抑制,利用分子状态的有机酸的疏水性,使其在 ODS 固定相中保留。不同有机酸的疏水性不同,疏水性大的有机酸在固定相中保留较强。本实验采用外标法中的一点工作曲线法对苹果汁中的苹果酸和柠檬酸进行定量分析。

## 三、仪器与试剂

(1) 仪器：UltiMate 3000 高效液相色谱仪（美国 Thermo-Fisher 公司生产，普通配置，含紫外检测器）、超声器（用于样品溶解、玻璃器皿清洗）。

(2) 试剂：

苹果酸和柠檬酸标准溶液：准确称取优级纯苹果酸和柠檬酸，用蒸馏水分别配制 1 000 mg·$L^{-1}$的浓溶液，使用时用蒸馏水或流动相稀释 5～10 倍。两种有机酸的混合溶液（各含 100～200 mg·$L^{-1}$）用它们的浓溶液配制。

磷酸二氢铵溶液（4 mmol·$L^{-1}$）：称取分析纯或优级纯磷酸二氢铵，用蒸馏水配制，然后用 0.45 μm 水相滤膜减压过滤。

苹果汁：市售苹果汁用 0.45 μm 水相滤膜减压过滤后，置于冰箱中冷藏保存。

## 四、实验步骤

(1) 参照说明书开机，并使仪器处于工作状态。参考条件：Zorbax ODS 色谱柱（4.6 mm×150 mm），以 4 mmol·$L^{-1}$磷酸二氢铵水溶液作流动相，流速为 1.0 mL·$min^{-1}$，柱温为 30 ℃～40 ℃，紫外检测波长为 210 nm。

(2) 待基线稳定后，取苹果酸和柠檬酸标准溶液分别进样。

(3) 取苹果汁样品进样。与苹果酸和柠檬酸标准溶液色谱图比较，即可确认苹果汁样品中苹果酸和柠檬酸的峰位置。如果分离不完全，可适当调整流动相浓度或流速。

(4) 取苹果酸和柠檬酸混合标准溶液进样 100～200 mg·$L^{-1}$。

(5) 设置好定量分析程序。用苹果酸和柠檬酸混合标准溶液分析结果，建立定量分析表或计算校正因子。

(6) 按上述操作取苹果汁样品进样三次，结果取平均值。

## 五、数据记录与处理

将相关数据记于表 1。

**表 1　数据记录表**

| 成　分 | | 保留时间/min | 标准浓度/(mg·$L^{-1}$) | 峰面积 | | | 测定值/(mg·$L^{-1}$) | 平均测定值/(mg·$L^{-1}$) |
|---|---|---|---|---|---|---|---|---|
| 苹果酸 | | | | | | | — | — |
| 柠檬酸 | | | | | | | — | — |
| 苹果酸、柠檬酸混合标准溶液 | 苹果酸 | | | | | | — | |
| | 柠檬酸 | | | | | | — | |
| 苹果汁样品 | 苹果酸 | | — | | | | | |
| | 柠檬酸 | | — | | | | | |

## 六、注意事项

(1) 各实验室的仪器设备不可能完全一样，操作时一定要参照仪器的操作规程进行操作。

(2) 色谱柱的个体差异很大，即使是同一厂家的同型号色谱柱，性能也有差异。因此，色谱条件（主要是流动相配比）应根据所用色谱柱的实际情况做适当的调整。

## 七、思考题

(1) 假设用50%的甲醇或乙醇作流动相，你认为有机酸的保留值是变大还是变小？分离效果会变好还是变坏？说明理由。

(2) 比较一点工作曲线法与多点工作曲线法分析结果的准确性，并说明理由。

(3) 如果用酒石酸作内标定量苹果酸和柠檬酸，则实验对酒石酸有什么要求？写出该内标法的操作步骤和分析结果的计算方法。

## 八、参考文献

[1] 郭永，丁秉钧. 现代分析化学实验[M]. 北京：中国科学技术出版社，2003.

[2] 国家环保局《水和废水监测分析方法》编委会. 水和废水监测分析方法[M]. 4版. 北京：中国环境科学出版社，2002.

[3] 武汉大学. 分析化学（下册）[M]. 5版. 北京：高等教育出版社，2007.

[4] 孙延一，吴灵. 仪器分析[M]. 武汉：华中科技大学出版社，2012.

# 附　录

附表 1　国际相对原子质量表

| 原子序数 | 名称 | 符号 | 相对原子质量 | 原子序数 | 名称 | 符号 | 相对原子质量 |
|---|---|---|---|---|---|---|---|
| 1 | 氢 | H | 1.007 9 | 27 | 钴 | Co | 58.933 2 |
| 2 | 氦 | He | 4.002 6 | 28 | 镍 | Ni | 58.7 |
| 3 | 锂 | Li | 6.941 | 29 | 铜 | Cu | 63.546 |
| 4 | 铍 | Be | 9.012 18 | 30 | 锌 | Zn | 65.38 |
| 5 | 硼 | B | 10.81 | 31 | 镓 | Ga | 69.72 |
| 6 | 碳 | C | 12.011 | 32 | 锗 | Ge | 72.59 |
| 7 | 氮 | N | 14.006 7 | 33 | 砷 | As | 74.921 6 |
| 8 | 氧 | O | 15.999 4 | 34 | 硒 | Se | 78.96 |
| 9 | 氟 | F | 18.998 4 | 35 | 溴 | Br | 79.904 |
| 10 | 氖 | Ne | 20.179 | 36 | 氪 | Kr | 83.8 |
| 11 | 钠 | Na | 22.989 77 | 37 | 铷 | Rb | 85.467 8 |
| 12 | 镁 | Mg | 24.305 | 38 | 锶 | Sr | 87.62 |
| 13 | 铝 | Al | 26.981 54 | 39 | 钇 | Y | 88.905 9 |
| 14 | 硅 | Si | 28.085 5 | 40 | 锆 | Zr | 91.22 |
| 15 | 磷 | P | 30.973 76 | 41 | 铌 | Nb | 92.906 4 |
| 16 | 硫 | S | 32.06 | 42 | 钼 | Mo | 95.94 |
| 17 | 氯 | Cl | 35.453 | 43 | 锝 | Tc | [97][99] |
| 18 | 氩 | Ar | 39.948 | 44 | 钌 | Ru | 101.07 |
| 19 | 钾 | K | 39.098 | 45 | 铑 | Rh | 102.905 5 |
| 20 | 钙 | Ca | 40.08 | 46 | 钯 | Pd | 106.4 |
| 21 | 钪 | Sc | 44.955 9 | 47 | 银 | Ag | 107.868 |
| 22 | 钛 | Ti | 47.9 | 48 | 镉 | Cd | 112.41 |
| 23 | 钒 | V | 50.941 5 | 49 | 铟 | In | 114.82 |
| 24 | 铬 | Cr | 51.996 | 50 | 锡 | Sn | 118.69 |
| 25 | 锰 | Mn | 54.938 | 51 | 锑 | Sb | 121.75 |
| 26 | 铁 | Fe | 55.847 | 52 | 碲 | Te | 127.6 |

续表

| 原子序数 | 名称 | 符号 | 相对原子质量 | 原子序数 | 名称 | 符号 | 相对原子质量 |
|---|---|---|---|---|---|---|---|
| 53 | 碘 | I | 126.904 5 | 86 | 氡 | Rn | [222] |
| 54 | 氙 | Xe | 131.3 | 87 | 钫 | Fr | [223] |
| 55 | 铯 | Cs | 132.905 4 | 88 | 镭 | Ra | 226.025 4 |
| 56 | 钡 | Ba | 137.33 | 89 | 锕 | Ac | 227.027 8 |
| 57 | 镧 | La | 138.905 5 | 90 | 钍 | Th | 232.038 1 |
| 58 | 铈 | Ce | 140.12 | 91 | 镤 | Pa | 231.035 9 |
| 59 | 镨 | Pr | 140.907 7 | 92 | 铀 | U | 238.029 |
| 60 | 钕 | Nd | 144.24 | 93 | 镎 | Np | 237.048 2 |
| 61 | 钷 | Pm | [145] | 94 | 钚 | Pu | [239][244] |
| 62 | 钐 | Sm | 150.4 | 95 | 镅 | Am | [243] |
| 63 | 铕 | Eu | 151.96 | 96 | 锔 | Cm | [247] |
| 64 | 钆 | Gd | 157.25 | 97 | 锫 | Bk | [247] |
| 65 | 铽 | Tb | 158.925 4 | 98 | 锎 | Cf | [251] |
| 66 | 镝 | Dy | 162.5 | 99 | 锿 | Es | [254] |
| 67 | 钬 | Ho | 164.930 4 | 100 | 镄 | Fm | [257] |
| 68 | 铒 | Er | 167.26 | 101 | 钔 | Md | [258] |
| 69 | 铥 | Tm | 168.934 2 | 102 | 锘 | No | [259] |
| 70 | 镱 | Yb | 173.04 | 103 | 铹 | Lr | [260] |
| 71 | 镥 | Lu | 174.967 | 104 | 𬬻 | Rf | [261] |
| 72 | 铪 | Hf | 178.49 | 105 | 𬭊 | Db | [262] |
| 73 | 钽 | Ta | 180.947 9 | 106 | 𬭳 | Sg | [263] |
| 74 | 钨 | W | 183.85 | 107 | 𬭛 | Bh | [264] |
| 75 | 铼 | Re | 186.207 | 108 | 𬭶 | Hs | [265] |
| 76 | 锇 | Os | 190.2 | 109 | 鿏 | Mt | [266] |
| 77 | 铱 | Ir | 192.22 | 110 | 𫟼 | Ds | [269] |
| 78 | 铂 | Pt | 195.09 | 111 | 𬬭 | Rg | [272] |
| 79 | 金 | Au | 196.966 5 | 112 | 鿔 | Cn | [277] |
| 80 | 汞 | Hg | 200.59 | 113 |  | Uut | [278] |
| 81 | 铊 | Tl | 204.37 | 114 |  | Uuq | [289] |
| 82 | 铅 | Pb | 207.2 | 115 |  | Uup | [288] |
| 83 | 铋 | Bi | 208.980 4 | 116 |  | Uuh | [289] |
| 84 | 钋 | Po | [210][209] | 117 |  | Uus | [293] |
| 85 | 砹 | At | [210] | 118 |  | Uuo | [294] |

**附表 2　国际单位制中具有专用名称的导出单位**

| 量的名称 | 单位名称 | 单位符号 | 其他表示示例 |
|---|---|---|---|
| 频率 | 赫[兹] | Hz | $s^{-1}$ |
| 力 | 牛[顿] | N | $kg \cdot m \cdot s^{-2}$ |
| 压力、应力 | 帕[斯卡] | Pa | $N \cdot m^{-2}$ |
| 能、功、热量 | 焦[耳] | J | $N \cdot m$ |
| 电量、电荷 | 库[仑] | C | $A \cdot s$ |
| 功率 | 瓦[特] | W | $J \cdot s^{-1}$ |
| 电位、电压、电动势 | 伏[特] | V | $W \cdot A^{-1}$ |
| 电容 | 法[拉] | F | $C \cdot V^{-1}$ |
| 电阻 | 欧[姆] | Ω | $V \cdot A^{-1}$ |
| 电导 | 西[门子] | S | $A \cdot V^{-1}$ |
| 磁通量 | 韦[伯] | Wb | $V \cdot s$ |
| 磁感应强度 | 特[斯拉] | T | $Wb \cdot m^{-2}$ |
| 电感 | 亨[利] | H | $Wb \cdot A^{-1}$ |
| 摄氏温度 | 摄氏度 | ℃ | |

**附表 3　力单位换算**

| 牛顿,N | 千克力,kgf | 达因,dyn |
|---|---|---|
| 1 | 0.102 | $10^5$ |
| 9.806 65 | 1 | $9.806\ 65 \times 10^5$ |
| $10^{-5}$ | $1.02 \times 10^{-6}$ | 1 |

**附表 4　压力单位换算**

| 帕斯卡 Pa | 工程大气压 $kgf/cm^2$ | 毫米水柱 $mmH_2O$ | 标准大气压 atm | 毫米汞柱 mmHg |
|---|---|---|---|---|
| 1 | $1.02 \times 10^{-5}$ | 0.102 | $0.99 \times 10^{-5}$ | 0.007 5 |
| 98 067 | 1 | $10^4$ | 0.967 8 | 735.6 |
| 9.807 | 0.000 1 | 1 | $0.967\ 8 \times 10^{-4}$ | 0.073 6 |
| 101 325 | 1.033 | 10 332 | 1 | 760 |
| 133.32 | 0.000 36 | 13.6 | 0.001 32 | 1 |

注：$1\ Pa = 1\ N \cdot m^{-2}$，1 工程大气压 $= 1\ kgf/cm^2$。
　　1 mmHg=1 Torr，标准大气压即物理大气压。
　　$1\ bar = 10^5\ N \cdot m^{-2}$。

附表 5　能量单位换算

| 尔格<br>erg | 焦耳<br>J | 千克力·米<br>kgf·m | 千瓦时<br>kW·h | 千卡<br>kcal(国际蒸气表卡) | 升大气压<br>L·atm |
|---|---|---|---|---|---|
| 1 | $10^{-7}$ | $0.102\times10^{-7}$ | $27.78\times10^{-15}$ | $23.9\times10^{-12}$ | $9.869\times10^{-10}$ |
| $10^{7}$ | 1 | 0.102 | $277.8\times10^{-9}$ | $239\times10^{-6}$ | $9.869\times10^{-3}$ |
| $9.807\times10^{7}$ | 9.807 | 1 | $2.724\times10^{-6}$ | $2.342\times10^{-3}$ | $9.679\times10^{-2}$ |
| $36\times10^{12}$ | $3.6\times10^{6}$ | $367.1\times10^{3}$ | 1 | 859.845 | $3.553\times10^{4}$ |
| $41.87\times10^{9}$ | 4 186.8 | 426.935 | $1.163\times10^{-3}$ | 1 | 41.29 |
| $1.013\times10^{9}$ | 101.3 | 10.33 | $2.814\times10^{-5}$ | 0.024 218 | 1 |

注：1 erg=1 dyn·cm,1 J=1 N·m=1 W·s,1 eV=$1.602\times10^{-19}$ J。

1 国际蒸气表卡=1.000 67 热化学卡。

附表 6　不同温度下水的饱和蒸气压

单位：kPa

| $t$/℃ | 0.0 kPa | 0.2 kPa | 0.4 kPa | 0.6 kPa | 0.8 kPa |
|---|---|---|---|---|---|
| 0 | 0.610 5 | 0.619 5 | 0.628 6 | 0.637 9 | 0.647 3 |
| 1 | 0.656 7 | 0.666 3 | 0.675 9 | 0.685 8 | 0.695 8 |
| 2 | 0.705 8 | 0.715 9 | 0.726 2 | 0.736 6 | 0.747 3 |
| 3 | 0.757 9 | 0.768 7 | 0.779 7 | 0.790 7 | 0.801 9 |
| 4 | 0.813 4 | 0.824 9 | 0.836 5 | 0.848 3 | 0.860 3 |
| 5 | 0.872 3 | 0.884 6 | 0.897 0 | 0.909 5 | 0.922 2 |
| 6 | 0.935 0 | 0.948 1 | 0.961 1 | 0.974 5 | 0.988 0 |
| 7 | 1.001 7 | 1.015 5 | 1.029 5 | 1.043 6 | 1.058 0 |
| 8 | 1.072 6 | 1.087 2 | 1.102 2 | 1.117 2 | 1.132 4 |
| 9 | 1.147 8 | 1.163 5 | 1.179 2 | 1.195 2 | 1.211 4 |
| 10 | 1.227 8 | 1.244 3 | 1.261 0 | 1.277 9 | 1.295 1 |
| 11 | 1.312 4 | 1.33 | 1.347 8 | 1.365 8 | 1.383 9 |
| 12 | 1.402 3 | 1.421 | 1.439 7 | 1.452 7 | 1.477 9 |
| 13 | 1.497 3 | 1.517 1 | 1.537 0 | 1.557 2 | 1.577 6 |
| 14 | 1.598 1 | 1.619 1 | 1.640 1 | 1.661 5 | 1.683 1 |

续表

| t/℃ | 0.0 kPa | 0.2 kPa | 0.4 kPa | 0.6 kPa | 0.8 kPa |
|---|---|---|---|---|---|
| 15 | 1.704 9 | 1.726 9 | 1.749 3 | 1.771 8 | 1.794 6 |
| 16 | 1.817 7 | 1.841 0 | 1.864 8 | 1.888 6 | 1.912 8 |
| 17 | 1.937 2 | 1.961 8 | 1.986 9 | 2.012 1 | 2.037 7 |
| 18 | 2.063 4 | 2.089 6 | 2.116 0 | 2.142 6 | 2.169 4 |
| 19 | 2.196 7 | 2.224 5 | 2.252 3 | 2.280 5 | 2.309 0 |
| 20 | 2.337 8 | 2.366 9 | 2.396 3 | 2.426 1 | 2.456 1 |
| 21 | 2.486 5 | 2.517 1 | 2.548 2 | 2.579 6 | 2.611 4 |
| 22 | 2.643 4 | 2.675 8 | 2.706 8 | 2.741 8 | 2.775 1 |
| 23 | 2.808 8 | 2.843 0 | 2.877 5 | 2.912 4 | 2.947 8 |
| 24 | 2.983 3 | 3.019 5 | 3.056 0 | 3.092 8 | 3.129 9 |
| 25 | 3.167 2 | 3.204 9 | 3.243 2 | 3.282 0 | 3.321 3 |
| 26 | 3.360 9 | 3.400 9 | 3.441 3 | 3.482 0 | 3.523 2 |
| 27 | 3.564 9 | 3.607 0 | 3.649 6 | 3.692 5 | 3.735 8 |
| 28 | 3.779 5 | 3.823 7 | 3.868 3 | 3.913 5 | 3.959 3 |
| 29 | 4.005 4 | 4.051 9 | 4.099 0 | 4.146 6 | 4.194 4 |
| 30 | 4.242 8 | 4.291 8 | 4.341 1 | 4.390 8 | 4.441 2 |
| 31 | 4.492 3 | 4.543 9 | 4.595 7 | 4.648 1 | 4.701 1 |
| 32 | 4.754 7 | 4.808 7 | 4.863 2 | 4.918 4 | 4.974 0 |
| 33 | 5.030 1 | 5.086 9 | 5.144 1 | 5.202 0 | 5.260 5 |
| 34 | 5.319 3 | 5.378 7 | 5.439 0 | 5.499 7 | 5.560 9 |
| 35 | 5.622 9 | 5.685 4 | 5.748 4 | 5.812 2 | 5.876 6 |
| 36 | 5.941 2 | 6.008 7 | 6.072 7 | 6.139 5 | 6.206 9 |
| 37 | 6.275 1 | 6.343 7 | 6.413 0 | 6.483 | 6.553 7 |
| 38 | 6.625 0 | 6.696 9 | 6.769 3 | 6.842 5 | 6.916 6 |
| 39 | 6.991 7 | 7.067 3 | 7.143 4 | 7.220 2 | 7.297 6 |
| 40 | 7.375 9 | 7.451 0 | 7.534 0 | 7.614 | 7.695 0 |

**附表 7 不同温度下水的表面张力 $\gamma$**

| $t$/℃ | $\gamma/(10^{-3}N\cdot m^{-1})$ | $t$/℃ | $\gamma/(10^{-3}N\cdot m^{-1})$ |
|---|---|---|---|
| 0 | 75.64 | 21 | 72.59 |
| 5 | 74.92 | 22 | 72.44 |
| 10 | 74.22 | 23 | 72.28 |
| 11 | 74.07 | 24 | 72.13 |
| 12 | 73.93 | 25 | 71.97 |
| 13 | 73.78 | 26 | 71.82 |
| 14 | 73.64 | 27 | 71.66 |
| 15 | 73.49 | 28 | 71.50 |
| 16 | 73.34 | 29 | 71.35 |
| 17 | 73.19 | 30 | 71.18 |
| 18 | 73.05 | 35 | 70.38 |
| 19 | 72.90 | 40 | 69.56 |
| 20 | 72.75 | 45 | 68.74 |

**附表 8 一些液体物质的饱和蒸气压与温度的关系**

| 化合物 | 25 ℃时蒸气压 | 温度范围/℃ | $A$ | $B$ | $C$ |
|---|---|---|---|---|---|
| 丙酮 $C_3H_6O$ | 230.05 | | 7.024 47 | 1 161 | 224 |
| 苯 $C_6H_6$ | 95.18 | | 6.905 65 | 1 211.033 | 220.79 |
| 溴 $Br_2$ | 226.32 | | 6.832 98 | 1 133 | 228 |
| 甲醇 $CH_4O$ | 126.40 | −20～140 | 7.878 63 | 1 473.11 | 230 |
| 甲苯 $C_7H_8$ | 28.45 | | 6.954 64 | 1 344.8 | 219.482 |
| 醋酸 $C_2H_4O_2$ | 15.59 | 0～36 | 7.803 07 | 1 651.2 | 225 |
| | | 36～170 | 7.188 07 | 1 416.7 | 211 |
| 氯仿 $CHCl_3$ | 227.72 | −30～150 | 6.903 28 | 1 163.03 | 227.4 |
| 四氯化碳 $CCl_4$ | 115.25 | | 6.933 90 | 1 242.43 | 230 |
| 乙酸乙酯 $C_4H_8O_2$ | 94.29 | −20～150 | 7.098 08 | 1 238.71 | 217 |
| 乙醇 $C_2H_6O$ | 56.31 | | 8.044 94 | 1 554.3 | 222.65 |
| 乙醚 $C_4H_{10}O$ | 534.31 | | 6.785 74 | 994.195 | 220 |
| 乙酸甲酯 $C_3H_6O_2$ | 213.43 | | 7.202 11 | 1 232.83 | 228 |
| 环己烷 $C_6H_{12}$ | | −20～142 | 6.844 98 | 1 203.526 | 222.86 |

注：表中所列化合物的饱和蒸气压可用方程式 $\lg p=A-B/(c+t)$ 计算，式中，$A$、$B$、$C$ 为常数，$p$ 为化合物的饱和蒸气压(mmHg)，$t$ 为摄氏温度。

附表 9　甘汞电极的电极电位与温度的关系

| 甘汞电极 | $\varphi$/V |
| --- | --- |
| 饱和甘汞电极 | $0.2412-6.61\times10^{-4}(t-25)-1.75\times10^{-6}(t-25)^2-9\times10^{-10}(t-25)^3$ |
| 标准甘汞电极 | $0.2801-2.75\times10^{-4}(t-25)-2.50\times10^{-6}(t-25)^2-4\times10^{-9}(t-25)^3$ |
| 甘汞电极(0.1 mol·L$^{-1}$) | $0.3337-8.75\times10^{-5}(t-25)-3\times10^{-6}(t-25)^2$ |

附表 10　KCl 溶液的电导率

单位：S·cm$^{-1}$

| $t$/℃ | $c$/(mol·L$^{-1}$) | | | |
| --- | --- | --- | --- | --- |
| | 1.000 | 0.100 0 | 0.020 0 | 0.010 0 |
| 0 | 0.065 41 | 0.007 15 | 0.001 521 | 0.000 776 |
| 5 | 0.074 14 | 0.008 22 | 0.001 752 | 0.000 896 |
| 10 | 0.083 19 | 0.009 33 | 0.001 994 | 0.001 02 |
| 15 | 0.092 52 | 0.010 48 | 0.002 243 | 0.001 147 |
| 16 | 0.094 41 | 0.010 72 | 0.002 294 | 0.001 173 |
| 17 | 0.096 31 | 0.010 95 | 0.002 345 | 0.001 199 |
| 18 | 0.098 22 | 0.011 19 | 0.002 397 | 0.001 225 |
| 19 | 0.100 14 | 0.011 43 | 0.002 449 | 0.001 251 |
| 20 | 0.102 07 | 0.011 67 | 0.002 501 | 0.001 278 |
| 21 | 0.104 00 | 0.011 91 | 0.002 553 | 0.001 305 |
| 22 | 0.105 94 | 0.012 15 | 0.002 606 | 0.001 332 |
| 23 | 0.107 89 | 0.012 39 | 0.002 659 | 0.001 359 |
| 24 | 0.109 84 | 0.012 64 | 0.002 712 | 0.001 386 |
| 25 | 0.111 80 | 0.012 88 | 0.002 765 | 0.001 413 |
| 26 | 0.113 77 | 0.013 13 | 0.002 819 | 0.001 441 |
| 27 | 0.115 74 | 0.013 37 | 0.002 873 | 0.001 468 |

### 附表 11 一些电解质水溶液的摩尔电导率(25℃)

单位：$S \cdot cm^2 \cdot mol^{-1}$

| 溶液 | 无限稀 | 0.000 5 | 0.001 | 0.005 | 0.01 | 0.02 | 0.05 | 0.1 |
|---|---|---|---|---|---|---|---|---|
| NaCl | 126.39 | 124.44 | 123.68 | 120.59 | 118.45 | 115.7 | 111.01 | 106.69 |
| KCl | 149.79 | 147.74 | 146.88 | 143.48 | 141.2 | 138.27 | 133.3 | 128.9 |
| HCl | 425.95 | 422.53 | 421.15 | 415.59 | 411.8 | 407.04 | 398.89 | 391.13 |
| NaAc | 91 | 89.2 | 88.5 | 85.68 | 83.72 | 81.2 | 76.88 | 72.76 |
| $1/2H_2SO_4$ | 429.6 | 413.1 | 399.5 | 369.4 | 336.4 | — | 272.6 | 250.8 |
| HAc | 390.7 | 67.7 | 49.2 | 22.9 | 16.3 | 7.4 | — | — |
| $NH_4Cl$ | 149.6 | — | 146.7 | 134.4 | 141.21 | 138.25 | 133.22 | 128.69 |

### 附表 12 醋酸的标准解离平衡常数

| $T$/℃ | $K_a^\ominus$/(×$10^{-5}$) | $T$/℃ | $K_a^\ominus$/(×$10^{-5}$) | $T$/℃ | $K_a^\ominus$/(×$10^{-5}$) |
|---|---|---|---|---|---|
| 0 | 1.657 | 20 | 1.753 | 40 | 1.703 |
| 5 | 1.700 | 25 | 1.754 | 45 | 1.67 |
| 10 | 1.729 | 30 | 1.750 | 50 | 1.633 |
| 15 | 1.745 | 35 | 1.728 | | |